国际BIM系列精品课程先进译丛

工业和信息化部人才交流中心
BIM与建筑工业化人才培养系列教材

Autodesk Navisworks 2017 基础应用教程

[英] 皮特·罗德里奇（Peter Routledge）
保罗·伍迪（Paul Woddy） 编著
北京采薇君华教育咨询有限责任公司 组译
郭淑婷 魏绅 译
黄晓佳 特邀审校

机械工业出版社
CHINA MACHINE PRESS

随着信息技术的高速发展，BIM（Building Information Modeling，建筑信息模型）技术正在引发建筑行业的变革。本书以 Autodesk Navisworks 2017 为基础，讲解了该软件的主要功能和基本操作。

本书共 11 个单元：单元 1 为 BIM 概述与 Navisworks 介绍，单元 2 为用户界面，单元 3 为项目编辑与管理，单元 4 为探索模型，单元 5 为检查模型，单元 6 为视点创建、剖分模式及视点动画，单元 7 为对象动画与交互性，单元 8 为渲染表现，单元 9 为 TimeLiner 工具，单元 10 为碰撞检测，单元 11 为工程量计算。

本书可作为设计企业、施工企业以及地产开发管理企业中 BIM 从业人员和 BIM 爱好者的自学用书，也可作为工民建专业、土木工程等相关专业大中专院校的教学用书。

图书在版编目（CIP）数据

Autodesk Navisworks 2017 基础应用教程/（英）皮特·罗德里奇（Peter Routledge），（英）保罗·伍迪（Paul Woddy）编著；北京采薇君华教育咨询有限责任公司组译．—北京：机械工业出版社，2017.10

（国际 BIM 系列精品课程先进译丛）

书名原文：Autodesk Navisworks 2017

ISBN 978-7-111-58110-9

Ⅰ.①A… Ⅱ.①皮… ②保… ③北… Ⅲ.①建筑设计－计算机辅助设计－应用软件－教材 Ⅳ.①TU201.4

中国版本图书馆 CIP 数据核字（2017）第 238110 号

机械工业出版社（北京市百万庄大街 22 号　邮政编码 100037）

策划编辑：刘思海　责任编辑：刘思海　陈瑞文

责任校对：刘　岚　封面设计：鞠　杨

责任印制：常天培

北京联兴盛业印刷股份有限公司印刷

2018 年 1 月第 1 版第 1 次印刷

210mm×285mm·12.25 印张·366 千字

0001—3000册

标准书号：ISBN 978-7-111-58110-9

定价：69.80元

凡购本书，如有缺页、倒页、脱页，由本社发行部调换

电话服务　　网络服务

服务咨询热线：010-88361066　　机 工 官 网：www.cmpbook.com

读者购书热线：010-68326294　　机 工 官 博：weibo.com/cmp1952

010-88379203　　金 书 网：www.golden-book.com

封面无防伪标均为盗版　　教育服务网：www.cmpedu.com

preface

前 言

伴随着全球建筑工业化、信息化浪潮的不断推进，BIM 技术以其先进的管理优势正逐渐取代 CAD 技术成为新的市场宠儿。在我国，BIM 技术的应用和普及也在稳步地推进中，从国家政府到相关企业，都在为这场建筑业新的技术革命做着不懈的尝试和努力。住房和城乡建设部分别于 2011 年和 2016 年发布《2011—2015 年建筑业信息化发展纲要》和《2016—2020 年建筑业信息化发展纲要》，鼓励和引导建筑业相关企业积极应用 BIM 技术实施项目建设；国家和地方相继出台相关标准和指导意见，规范和指导企业的 BIM 技术应用，使 BIM 技术成为时下建筑业炙手可热的应用技术。

英国作为全球建筑业 BIM 技术应用领先的国家，其国际经验和战略思维值得我们积极学习和借鉴。为此，北京采薇君华教育咨询有限责任公司秉承“国际化，产学研用本土一体化”的原则打造“国际 BIM 系列精品课程先进译丛”。本套丛书由英国白蛙公司融合多位名师逾 20 年的从业和教学经验编著而成，并已服务于众多国际知名学府（如英国曼彻斯特大学和诺森比亚大学等）和大型国际公司（Aedas，ARUP 等），理论结合实践的教学方法深受好评。采薇君华对该套国际丛书进行了本土化深造，结合国内众多名校专家和行业精英的本土化经验，使其保持国际先进教学理念和知识体系的同时，更符合国内人才的学习特点。本套丛书结合国际实际工程案例，融合先进的教学技巧，使读者在学习软件的同时还能学习到国际先进的项目实施经验，知识系统而丰富，通过深入浅出的理论讲解结合操作练习巩固和拓展的方法，使读者能够深刻地理解知识点并达到举一反三的效果。

本书主要讲解 Autodesk Navisworks 2017 的主要功能和操作要点。各单元以理论结合练习的方式进行讲解。理论部分介绍了软件内各工具的用途和使用方法，使读者能全面了解该软件的基本功能；练习部分针对重要的知识点进行强化练习，使读者能够在动手操作中巩固理论讲解的知识要点。本书主要包括两个部分：第 1 部分为单元 1 ~ 单元 5，主要介绍 BIM 及 Navisworks 的基本概念和基本操作方法；第 2 部分为单元 6 ~ 单元 11，主要介绍在 Navisworks 中各专业模块的使用。通过丰富的案例操作，详细介绍了 Navisworks 应用在数据整合、模型检查、动画演示、碰撞检测、施工模拟及工程量计算中的过程和操作方法。

由于译者水平有限，书中难免存在不足之处，欢迎广大读者批评指正，官网链接为 www.saiwill.com。

组译者

Contents

目 录

单元 1

BIM 概述与 Navisworks 介绍

单元概述

本单元主要介绍BIM及其应用软件Navisworks，让读者认识BIM，帮助读者解决在应用BIM的过程中产生的误解和疑问，让读者了解BIM给建筑工业化、信息化发展带来的深远影响，同时也会着重强调一些在新技术应用过程中应该注意的问题。

单元目标

1）理解BIM理论。

2）了解BIM相较于CAD的优势。

3）了解BIM的发展过程。

4）了解Navisworks及其在BIM体系中的定位。

1.1 BIM概述

1.1.1 BIM简介

关于BIM较为一致的观点为“Building Information Modeling（建筑信息模型）”，当然，也有一种观点为“Building Information Management（建筑信息管理）”，这两种观点虽然有些不同，但在逻辑上都是正确的，因为BIM不仅仅是一个“华丽的3D模型”，它还是一项全新的管理理论：通过建筑信息模型集成数字化信息，仿真模拟建筑物所具有的真实信息，实现建筑的全生命周期管理。

1.1.2 BIM的特点

（1）BIM提供了可视化的思路　BIM将传统的二维线条式构件形成三维立体模型，使对建筑全生命周期的管理能在可视化环境中进行。

（2）BIM帮助解决项目协调的问题　利用BIM相关工具（如Revit），使多专业（建筑、结构、给排水、暖通和电气）协同设计，通过碰撞检测及时发现问题进行修正，提高设计效率和质量；依托互联网和BIM相关平台（如云平台），使建设项目各阶段（规划、设计、施工和运维）在同一系统中协同工作，提高建设效率和质量的同时为运维管理提供了大量的信息数据。

（3）BIM实现模拟建筑物所具有的真实信息　利用BIM模型，不仅能够模拟设计的建筑物模型，还可以模拟真实世界中无法进行的项目，如节能模拟、日照模拟、紧急疏散模拟等。

（4）BIM能够高效高质量地实现项目优化　项目优化主要受三方面的因素制约：信息、复杂程度和时间。BIM模型集成了建筑物的真实信息，包括几何信息、物理信息、规则信息，还提供了建筑物变化的过程信息。BIM及与其配套的各种优化工具提供了对复杂项目进行优化的可能，运用BIM技术能够实现在有限的时间内更好地优化项目和做更好的优化目标。

（5）BIM有效提高了出图效率和质量　利用BIM相关软件（如Revit），模型可快速生成指导施工所需的图纸（平面图、立面图、剖面图）和明细表，而且相互产生关联，做到一处修改、处处修改，例如：平面图一处修改，立面图和剖面图自动修改。在减少人为因素造成的设计错误的同时帮助设计师从繁杂的施工图绘制工作中解脱出来，把更多的时间和精力投入到更有意义的设计工作中去。

（6）BIM为项目集成应用提供了基础　BIM不仅仅支持单独应用，还支持集成应用，而且伴随着建筑业技术的不断进步，也在越来越多的应用中体现出来，如BIM与数字化加工技术的集成应用，依托BIM集成的数字化信息输入到生产设备中能快速准确地生产制造出建筑物所需的建筑构件。

（7）BIM能够增强信息的集成和交互性　通过围绕建筑信息模型进行的项目实施工作，能够最大化地保证信息的完备性和一致性，也能够使信息有效地关联起来，从而提高信息沟通的效率和管理水平。

1.1.3 BIM 与 CAD

任何一项技术的革新都会经历一个过程，就像建筑业从画图板时代跨入 CAD 时代，从业人员开始用先进的计算机辅助设计提高工作效率和质量。随着建筑工业化和信息化的不断推进和人们对建设高质量、高效率、高效益建筑的要求，已经超出了 CAD 所能实现的范畴，BIM 正是诞生在这样的大背景下。有人认为从 CAD 到 BIM，仅仅是换了一款软件工作而已，但是要明确：BIM 是一种理论，而不是一个软件，没有任何一个软件能够完全实现 BIM 理论，也不会有这样的软件。BIM 的核心是“I（Information）”，信息的集成化管理是关键所在，也是其相较于 CAD 最大的优势。BIM 革新了 CAD 的信息交互方式，对管理水平产生着深远影响的同时也为更加多元化的应用提供了基础。

1.1.4 BIM 的发展过程

“滴水穿石，非一日之功”，任何一项新的革命性技术的应用与普及都需要经历一段发展过程。BIM 的应用发展过程可划分为如图 1-1 所示的四个阶段。

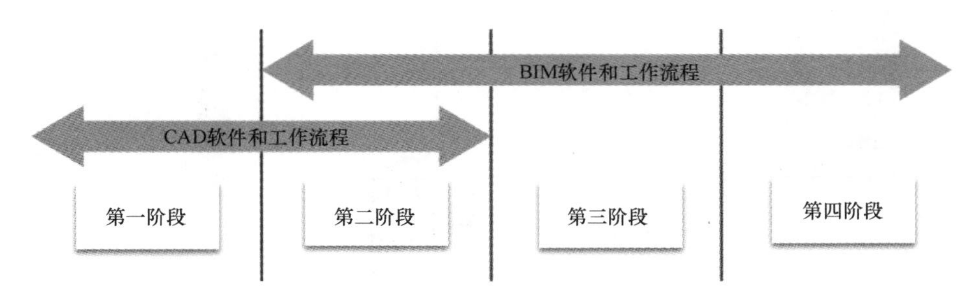

图　1-1

1. 第一阶段：应用 CAD 二维视图

CAD 已经在全球得到广泛应用，我们实现了“甩图板”革命，这里不做过多赘述。

2. 第二阶段：应用 CAD 三维视图

从图 1-1 中会发现，在 CAD 和 BIM 的应用上有一定的技术重叠，就是在这一应用阶段容易让很多读者产生 BIM 就是三维 CAD 的误解。传统的 3D 可视化软件能够实现设计者想要的三维视图，但这只是一个“华丽的 3D 模型”，甚至只是一张效果图，空有其表，仅仅从中能得到视觉信息，却无法得到更多。相较于 CAD 三维视图，BIM 同样可以实现可视化，而且可以高效高质量地实现可视化，甚至可以实现建筑全生命周期的可视化管理。这就是我们在这一阶段要明确区分的：BIM 是一种全新的管理理论，而不仅仅是作为一项新的三维可视化技术来使用。

3. 第三阶段：点式应用 BIM

既然决定将缺失的信息加入到这个“华丽的 3D 模型”中去，那么就开始正式融入 BIM 体系。但使用 BIM 进行生产交付只是发挥其小部分功能，而且收益有限，我们将这一阶段称之为“点式应用阶段”。如图 1-2 所示，建筑设计师单独使用 BIM 技术，但还是要与其他专业设计师和工程管理人员通过传统的图纸或者电子版图纸进行沟通交流。这一阶段的 BIM 应用以

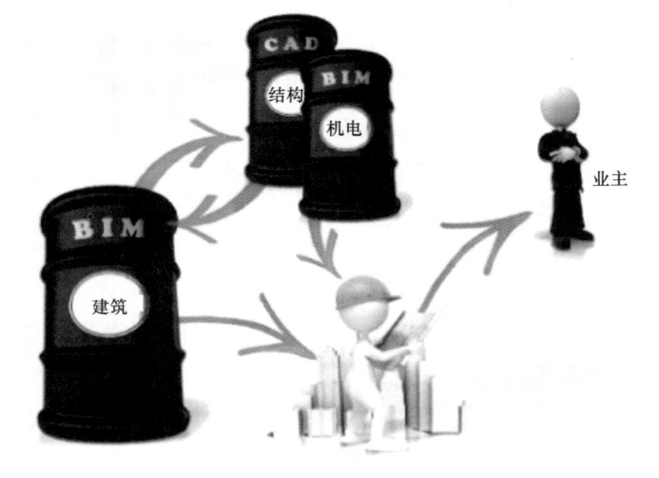

图　1-2

摸索和尝试应用为主，并且存在被传统环境孤立的情况，但这也是技术革新的必经之路。“万事开头难”，当我们通过点式的应用来获取更多的对于新技术的理解和认识，并且从中获益，渐渐地就会带动周边环境，进而推动整个行业的发展和进步。

4. 第四阶段：协同应用 BIM

如图 1-3 所示，当所有的项目参与方都选择应用 BIM 进行管理，BIM 的协同工作效益就会最大化体现了，这就是我们不断追求的目标。

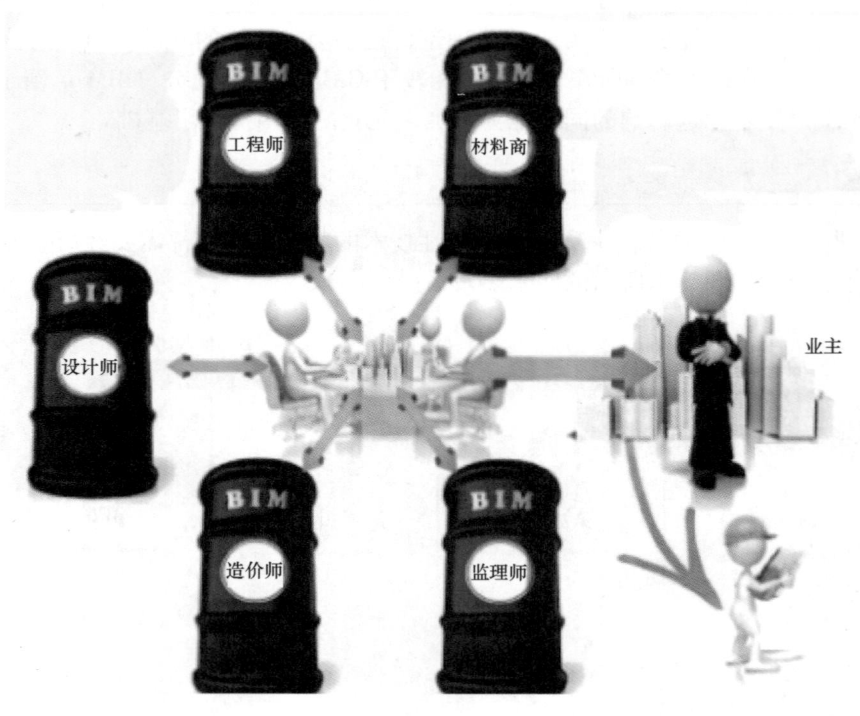

图 1-3

基于 BIM 及其集成应用，项目相关参与方能够各司其职、各负其责。投资者可以快速、高效地做出投资决策；设计师可以通过 BIM 相关软件进行协同设计、沟通和交流，及时地发现问题进行修正，更好地指导施工；项目建设相关管理人员能清晰地理解设计意图并高质量地进行项目管控，将建筑信息模型作为主要的信息传递媒介和交付成果，从而实现信息的全面集成和无纸化交互；运维管理人员可以依托 BIM 集成的信息库进行运营维护管理。这样的模式不仅提高了建设项目质量和建设周期，缩短了建设成本，还会产生一系列附加效益。例如，在 BIM 应用的过程中，从业人员会逐渐专注于自己所擅长的领域，一些人会专注于概念设计，也有一些人会倾向于后期设计、视觉设计或者模型信息维护等，随着时间的推移和技术的熟练，将会产生一个全新的更具专业化水平的团队。再例如，新技术的应用与普及也会给很多企业带来大量的机会，通过提供更新更高质量的服务提升自身企业的市场竞争力，从而获取更多的利益。

在 BIM 理论中，模型是唯一的，“一次建模，建筑全生命周期使用”，那么在这一阶段模型归属权的讨论就涉及知识产权保护的问题了。以 Revit 为例，设计师为了更快捷地建造模型，而花费很多时间去制作一个数据丰富且高效的“族”库，却很难避免这些“族”库信息落入竞争者的手中。放弃制作这个数据库并不是一个理想的解决办法，而是应该考虑如何去规范商业行为来保护自己的知识产权。

数据格式也是市场在未来要受到严格审查的一个方面。前文说过，仅仅依靠一个或者一类软件是无法实现 BIM 理论的，当我们在建筑全生命周期的管理中应用了很多分门别类的软件的时候，文件格式的交互性就尤为重要，因为这涉及信息在交互过程中的完整性问题。目前全球主流的交互文件格式“IFC 格式”很有希望引领并解决这个问题。

1.1.5 BIM 的发展驱动

BIM 固然带来了先进的管理思路和多元化的技术手段，但是相对于人们已经熟练掌握的 CAD 技术，还是需要经过一个思想和认识转变，人们要学习和尝试全面应用的过程。面对建设项目参与方众多的建筑行业现状，不可避免地要涉及 BIM 发展驱动者的问题，如图 1-4 所示。

图 1-4

BIM 发展的首要驱动者通常是政府，因为不论在任何国家或地区，政府通常都是建筑行业最大的客户。在欧洲国家（特别是斯堪的纳维亚、英国）及美国各州，近年来逐步加强了对 BIM 技术的普及与应用，并在许多公共建设项目中强制使用 BIM 技术。

企业也是 BIM 发展的有力推动者，因为在企业参与的建设项目中，投资方有技术应用决策权，参建方也可以引导投资方使用更为先进和能够为各方带来更大利益的技术，这对于新技术的使用和推广有着举足轻重的作用。

硬件和软件技术的不断改进和创新也为 BIM 的应用起到了推波助澜的作用。因为不管我们将 BIM 应用于建筑全生命周期管理还是仅仅应用于三维视图展示，都离不开硬件和软件的支持。

教育机构主要对 BIM 应用型人才的培养起着重要的作用，尤其是能够培养将 BIM 技术很好地融入项目管理中的人才，当然这也包括软件应用人才。

在英国，BIM 技术的应用所带来的收益吸引了越来越多的企业采用 BIM 技术。通过模拟分析、成本测算，他们能更快更精准地得到最优方案；通过协同设计，他们的设计成果能够更好地指导施工；通过协同管理，他们可以更高效率、高质量、高效益地完成建设项目。这就是为什么建筑企业都期待一个更精简和高效的建设过程，也是为什么他们之中的大多数在未来的项目中需要 BIM 技术的原因。

1.1.6 BIM 的应用模式

BIM 不会改变固有的行业职能分配，却会改变信息管理和项目管理的方法。那么在 BIM 应用与传统的交付模式（例如 DBB：设计/招投标/建造）的融合过程中，模型管理和信息维护的职责等问题会被无限放大。实践证明，以信任合作为基础的 IPD（集成项目交付）模式，正在逐渐成为国内外建设行业新的交付模式的探索和发展方向。以 BIM 技术为基础的 IPD 模式，将实现项目信息的高度交互，并且在促进项目各专业人员整合的同时达到跨专业职能团队间的高效协作，这将是项目管理模式的重大创新和变革。

1.2 Navisworks 介绍

Navisworks 是建筑业内广泛使用的一个项目审阅软件。它能够辅助建筑师、工程师、建筑业内人士和利益相关方更好地就设计意图和项目施工展开交流。其主要功能是可以将来自 Autodesk Revit、AutoCAD 等不同 BIM 软件的设计数据及模型整合到一个综合的项目模型中。在 Navisworks 中导入不同格式的模型和数据，该整理模型就可用于协调工作、施工模拟和进行综合性的项目审阅，这些举措能帮助施工团队更好地协调不同的软件和职责。此外，还可以通过红线批注、视点以及各种测量工具对模型进行修改和碰撞检测，提高各团队成员之间的项目协作能力。整个项目模型可用于发布，在 NWD 和 DWF 格式文件中进行审阅和协作，利用这一模型审阅过程，可以在施工之前发现潜在问题并采取相应的改正措施，因此能最大程度地降低延误带来的高成本风险和避免返工的可能性。

Navisworks 软件包包含 3 个软件：

1）Autodesk Navisworks Manage 是一款用于分析、仿真和项目信息交流的全面审阅解决方案。多领域设计数据可整合进单一集成的项目模型，以供冲突管理和碰撞检测使用。

2）Autodesk Navisworks Simulate 提供了用于分析、仿真和项目信息交流的先进工具。

3）Autodesk NavisWorks Freedom 是免费的项目查看软件，为团队查看整个项目模型提供一个渠道，便于进行项目的审阅。

在 Navisworks 软件中可以进行以下操作：

1）整合来自多个软件的模型和相关数据，包括点云格式数据。

2）分析模型中检测硬碰撞和间隙冲突。

3）在一个模型内或跨模型分析自相交情况。

4）对比分析同一模型的两个不同版本。

5）添加红线批注、向其他团队成员发布和共享模型的不同版本，便于项目审阅。

6）将进度信息与对象相联系，进行动画和顺序研究。

7）高质量渲染静态图和动画，并根据设定的测量标准进行材质估算。

在 Navisworks 软件中不可以进行以下操作：

1）编辑几何体（但可更改其放置情况或单位）。

2）创建几何体。

单元 2
用户界面

单元概述

本单元将围绕 Navisworks 平台的用户界面进行讲解与指导，同时介绍菜单和产品特性选项。该介绍将包括使用不同的工具对模型进行询问和对结果视图进行浏览的各种方法。本单元将不会涉及每一个可用工具和功能区的介绍，也不会展示所有工具的用法，将解释分组中的代表，以展示相关类型的工具可在什么地方找到，以及不同的下拉菜单和菜单扩展符号表示什么。

单元目标

1）认识 Navisworks 用户界面，了解屏幕布局和相关术语。
2）了解不同工具和命令的使用方法。
3）学习使用快捷键。

2.1 用户界面

Navisworks 界面中包含许多传统的 Windows 元素，如应用程序菜单、快速访问工具栏、功能区、可固定的窗口、对话框和关联菜单，用户可在这些元素中完成任务。在默认情况下，Navisworks 将打开空白项目。

2.1.1 应用程序菜单

【应用程序菜单】按钮位于屏幕左上角，该按钮包含了所有的标准应用工具，如打开、保存、另存为、打印等，如图 2-1 所示。同时，也可以在该下拉菜单中看到最近使用的文档，以及一些扩展在相关列表中的其他命令。

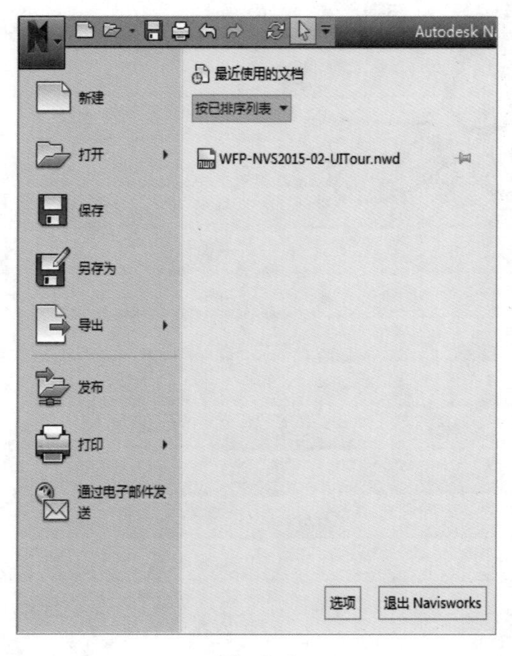

图 2-1

2.1.2 屏幕布局和相关术语

主要屏幕区域（见图 2-2）被划分为以下模块：

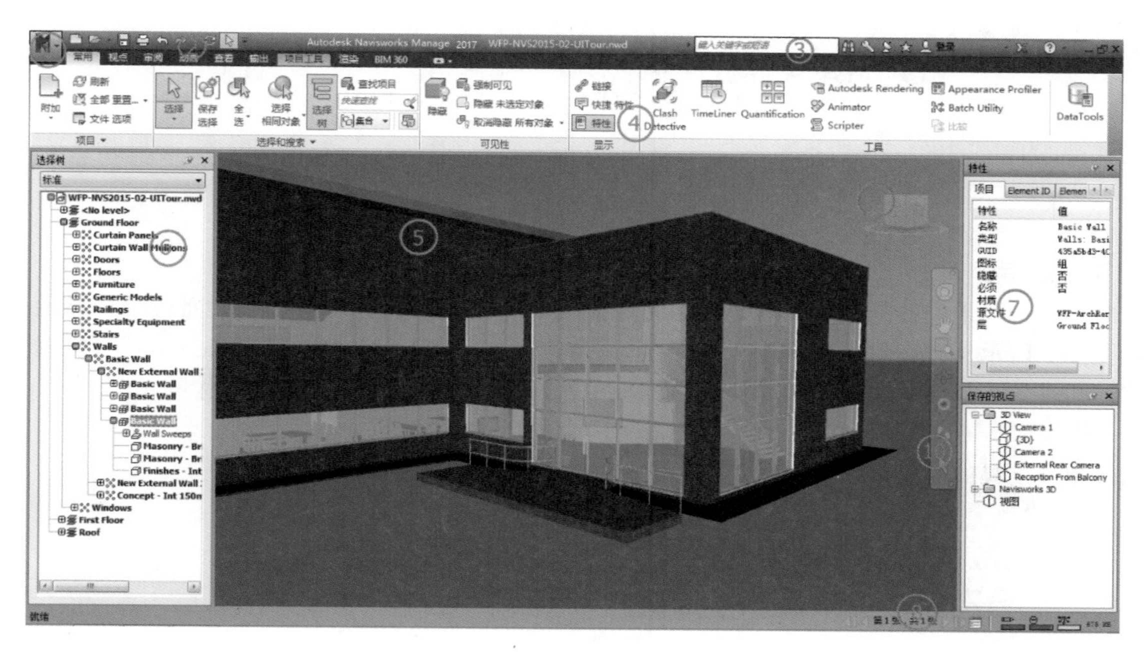

图 2-2

① 为应用程序菜单。

② 为快速访问工具栏（QAT）。

③ 为信息中心。

④ 为功能区。

⑤ 为场景视图或导航窗口。

⑥ 为选择树。

⑦ 为可固定窗口。

⑧ 为状态栏。

⑨ 为 View Cube 视图立方体。

⑩ 为导航栏。

2.1.3 功能区菜单

1. 功能区/选项卡

功能区（见图2-3）是显示工具和控件的选项板。功能区被划分为多个选项卡，每个选项卡支持一种特定活动。在每个选项卡内，工具被组合到一起，成为一系列基于任务的面板。某些选项卡是与上下文有关的。执行某些命令时，将显示一个特别的上下文功能区选项卡，而非工具栏或对话框。例如，只要开始在场景视图中选择项目，那么原先隐藏的【项目工具】选项卡就会显示出来。未选中任何项目时，它会再次隐藏。

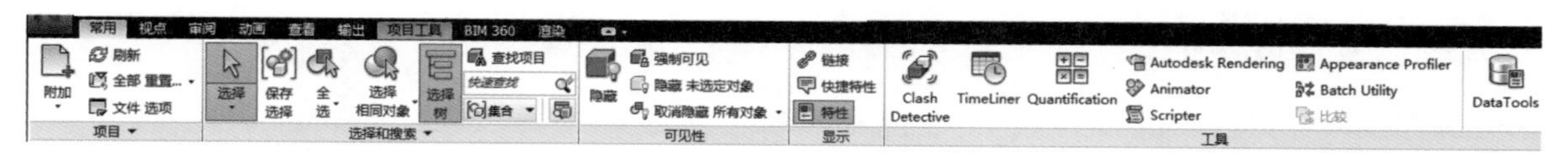

图 2-3

2. 面板

在功能区内，特性相似的工具已在面板中完成分组，如图2-4所示。被拖到屏幕视图中时，面板呈悬浮状态显示。

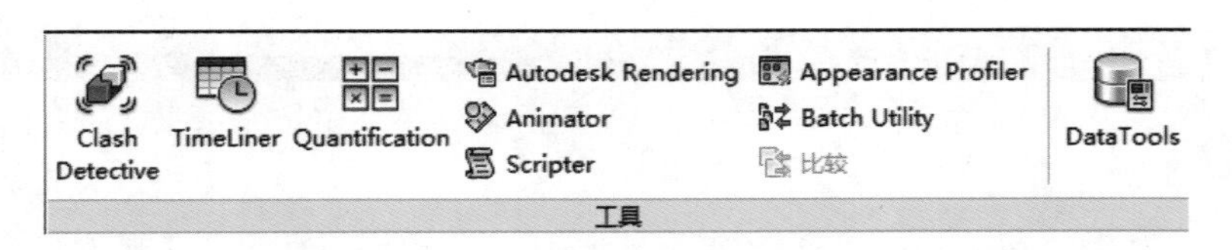

图 2-4

3. 可扩展面板

有时候，选项卡中的剩余空间不允许在此处显示所有工具。在这种情况下，面板中将显示三角符号，如图 2-5 所示，以表示还有其他工具存在。图钉选项卡可阻止这些显示出来的工具再次消失，即可以将三角符号下拉菜单中的工具【钉】在面板中。降低屏幕分辨率可增加此操作的频率。

4. 按钮

启动单一工具的简单按钮，如图 2-6 所示。

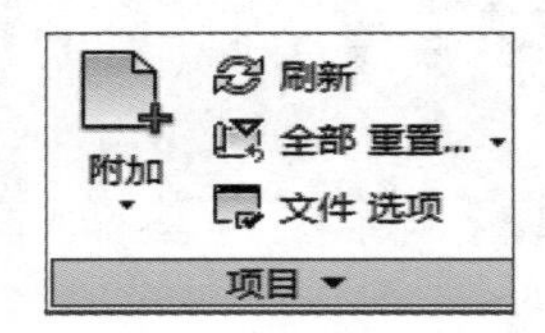

图 2-5

图 2-6

5. 拆分按钮

在存在各种选项的情况下，拆分按钮将允许用户指定此情况下需要使用哪些工具变体。单击按钮顶部（或者在拆分按钮为横摆时点击左手边），将直接进入最近选择的工具变体选项中，按钮的下拉菜单中将显示可替代功能的选项，如图 2-7 所示。

6. 对话框或工具启动器

对话框或可固定窗口通常显示在相关的工具附近，并通过面板右下方的工具启动箭头显示，如图 2-8所示。

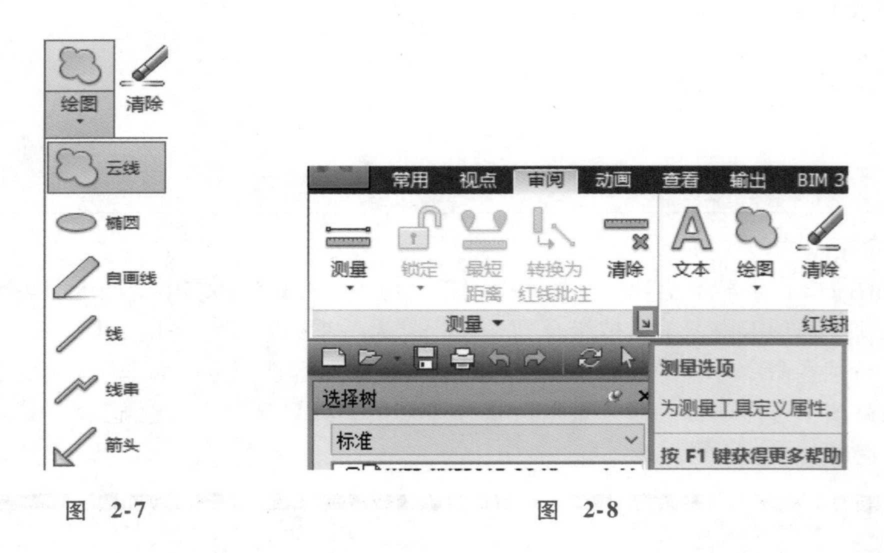

图 2-7　　图 2-8

7. 工具提示

将光标悬停在选项或按钮上，可显示工具提示，提示内容包括工具名称、键盘快捷键（在可应用的情况下）和对相关工具的描述，如图 2-9 所示。

8. 按键提示

在与应用窗口互动时，按钮提示允许用户使用键盘，而非鼠标。这些按钮提示不同于键盘快捷键，本书中有很多关于按钮的提示。按键盘上的 < Alt > 键可显示相关的数字或字母，以启动命令，如图 2-10所示。如果要打开一个文档，可以按下 < Alt > 键，再按下 <2> 键；而不是使用键盘快捷键 < Ctrl +0 > 。

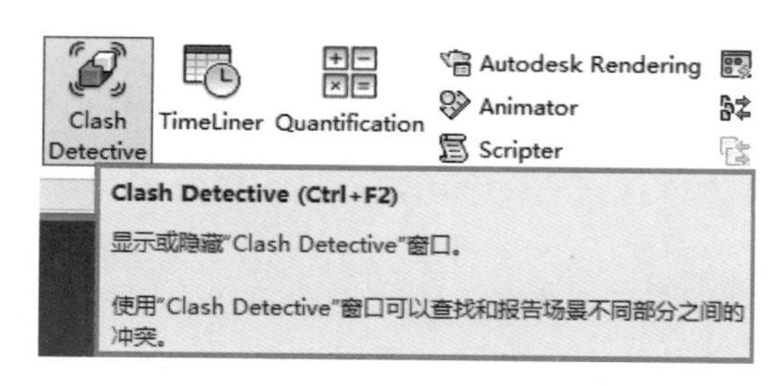

图 2-9

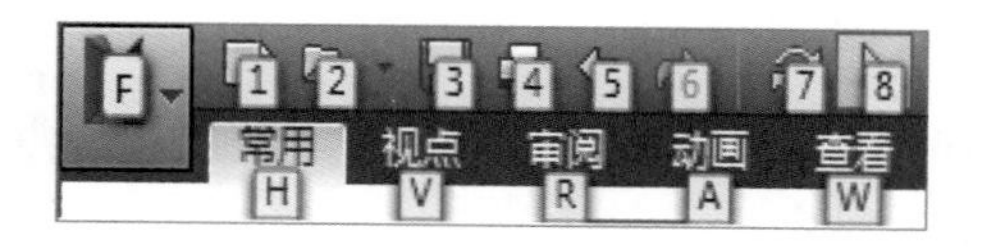

图 2-10

2.1.4 导航工具

工具的介绍将被作为用户界面和产品功能介绍的补充。关于这些导航工具及其使用方法的详细介绍见单元4，在单元4中，它们被用于对模型进行导航。

1. 导航栏

导航栏（见图2-11）可以提供进入相关工具的路径，这些工具可与模型的方向和导航相互作用。导航栏中包含了一些有用的导航控制工具，如全导航控制盘、平移、缩放、旋转、环视和漫游。同时，也可以使用【第三人】选项，赋予自己某个替身，从第三方视角观察模型。导航栏可以固定，也可根据个人或公司的要求进行定制。若要显示或不显示导航栏，用户可以单击【视图】选项卡【导航辅助工具】面板中的【导航栏】按钮。

2. 【平移】工具

对于围绕 Navisworks 中的模型进行导航而言，【平移】工具（见图2-12）和【缩放】工具都非常重要，这两个工具可以和其他工具联合使用。例如，在使用【动态观察】工具的时候，可在不使用其他工具的情况下，通过鼠标滚轮来使用【平移】和【缩放】工具进行导航。

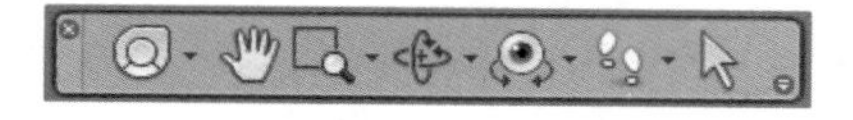

图 2-11

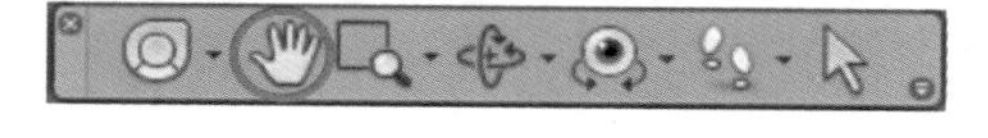

图 2-12

【平移】工具可以将模型平移或移动到任何方向。用户可在导航栏中选择【平移】工具，也可通过键盘上的快捷键 < Ctrl +6 > 来启动该功能。

3. 【缩放】工具

【缩放】工具（见图2-13）将通过不同的方式改变相关模型的放大率。该工具同时包含了其他的缩放子工具（见图2-14）。

图 2-13

图 2-14

缩放方向以当前的旋转点或缩放位置为基础。如果用户在使用【缩放】工具之前就移动了光标的位置，那么旋转点的位置也会移动。在使用【缩放】工具时（按 < Ctrl +4 > 快捷键可调整到缩放模式），用户可以通过以下4种方式来改变模型的放大率。

1）单击鼠标左键，放大25%。

2）单击鼠标左键，同时按住 < Shift > 键，缩小25%。

3）按住鼠标左键来改变所需的放大率；通过向上移动鼠标光标（放大）和向下移动鼠标光标（缩小）来改变放大率值。

4）可通过鼠标滚轮来进行放大或缩小操作。

4. 【动态观察】工具

【动态观察】工具（见图 2-15）能让用户关注具体项目，从一个固定点进行浏览或通过一个旋转点进行旋转。

【动态观察】工具可改变模型方向。在将模型拖动到任何一个方向时，用户可以从不同的角度探索模型。拖动光标并按照需要的方向移动【动态观察】工具，用户也可以根据需要，连同【平移】工具和【缩放】工具一起使用【动态观察】工具。

如果想要改变【动态观察】工具的轴心，用户可以在单击鼠标左键的同时按下 <Ctrl> 键，并移动光标，找到新的旋转点。在此，可以围绕新的位置或轴心（见图 2-16）来旋转模型。

图 2-15

图 2-16

虽然【自由动态观察】工具与【动态观察】工具类似，但是前者有更多的限制条件，同样的动作和应用选项更少，可使用 <Ctrl> 键来移动旋转点。

【受约束的动态观察】工具可围绕轴心进行移动。用户可以只使用该工具向左端或右端移动，同样可在需要的时候，使用 <Ctrl> 键来移动轴心。

5. 【环视】工具

通过使用【环视】（见图 2-17）和与之相关联的工具，用户可以旋转当前视图。在旋转当前视图时，用户的视线将围绕当前的眼睛位置进行旋转。环视工具将让用户站在静止的位置上检测模型，用户可以在不移动当前位置的前提下，从水平或垂直方位观察模型。按 <Ctrl + 3> 快捷键可调整到【环视】工具，可以让用户选择需要检测的对象，一旦对象被选定，视图将从接通位置顶部更改为具体对象。

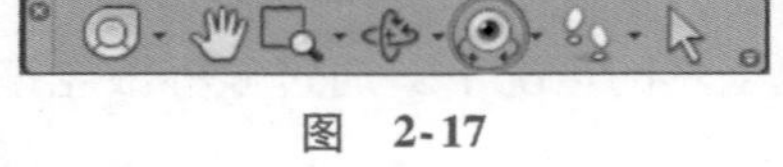

图 2-17

6. 【漫游】工具和【飞行】工具

使用 Navisworks 的【环视】工具和【平移】工具来浏览 3D 视图具有局限性，有时需要用户从一楼走上二楼，在这种情况下，【漫游】（见图 2-18）和【飞行】（见图 2-19）工具便可以起到很好的作用，在【漫游】工具旁的下拉菜单中可以打开其他选项，如图 2-19 所示。

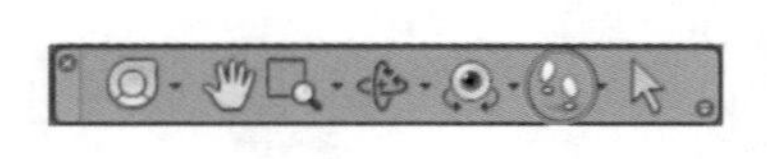

图 2-18

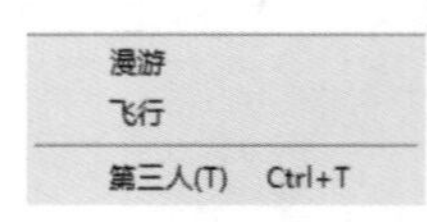

图 2-19

【漫游】工具可用于沿着真实路线围绕建筑漫游。为了完成漫游操作，用户需要按住鼠标左键，向前和向后移动鼠标。键盘上的箭头键同样也可被用来导航。

要使移动距离距屏幕中心越远以及围绕模型行走的速度越快，可以使用 <Shift> 键进行加速。鼠标滚轮将根据使用的屏幕滚动向上或向下倾斜视图。在 Navisworks 中，【漫游】工具是最常用的导航工具。

虽然【飞行】工具较难操作，但是在围绕大型 Navisworks 模型导航时仍然有效。要使用【飞行】工具，用户可以单击鼠标左键，并向前移动鼠标，向左拖动鼠标以完成左移操作或向右拖动鼠标完成右移操作。如果想在上升视图中快速向前移动鼠标，那么将鼠标向后移时就将导致视图下降，键盘上的向下箭头键将控制飞行浏览向下运行。

建议不要进行任何大范围移动，稳定的移动是关键，通过左右移动光标进行转体，以使平面转向左端或右端。

无论是【漫游】模式还是【飞行】模式，都有相关选项来允许或阻止碰撞的发生，因此用户不可能穿过模型中的墙体。用户所能想象的重力也仅可应用在【漫游】工具中上下楼梯的情况下。【第三人】选项将在模型空间中放置一个“虚拟人像”。

7. 【导航控制盘】

【导航控制盘】（见图2-20）是组合工具，它能提供更便利的路径，让用户能从一种导航工具进入多种导航工具。最常用的工具都已经被放在了控制盘上。一开始，有的用户可能会认为导航控制很难使用，但经过练习，该控制盘却能为用户进行Navisworks模型导航提供很好的帮助。

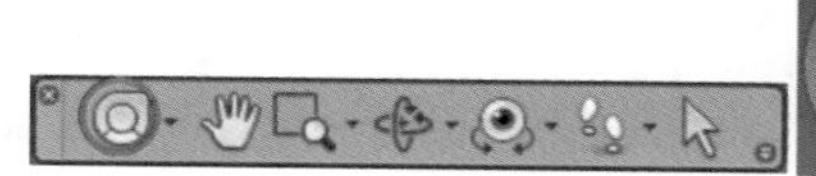

图 2-20

8. 可固定窗口

可固定窗口（见图2-21）可以访问大多数Navisworks功能。可固定窗口能进行以下几种操作：移动、调整大小，以及在场景视图中浮动、固定或隐藏。

> 注意：通过双击窗口的标题栏可以快速固定该窗口或使其浮动。

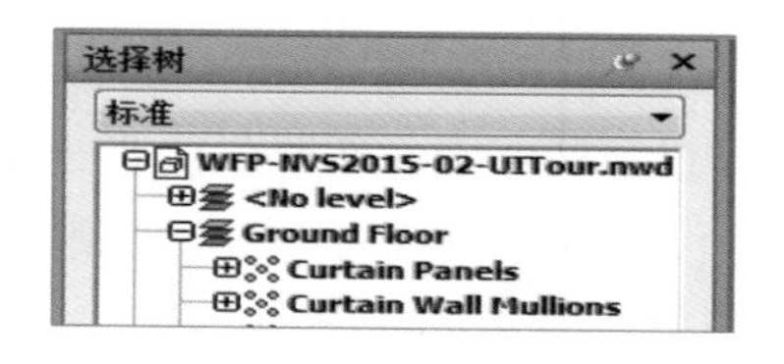

图 2-21

9. 工作空间

由于Navisworks特性中的特定任务本质，用户可以载入和保存工作空间（见图2-22），并按照想要的方式只显示可固定窗口。

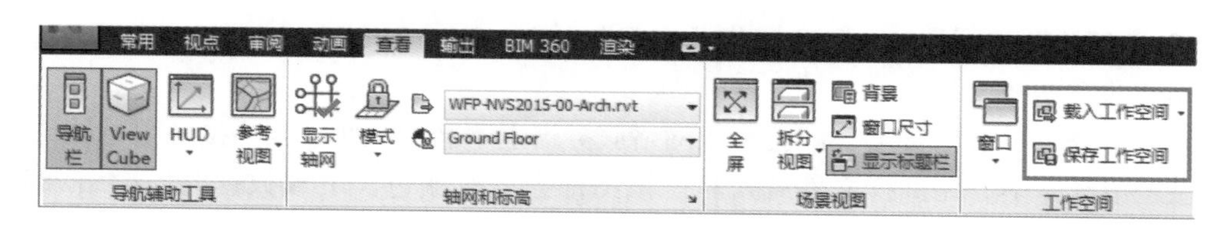

图 2-22

【载入工作空间】和【保存工作空间】功能可以通过【查看】选项卡【工作空间】面板来载入。如果某个可固定窗口在经过激活的情况下也不能显示，那么可以重新将自己的工作空间设置为标准的Navisworks，该操作会将屏幕位置还原为默认位置。

2.1.5 状态栏

状态栏显示在Navisworks屏幕的底部，无法自定义或来回移动该窗口。

1. 图纸浏览器

图纸浏览器是可固定窗口（见图2-23），它在当前打开的文档中列出了所有的图纸和模型。

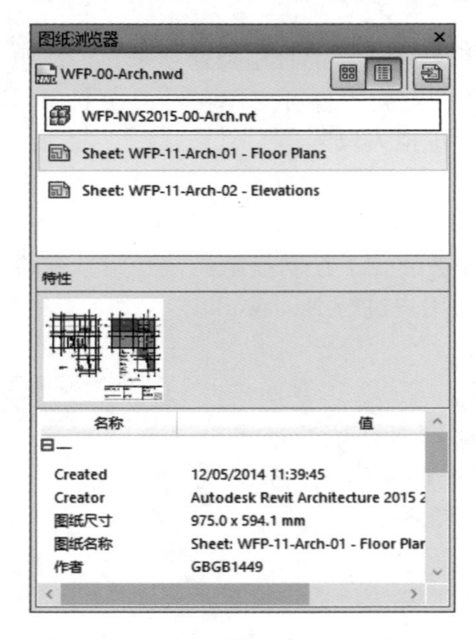

图 2-23

2. 铅笔进度条

指示当前视图绘制的进度，即当前视点中的忽略量。当进度条显示为100%时，表示已经完全绘制了场景，未忽略任何内容。在进行重绘时，该图标会更改颜色。绘制场景时，铅笔图标将变为黄色。如果要处理的数据过多，而计算机处理数据的速度达不到Navisworks的要求时，铅笔图标则会变为红色，指示出现瓶颈。

3. 磁盘进度条

指示从磁盘中载入当前模型的进度，即载入到内存中的大小。当进度条显示为100%时，表示包括几何图形和特性信息在内的整个模型都已载入到内存中。在进行文件载入时，该图标会更改颜色。读取数据时，磁盘图标会变成黄色。如果要处理的数据过多，而计算机处理数据的速度达不到Navisworks的要求时，磁盘图标则会变为红色，指示出现瓶颈。

4. 网络服务器进度条

指示当前模型下载的进度，即已经从网络服务器上下载的大小。当进度条显示为100%时，表示整个模型已经下载完毕。在进行文件载入时，该图标会更改颜色。下载数据时，网络服务器图标会变成黄色。如果要处理的数据过多，而计算机处理数据的速度达不到Navisworks的要求时，网络服务器图标则会变为红色，指示出现瓶颈。

5. 内存条

1153 MB 中的字段报告了Navisworks当前使用的内存大小。此内存大小以兆字节（MB）为单位进行报告。

2.2 键盘快捷键

键盘快捷键是可以用来启动通常使用鼠标访问的命令的键盘替代方式。使用快捷键可帮助用户高效地完成工作。常用快捷键见表2-1。

表 2-1 常用快捷键

键盘快捷键	介绍
PageUp	缩放以查看场景视图中的所有对象
PageDown	缩放以放大场景视图中的所有对象
Home	转到【主视图】，此键盘快捷键仅仅适用于【场景视图】窗口。这意味着它只在此窗口具有焦点时才起作用
Esc	取消选择所有内容
Shift	用于修改鼠标中键的操作
Ctrl	用于修改鼠标中键的操作
Alt	打开或关闭按键提示
Alt + F4	关闭当前应用程序
Ctrl + 0	打开【转盘】模式
Ctrl + 1	打开【选择】模式
Ctrl + 2	打开【漫游/行走】模式
Ctrl + 3	打开【环视/浏览】模式。
Ctrl + 4	打开【缩放】模式
Ctrl + 5	打开【缩放窗口】模式
Ctrl + 6	打开【平移】模式
Ctrl + 7	打开【动态观察/旋转】模式
Ctrl + 8	打开【自由动态观察/旋转】模式
Ctrl + 9	打开【飞行】模式
Ctrl + A	显示【附加】对话框
Ctrl + D	打开/关闭【碰撞】模式，必须处于相应的导航模式（即【漫游】或【飞行】），此键盘快捷键才能起作用
Ctrl + F	显示【快速查找】对话框
Ctrl + G	打开/关闭【重力】模式
Ctrl + H	为选定的项目打开/关闭【隐藏】模式
Ctrl + I	显示【插入文件】对话框
Ctrl + M	显示【合并】对话框
Ctrl + N	重置程序，关闭当前打开的 Navisworks 文件并创建新文件
Ctrl + O	显示【打开】对话框
Ctrl + P	显示【复印】对话框
Ctrl + R	为选定的项目打开/关闭【强制可见】模式
Ctrl + S	保存当前打开的 Navisworks 文件
Ctrl + T	打开/关闭【第三方】模式
Ctrl + Y	恢复上次【撤销】命令所执行的操作
Ctrl + Z	撤销上次执行的操作
Ctrl + PageUp	显示上一张图纸/图纸
Ctrl + PageDown	显示下一张图纸/图纸
Ctrl + F1	打开【帮助】系统
Ctrl + F2	打开【碰撞检测】窗口
Ctrl + F3	打开/关闭【时间线】窗口
Ctrl + F4	打开/关闭 Autodesk 渲染窗口
Ctrl + F5	打开/关闭【动画】窗口

（续）

键盘快捷键	介　绍
Ctrl + F6	打开/关闭【脚本】窗口
Ctrl + F7	打开/关闭【倾斜】窗口
Ctrl + F8	打开/关闭【剖分】窗口
Ctrl + F9	打开/关闭【平面视图】窗口
Ctrl + F10	打开/关闭【剖面视图】窗口
Ctrl + F11	打开/关闭【保存的视点】窗口
Ctrl + F12	打开/关闭【选择树】窗口
Ctrl + Home	推移和平移相机以使整个模型处于视图中
Ctrl + →	播放选定的动画
Ctrl + ←	反向播放选定的动画
Ctrl + ↑	录制视点动画
Ctrl + ↓	停止播放动画
Ctrl + 空格键	暂停播放动画
Ctrl + Shift + A	打开【导出动画】对话框
Ctrl + Shift + C	打开【导出】对话框并允许导出当前搜索
Ctrl + Shift + I	打开【导出图像】对话框
Ctrl + Shift + R	打开【导出已渲染图像】对话框
Ctrl + Shift + S	打开【导出】对话框并允许导出搜索集
Ctrl + Shift + T	打开【导出】对话框并允许导出当前的时间线明细表
Ctrl + Shift + V	打开【导出】对话框并允许导出视点
Ctrl + Shift + W	打开【导出】对话框并允许导出视点报告
Ctrl + Shift + Home	将当前视图设定为主视图
Ctrl + Shift + End	将当前视图设定为前视图
Ctrl + Shift + ←	转到上一个红线批注标记
Ctrl + Shift + →	转到下一个红线批注标记
Ctrl + Shift + ↑	转到第一个红线批注标记
Ctrl + Shift + ↓	转到最后一个红线批注标记
F1	打开【帮助】系统
F2	必要时重命名选定项目
F3	重复先前运行的【快速查找】搜索
F5	打开当前载入的模型文件的最新版本，刷新场景
F11	打开/关闭【全屏】模式
F12	打开【选项编辑器】
Shift + W	打开上次使用的操控盘
Shift + F1	用于获取上下文相关帮助
Shift + F2	打开/关闭【集合】窗口
Shift + F3	打开/关闭【查找项目】窗口
Shift + F4	打开/关闭【查找注释】窗口
Shift + F6	打开/关闭【注释】窗口
Shift + F7	打开/关闭【特性】窗口
Shift + F10	打开关联菜单
Shift + F11	打开【文件选项】对话框

单元 3

项目编辑与管理

单元概述

本单元将深入学习在对 Navisworks 文件进行编辑时所用的全局选项设置和文件选项设置。Navisworks 的主要功能为文件的合并，所以将逐步介绍 Navisworks 的文件格式和文件读取器的使用，这些文件格式和文件读取器都可被用于模型的附加和合并，随后将介绍使用 Navisworks 对项目进行编辑，最后对文件进行储存和管理。

本单元首先介绍一些可用的设定和选择，帮助用户对项目文件进行启动和设置；接着将介绍如何将不同的文件类型合并到一个 Navisworks 项目中，最终完成文件的发布。

本单元也将介绍原文件格式和其他可兼容的 CAD 应用程序，其中包括多种阅读和输出方式。单元结束部分将深入介绍项目管理和场景统计信息。

单元目标

1）掌握使用项目设置来控制形象识别的方法。

2）学会使用全局选项和文件选项来控制模型外观。

3）掌握将文件附加和合并到一个 Navisworks 项目中的方法。

4）学习使用 Batch Utility（批处理实用程序）工具。

5）掌握外观配置器的使用方法。

3.1 项目设置

一般而言，项目设置是控制形象识别的一种方式。Navisworks 可以通过一些合适的选项来满足不同用户的需求与不同原则的规定。

3.1.1 安装设置

某些选项在安装程序时就已被自动设置，它们可以基于站点和项目实现分享。

语言通常在安装软件时进行默认设置，用户也可以下载其他的语言包，这些语言包可以根据用户的需要提供相应语言的 Navisworks 文件。

在安装过程中，屏幕中包含一些到达程序、部署选项、安装工具和安装路径的选择。同时具备用户选择输出插件、自由浏览器和 Autodesk ReCap，以及用于点云数据处理的软件选项。同时，Navisworks 软件现已支持 ReCap 文件格式：RCS 和 RCP。并且，Navisworks 现在也能使用 BIM 360 插件推送到云端，该插件会在安装 Navisworks 时被自动激活，这将让用户可以分享实时的项目信息，以及在自己的团队中合并 BIM 工作流程。

3.1.2 选项设置

Navisworks 包含了两种类型选项，即文件选项和全局选项。

1. 文件选项

【文件选项】位于【常用】选项卡的【项目】面板上。如图 3-1 所示，【文件选项】对话框中包含了多个选项卡和选项区，它们可以用来控制模型的外观和围绕模型导航的速度。这些选项卡在每个文件被打开时都会被重新载入，它们也仅在打开文件时可以使用，其中的某些选项卡仅在使用三维模型时可用，各选项卡的功能介绍见表 3-1。打开【文件选项】对话框有以下 3 种方式：

1）单击【常用】选项卡→【项目】面板→【文件选项】按钮。

2）使用键盘上的 <Shift + F11> 快捷键。

3）在场景视图中的任意位置单击鼠标右键，在弹出的快捷菜单中选择【文件选项】选项，如图3-2所示。

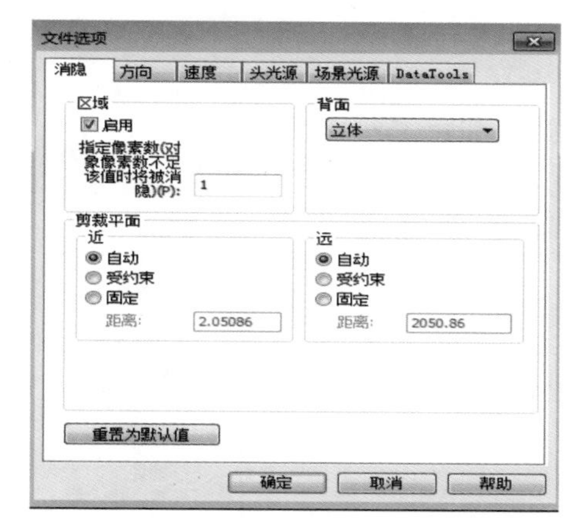

图 3-1

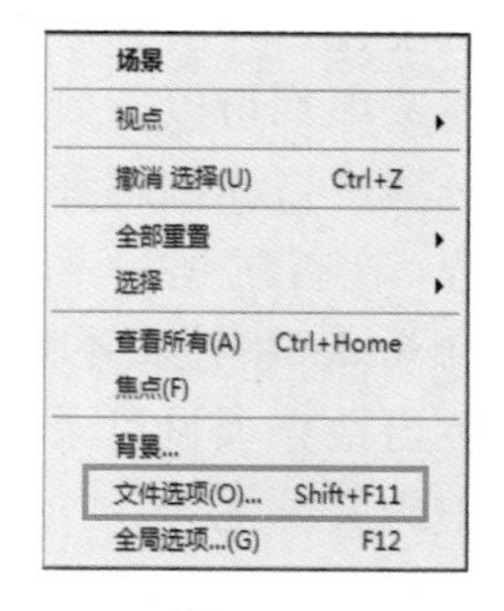

图 3-2

表3-1 选项卡功能介绍

选项卡名称	功能描述
消隐	在打开的 Navisworks 文件中，该功能被用于调整几何图形的消隐
方向	该功能用于调整模型的真实世界方向
速度	使用该选项卡可调整帧频速度以减少在导航过程中忽略的数量
头光源	使用此选项卡可为【头光源】模式更改场景的环境光和头光源的亮度
场景光源	使用此选项卡可为【场景光源】模式更改场景的环境光的亮度
DataTools	使用此选项卡可在打开的 Autodesk Navisworks 文件与外部数据库之间创建链接并进行管理

注意：在【文件选项】对话框中进行的任何修改都会被保存，并且仅影响当前打开的 Navisworks 文件。

2. 全局选项

不同于文件选项，全局选项的设置将对所有 Navisworks 项目起作用。打开【选项编辑器】对话框，可以通过按键盘上的 < F12 > 快捷键；也可以单击左上角的应用程序菜单，再单击【选项】按钮，如图3-3所示；还可以单击 Windows 开始菜单→所有程序→Autodesk，然后查找所需的产品，例如，Navisworks Manage 2017→选项编辑器，这时项目编辑器将作为独立的应用程序被打开，如图3-4所示。

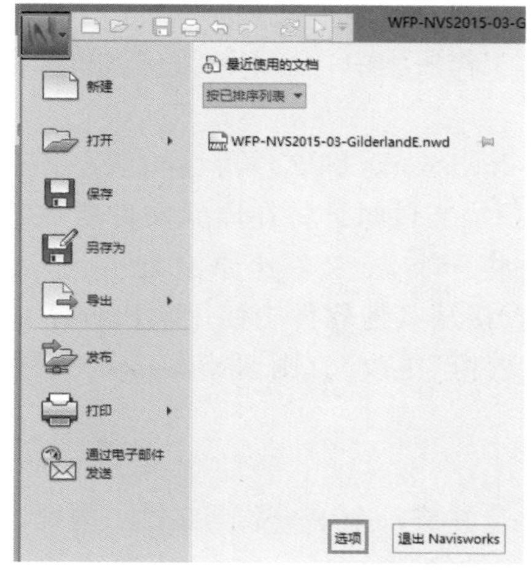

图 3-3

图 3-4

对于项目经理和系统管理员而言，将全局选项作为单独程序打开的功能非常有用。这些设置一旦发生改变，相关项目就可以被输出到其他项目或从公司标准数据库中输入，以保证团队成员的一致性。

【选项编辑器】对话框中对选项和分组采用了树状结构显示，这种显示方式便于对选项进行查找和更改，如图 3-5 所示。

一旦完成对选项的设置，就可以在整个项目站点和特定项目组中进行处理。无论是位置、环境，还是碰撞检测、动画，或者是文件读取器，配置全局选项都可以有效地对其进行编辑。本单元中只对其中两个重要的选项进行详细解释。

（1）常规-位置　在首次运行 Navisworks 时，将从安装目录拾取设置。随后，Navisworks 将检查本地计算机上的当前用户配置和所有用户配置，然后再检查项目目录和站点目录中的设置，关键的一点是，项目目录中的文件优先。

1）项目目录：查找包含特定于某个项目组的 Navisworks 设置的目录。

2）站点目录：查找包含整个项目站点范围的 Navisworks 设置的标准目录。

（2）界面－显示单位　除了用于决定 Navisworks 中的模型比例以外，这些单位还可用于测量场景中的几何图形、校准附加模型、在实施碰撞检测时设置公差等。在首次启动软件时，Navisworks 将直接从打开的文件中读取单位；若打开的文件中没有单位，则 Navisworks 将在选项编辑器中为该文件类型配置为默认单位。启动之后，如果发现文件单位与场景不匹配，则可以重新修改文件单位。

图　3-5

3.2 文件管理

3.2.1 Navisworks 原生文件格式

使用 Navisworks 的一个主要优势在于：它可以将不同的文件类型合并成单一的数据文件。不同于 Revit、Digital Project 和 AutoCAD 等软件用于新建和编辑模型的功能，Navisworks 又可以被用于模型管理和模型检测工具。

Navisworks 有以下 3 种不同的原生文件格式，在工作流程中，这 3 种类型都非常重要。

1. NWC 格式

.nwc 是 Navisworks 的缓存文件格式。每个载入 Navisworks 的文件都会被缓存，在默认情况下，在 Navisworks 中打开或附加任何原生 CAD 文件或激光扫描文件时，将在原始文件所在的目录中创建一个与原始文件同名但文件扩展名为 .nwc 的缓存文件，由于 .nwc 文件比原始文件小，因此可以加快对常用文件的访问速度；另一种创建缓存文件的方法是直接从其他软件中使用输出程序，输出格式为 .nwc 的文件。如果缓存文件不是最新的（这意味着原始文件已更改），则 Navisworks 将转换已更新文件，并为其创建一个新的缓存文件。

2. NWF 格式

Navisworks 的主要功能之一是将不同格式的文件合并成一个单一数据文件。因此，.nwf 文件将在一个单一的管理文件中处理所有的附加文件。实际上，该管理文件不会输入几何图形，它只是储存所有原生文件和 Navisworks 数据（如标签或标记）的链接，同时保持较小的文件容量（比 .nwd 文件小）。

. nwf 文件同样会储存 Navisworks 的特有数据，如标签、标记、视点、保存的选择设置、保存的搜索设置等。一个 . nwf 文件可以附加其他的 . nwf 文件、nwc 文件以及 . nwd 文件。

3. NWD 格式

一旦准备分享或选取某个文件，就会将 . nwf 文件格式转化为 . nwd 文件格式。从本质上看，该转化过程将绑定所有的几何图形，将信息和数据合并到一个单一的文件内。同时，该过程还会从源文件中删除原始链接。一般来说，可以将 . nwd 文件看作模型当前状态的快照，因为相关数据已经完成了压缩，所以 . nwd 文件容量更小。

3.2.2 合并

上述 3 种文件类型都可被用在一个特定的项目中。例如，在将一个 Revit Architecture 文件合并到一个 AutoCAD MEP HVAC 模型的情况下，我们可以简单地从 Revit 中输入 . rvt 文件，针对建筑构件，从 Revit 中输出 . nwc 文件；. nwc 文件还可以 . dwg 文件格式进行创建。最后，这些 . nwc 格式的文件都将被合并到一个 . nwf 格式的文件中，也正是在这个主要文件内，用户才可进行碰撞检测、搜索、动画等工作。一旦完成模型分析或模型检测，这一刻的工作流程或模型的快照就会被储存为 . nwd 文件，并以 . nwd 文件格式发布。

3.2.3 添加外部文件

【添加外部文件】是将外部文件链接到 . nwf 格式文件的过程。该过程与 AutoCAD 中的 X- ref 功能有很多相似之处。在首次将外部文件载入到 . nwf 文件中时，Navisworks 将在同一个文件夹中自动创建一个 . nwc 格式的缓存文件。不要删除这个缓存文件，因为在删除后，Navisworks 还会重新创建。并且，每次重新载入文件时，Navisworks 都会检测相关文件是否发生改变，如果没有发生改变，Navisworks 就会打开缓存的文件格式，这使载入过程更快捷。Autodesk 提供的支持文件格式见表 3-2。

表 3-2 Autodesk 提供的支持文件格式

格式	扩展	软件版本
Navisworks	. nwd, . nwf, . nwc	所有版本
AutoCAD	. dwg, . dxf	到 AutoCAD 2015
MicroStation (SE, J, V8 & XM)	. dgn, . prp, . prw	v7, v8
三维 Studio	. 三维 s, . prj	到 Autodesk 三维 3ds Max 2015
ACIS SAT	. sat, . sab	所有的 ASM SAT 到 ACIS SAT v7
CIS \ 2	. stp	STRUCTURAL_ FRAME_ SCHEMA
CATIA	. model, . session, . exp, . dlv3, . CATPart, . CATProdu ct, . cgr	V4, V5
DWF/DWFx	. dwf, . dwfx	所有之前的版本
SolidWorks	. prt, . sldprt, . asm, . sldasm	2001 Plus-2014
FBX	. fbx	FBX SDK 2014. 1
IFC	. ifc	IFC2X_ PLATFORM, IFC2X_ FINAL, IFC2X2_ FINAL, IFC2X3, IFC4
IGES	. igs, . iges	所有版本
Pro/Engineer	. prt, . asm, . g, . neu	到 Wildfire 5. 0 & Granite 6. 0
Inventor	. ipt, . iam, . ipj	到 Inventor 2015

（续）

格　式	扩　展	软件版本
Informatix MicroGDS	. man，. cv7	v10
JT Open	. jt	到 10. 0
NX	. prt	到 9. 0
PDS Design Review	. dri	Legacy 文件格式，支持到 2007
Parasolid	. x_ b	到 schema 26
Revit	. rvt	2011 ~ 2015
RVM	. rvm	到 12. 0 SP5
SketchUp	. skp	v5 ~ v8
STEP	. stp，. step	AP214，AP203E3
STL	. stl	只支持 Binary
VRML	. wrl，. wrz	VRML1，VRML2
ReCap	. rcs，. rcp	Autodesk Reality Capture

Navisworks 提供的文件读取器（见图 3-6）可支持多种文件格式的读取，如 CAD 文件格式、一些扫描设备的文件格式。在第一次打开文件时，Navisworks 会自动为文件分配合适的读取器，该设置在之后的流程中将由用户手动进行。

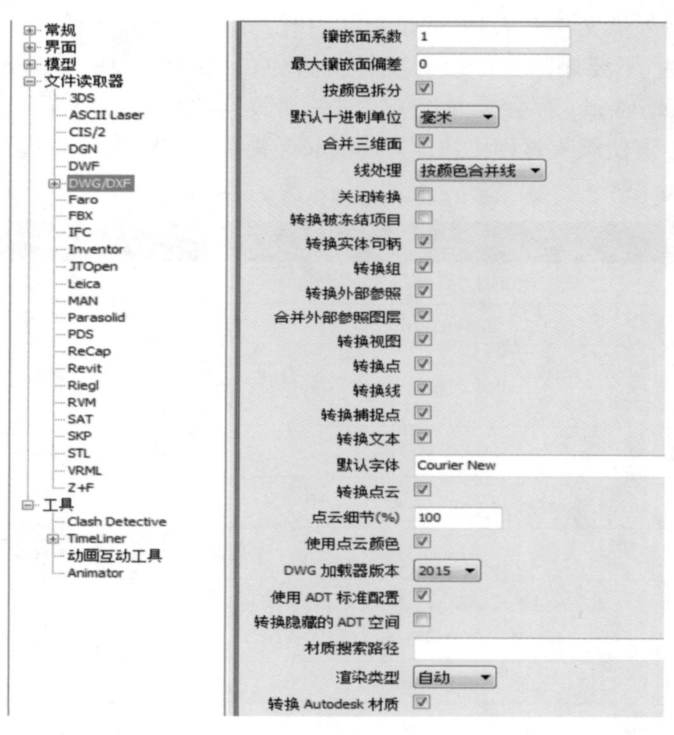

图　3-6

3.2.4 文件处理

如上文所述，Navisworks 的主要功能是合并模型和数据。因此，我们将关注如何实现这个功能。下面介绍打开和创建文件、命名、合并、保存和重命名，以及刷新文件的方法。

1. 打开文件

在 Navisworks 中，存在多种打开文件的方法，第一种方法是单击【应用程序菜单】按钮，在菜单中选择打开；第二种方法是使用快速访问工具栏中的打开文件快捷键；第三种方法是在文件已经启动或 Navisworks 已经打开时，从文件夹中将相关文件直接拖动到场景视图中。

> 注意：如上文所述，Navisworks 将尝试使用合适的文件读取器来打开相关文件，该操作将以其所支持的文件类型为基础。

在默认情况下，Navisworks 将在目录中保存最近打开的 4 个文件，最近打开文件数目可以在【选项编辑器】→【常规】→【环境】中对【最近使用的文件最大数目】进行修改。

2. 关闭文件

在 Navisworks 中，并不存在关闭文件按钮，关闭文件最快的方法是打开一个新文件，即使用应用程序菜单中的【新建】命令来打开新文件；另外一个方法是直接打开一个新文件，Navisworks 将询问用户是否保存对该文件的修改。

3. 创建文件

在启动 Navisworks 的时候，一个新的文件将使用选项编辑器中的默认设置自动创建。这些设置可以在文件打开时进行修改，同时，如果需要创建一个新文件，用户可以在快速访问工具栏中选择新建，此操作可以保存之前创建的文件并打开新的 Navisworks 文件。

4. 保存和重命名文件

在保存 Navisworks 文件时，用户可以选择两种合适的文件格式，即 . nwd 和 . nwf。

1）如果将大量的模型文件合并到一个场景中，那么可以使用 . nwf 文件格式来保存。

2）如果当前模型的快照已经充足，那么可以使用 . nwd 文件格式来保存。

与此同时，这两种格式都会保存审阅标记：. nwd 格式将保存文件几何实体；而 . nwf 格式将保存到原文件的链接，该操作将有效地产生较小容量的 . nwf 格式文件。在打开 . nwf 文件时，Navisworks 将自动打开文件夹中最新的版本，该操作会以路径与实用性为基础，以保证实时的协同性。

如果第三方要求提供具备审阅标记的文件，那么更好的做法是提供已发布的 . nwd 文件格式。

> 注意：在以 . nwd 格式发布文件时，一些丰富逼真的项目内容可能无法实现。

5. 二维文件和多页文件

因为不同的项目成员所要求和接收的数据格式不同，所以 Navisworks 可以支持二维文件和多页文件格式。这些文件格式可以经过审阅或者被包含在三维模型中，以提供项目数据的多种表达。

Navisworks 支持的二维文件和多页文件格式有 DWF、DWF（x）和其他原文件格式（NWD 和 NWF）。

如果要打开某个同时含有二维和三维数据的文件，Navisworks 将试着先打开三维模型，并且将所有的相关文件都列入图纸浏览器中，在【查看】选项卡【工作空间】面板【窗口】下拉菜单中勾选【图纸浏览器】可打开【图纸浏览器】对话框（见图 3-7），用户可以通过图纸浏览器来删除相关文件。如果所有的数据都为二维形式，那么将首先打开默认图纸，同样，相关数据也会被列入图纸浏览器中。

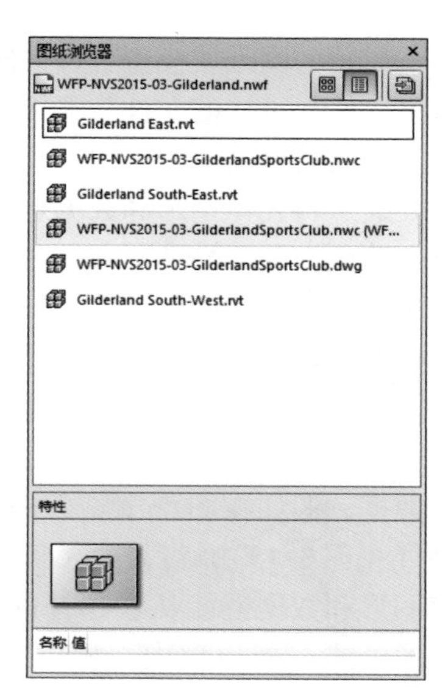

图 3-7

图纸浏览器中会列出所有的图纸和模型，这些图纸和模型还可以作为单独文件进行设置，通过【选择树】窗口（见图 3-8）可以显示模型结构的各种层次视图。

当从图纸浏览器中合并模型或图纸时，用户可能需要完成以下任务：

图 3-8

1）在当前场景视图中查找和选择三维模型，或者是选择二维图纸中的项目。

2）审阅实体特性。对于相应的三维模型，所有从 Revit 软件中输出的二维 DWF 格式文件的项目都具备相似的特性。因此，用户可以以这些特性为基础来搜索需要的项目。

3）添加链接（见图 3-9）。可以从设备操作手册、维护过程或产品具体说明中查看相关的链接源。

4）保存视点（见图 3-10）。便于导航到保存的视图中。

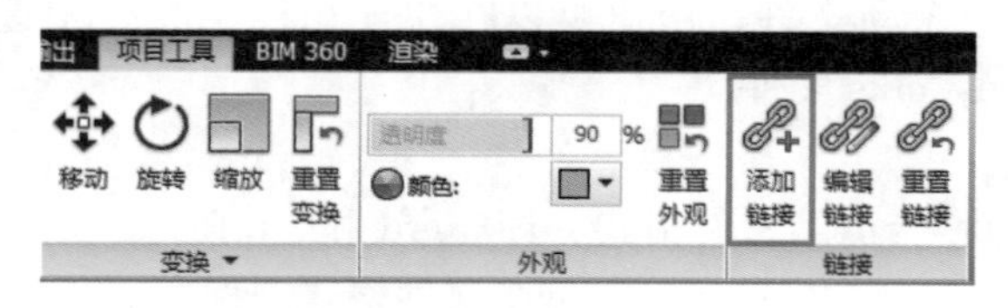

图 3-9

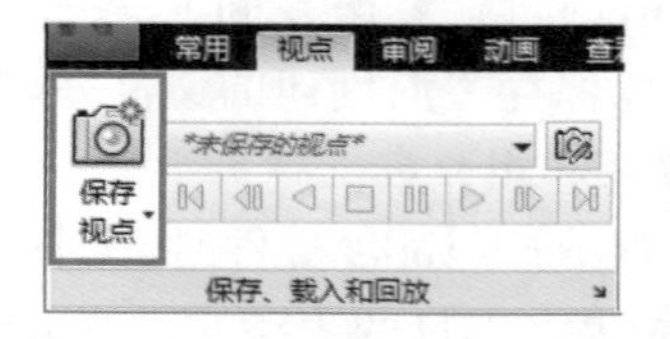

图 3-10

5）为文件添加批注（见图 3-11）。在某一视点中添加红线批注、标记或注释。

6）使用测量功能，测量长度（见图 3-12）。对图纸中的相关点之间和模型之间的距离进行测量。

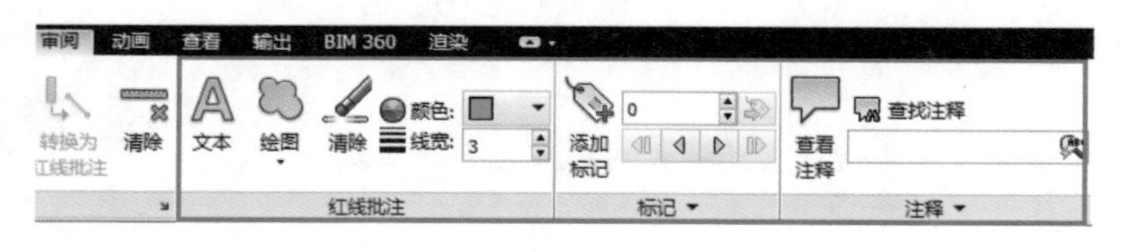

图 3-11

图 3-12

单独的图纸或模型可以被附加或合并到同一个多页文件中。在合并图纸和模型时，任何复制的几何实体或加批注的文件都将被移除。

6. 复杂数据集文件

通过将几何图形和数据从外部文件合并到当前视图中，Navisworks 可将设计文件组合成复杂的数据集。除此之外，Navisworks 还可以自动对齐或旋转相关模型的原型，并重新调整每个附加文件的单位来匹配当前视图中显示的单位。如果旋转后，模型原型或单位仍旧不能与视图匹配，那么用户可以对每个不匹配的文件进行手动调整。

在使用多页文件时，可能用到项目资源中的几何图形和数据，假如在图纸浏览器中导入一个二维图纸或三维模型（见图 3-13），将其载入到当前打开的图纸或模型中，几何图形和数据就能从被选择的文件中附加到当前打开的二维图纸或三维模型内。相关文件不仅被添加到选择树中，而且将创建一个新的文件。

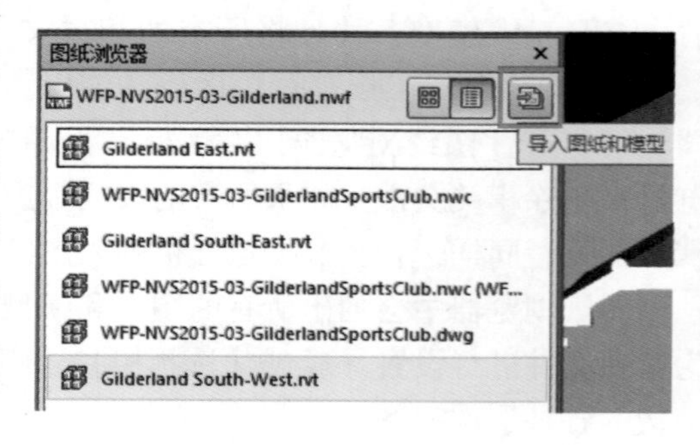

图 3-13

从 Navisworks 项目中删除附加文件必须通过使用 NWF 文件格式来完成，用户不能从发布的 NWD 格式文件中删除任何文件。

7. 刷新文件

经过设置，Navisworks 会随时改变，因此，其他软件的文件命名转化并不总是有效。Navisworks 会【刷新】所有文件，并检查哪些文件已经经过更新，该功能还会以到达相关文件的保存路径为基础，如果文件名称发生改变，那么与之关联的链接也将消失。该功能还可以让用户实现随着变化及时追踪信息等目的，也能让模型得以随时发展和更新。

8. E-mail 文件

Navisworks 文件可以通过电子邮件邮寄或接收。相关文件将首先经过保存，再使用默认邮件系统中的设置添加到空白的电子邮件中。

9. 接收文件

打开接收文件的过程是：将附件保存到用户的本地驱动器中，再双击附件。

如果文件是 NWF 格式，则 Navisworks 将首先通过使用发件人最初保存文件的绝对路径来搜索参照文件。若一个团队在局域网环境下工作，且相关文件使用通用命名约定（UNC），那么该操作会非常有用。

10. Batch Utility（批处理实用程序）

通过【Batch Utility】（见图 3-14）可以自动执行常见文件的导入/转换过程。同时，Batch Utility 功能还与 Windows Task Scheduler（任务计划程序）紧密结合，后者可以将任务设置为按设定的时间和时间间隔自动运行，每周自动创建一个 NWD 格式文件提供关于项目进程的快照，也可以生成相关的图纸或日志，供未来工作使用和参考。

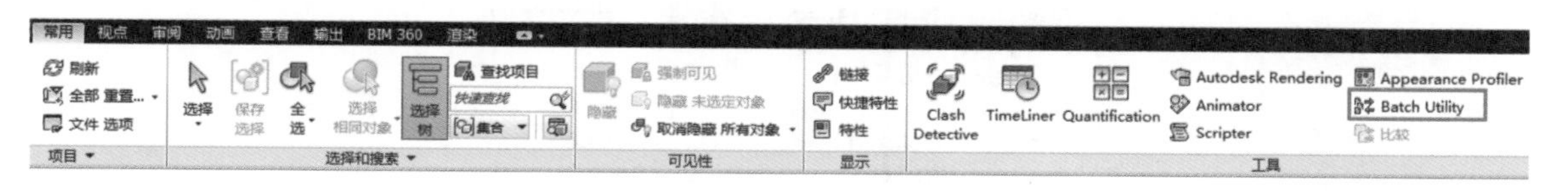

图 3-14

11. 合并文件

该功能可以让用户在不需要进行复制操作的前提下合并文件（见图 3-15），也可以允许工作团队创建多个对象。当将 NWF 格式的文件合并成一个单独的文件时，NWF 文件将保留注释、碰撞检测和已保存的视点等。

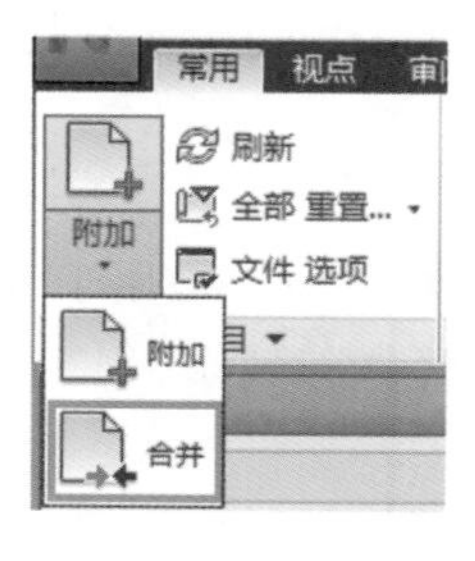

图 3-15

3.3 Navisworks 与其他软件的数据交互方式

1. 使用【文件导出器】输出 NWC 格式文件

文件导出器是存在于 Autodesk 应用程序菜单中的插件，它允许直接从软件中导出 . nwc 格式文件。

使用文件导出器有两个原因：一是 Navisworks 可能不支持原始文件格式；二是该导出器实际上可以提供很多有用的选项，它通常也可以允许输出较高保真度的几何图形和信息。

2. 从 AutoCAD 中输出

例如，原三维文件在 AutoCAD 中以 . dwg 格式生成时，用户可以添加和创建一个 . nwc 格式的文件。这里的问题在于，某些元数据可能不满足用户需求。然而，安装 AutoCAD. nwc 导出器可以在 AutoCAD 中提供对话框，对话框中的一些选项可以让用户选择自己想要导出 . nwc 的内容。该操作在相关工作流程中深受用户喜爱。

3. 对象推动器（Object Enablers）

AutoCAD 使用 ObjectARX 应用程序来在 AutoCAD 内生成定制对象。输出时，这些对象的显示可能不正确。如果出现这种情况，用户可以下载恰当的对象推动器（网址为 www. autodesk. com/oe）并安装 Navisworks，以便在【选项】对话框中识别它们。

4. 从 Revit 中输出

直接在 Navisworks 中打开原生的 Revit 文件（RVT，RFA 和 RTE 格式）。然而在 Revit 2013 版本之前，仍需要使用 NWC 格式导出器进行格式处理。现在除了可以在 Navisworks 中直接链接 Revit 文件外，用户还可以从 Revit 中导出 . nwf 格式的文件，并将其添加到 . nwf 格式的文件中。虽然在一般的协同工作流程中，我们不推荐这种操作，但是它仍然不失为一种检测模型的好方法。这两种导出器的不同点如图 3-16 所示。

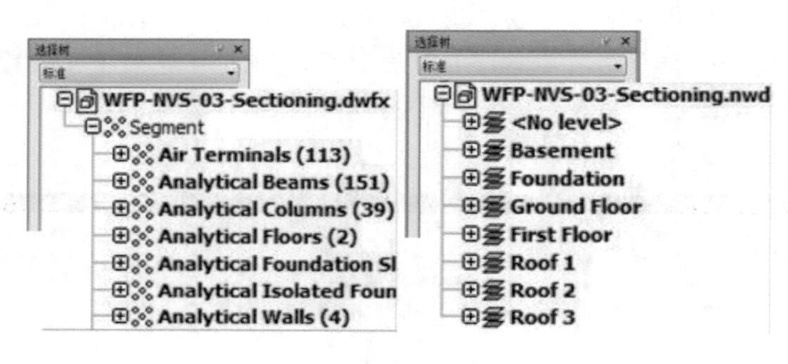

图 3-16

通过 NWC 导出器从 Revit 中导出的文件有很多优点。然而，对于 . DWFx 而言，还有一种真正有用的选项。如果将图 3-16 作为参考，它们都表示相同的文档，那么左图将被导出到 DWFx 格式文档中，而右图将被导出到 . nwc 格式文档中。同时，DWFx 格式文档将经过结构调整，表示每个类别基础的信息；而 . nwc 格式的文件将经过结构调整，来表示每个主体层级基础的信息。在两者各自的领域，这两种文档格式都非常有用。

5. 从 Rhino 中输出

在处理 Rhino 几何图形时，有很多文件格式可以被用于 Navisworks 中。其中，. stp 和 . igs 是两种被普遍推荐的方式；另外，. dwg 或 . dxf 也同样能起到作用。

6. 从 Tekla 中输出

Tekla 是一种高度组合的软件，它具备一些可相互作用的选项，并跨越了很多领域。如果某个结构工程师或混凝土工程承包商在使用 Tekla Structures 时，两种推荐载入 Navisworks 的格式为 IFC 格式或针对钢筋结构的 CIMsteel（CIS）格式。

7. 从数码项目中输出

由于数码项目中的模型创建方法不同，将有不同的输出的选项，因此可以创建与 Navisworks 兼容的几何实体。

（1） IFC

对于任何要求导出的 IFC 格式几何实体模型（GS，部件，部件实体或几何图形等）来说，需要将恰当的“建筑图元包”附加在相关实体上。

（2）STEP

STEP 可能导出的内容如下：

1）CATProduct 文件（产生 STEP AP203/AP214 文件）。

2）CATShape 文件，然而，在创建某个 CATShape 时，如果一个 STEP 文件被重新输入，则它也将创建一个 CATPart。

（3）IGES、DWG、DXF、VRML

单击【按类型保存】下拉菜单，选择需要的保存格式。可能保存的分区结构如下：

1）DXF 和 DWG 格式（.dxf/.dwg）。

2）某个 STEP 文件（.stp）。

3）某个 IGES 文件（.igs）。

4）某个虚拟现实模型语言（Virtual Reality Modeling Language，VRML）文件（.wrl）。

8. 从 ArchiCAD 中输出

Autodesk 公司（Autodesk Inc.）可实现下列信息的应用：

使用文件导出器来以 .nwc 格式保存文件，该文件导出器可适用于 ArchiCAD v14、v15 和 v16。

在 ArchiCAD 中，还存在很多可替换的导出方式，这些方式可以成功输出相关结果。用户可以尝试下列某个标准格式，如 DXF、DWG、VRML 等，或者导出一个可以在其他免费软件中经过验证的 IFC 文件。

> 注意：推荐用户使用最新版本的 Revit 插件，因为开发人员在不断地更新和改善这些插件。

3.4 Appearance Profiler（外观配置器）

外观配置器（见图 3-17）可以让用户提前设置外观覆盖，以使用特性值完成搜索和选择设置。它可以被用来从 BIM360 域中鉴明不同的交易和建筑过程，甚至可以用于鉴明模型中不同的机械体系。该工具可以让用户快速针对选项分配颜色和透明度，这对于在时间轴中区分不同的阶段和安装程序而言特别有用。外观配置文件可以另存为 DAT 格式的文件，并可以在 Navisworks 用户之间共享。

图　3-17

对相关的图元的选取可以以特性为基础，或者以 Navisworks 文件中合适的集合为基础。一般而言，集合设置应该首先载入到模型中，并且它们一般被用来涵盖模型中的特定区域，如相关层、楼板或某个区域；按特性搜索可以针对所有定位提供细节信息，并且不局限于单独设置的情况。更为灵活的方法是使用特性值，以搜索风机盘管为例（见图 3-18），该搜索将呈现整个模型的结果，而非仅仅呈现每个楼层的内容。

与此同时，这里并没有对外观配置器可能具备的选择器的数量进行限制，但是选择器三维顺序非常重要。应用颜色方案的顺序是从目录的顶端到底端，如果某个实体属于一个以上的选择器，那么该实体将被最后一个选择器所覆盖。

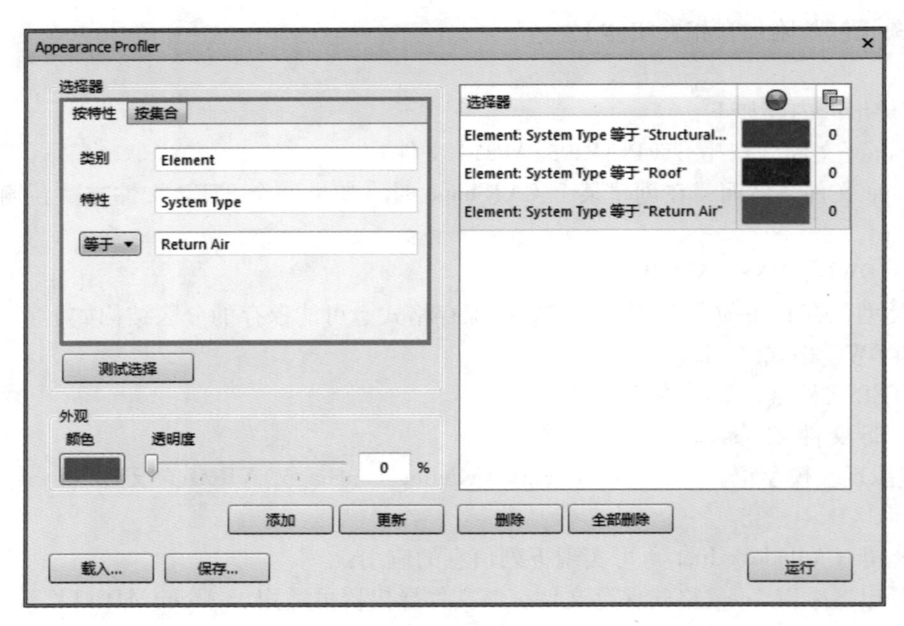

图 3-18

3.5 场景统计信息

【场景统计信息】（见图 3-19）位于【常用】选项卡下的【项目】面板中，它可以显示当前场景的相关信息。这些信息还包括：所有关于场景的文件以及不同的组成场景的图像图元。该工具还可以鉴明在载入过程中，哪些图元经过了处理或被忽略。其他额外的统计信息是整个场景的边界，以及场景中的总图元数量（三角形、线条和点）。

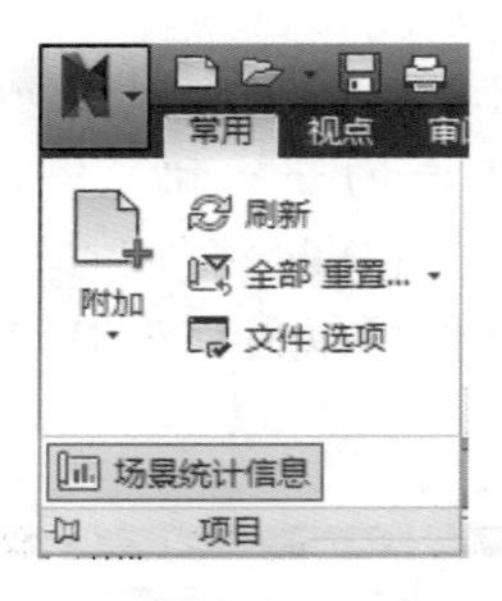

图 3-19

3.6 单元练习

本单元的练习将针对本单元所讲解的内容进行应用实践。练习包括 4 个部分，将通过使用相关工具，学习文件选项的设置、打开和合并文件、其他文件类型的处理、文件的管理和发布以及外观配置器的使用。

3.6.1 单位设置和文件添加

本练习的第一部分将详细讲解打开和附加文件的过程。基于每个文件都有其自身的单位设置，

Navisworks将把第一个文件的设置导入到场景中，之后添加的文件也将使用原始文件或第一个文件的单位设置。载入之后，还可以修改这些文件单位。

1）单击屏幕左上角的【应用程序菜单】按钮，在菜单中单击【选项】按钮，也可以按键盘上的<F12>键。

2）在弹出的【选项编辑器】对话框中单击【界面】前的【+】，在展开的目录中选择【显示单位】，在右侧的面板中，将【长度单位】设置为【毫米】、【角度单位】设置为【度】、【小数位数】设置为【0】，如图3-20所示。

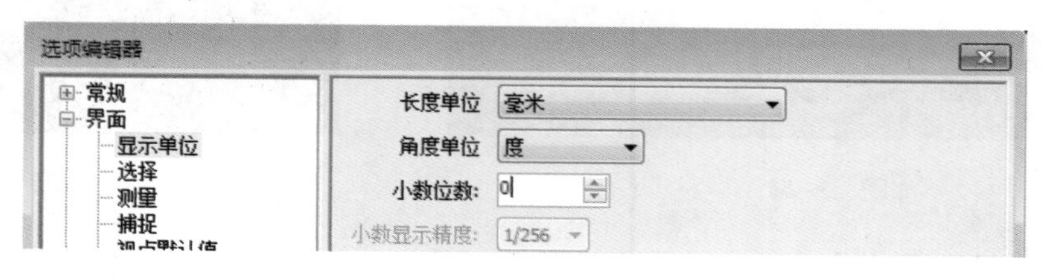

图 3-20

3）单击【确定】按钮，关闭对话框。

4）打开起始文件【WFP-NVS2015-03-GilderlandE. nwd】。

5）在【视点】选项卡的【保存、载入和回放】面板中单击右下角的箭头（见图3-21），打开【保存的视点】窗口。

6）在【保存的视点】窗口中，选择【View 2】，如图3-22所示。

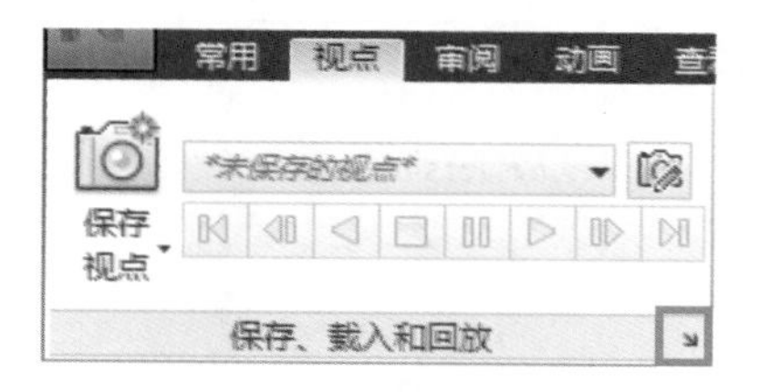

图 3-21

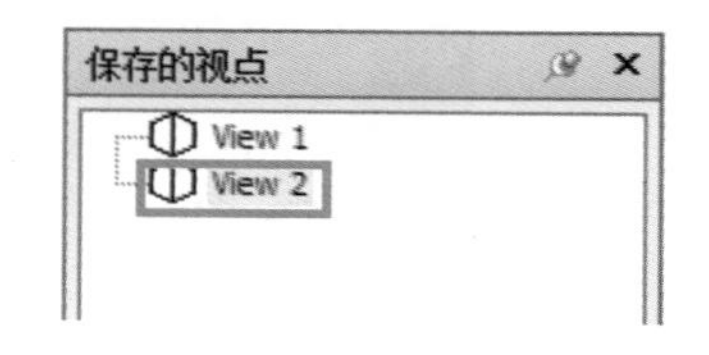

图 3-22

要确定文件的单位是否准确，可以使用测量工具来检查模型的长度。

7）在【审阅】选项卡的【测量】面板中打开【测量】的下拉菜单，选择【点对点】的测量方式，然后打开【锁定】的下拉菜单，选择【无】。

8）按照场景视图中的指示，单击墙体两端的转折点，完成测量。如图3-23所示，检测长度近似为7000mm，可以确定单位是正确的。

为了同时学习合并文件的方法，下面将在场景中添加其他3个文件，并使用测量工具来完成后续的长度测量。

1）在【常用】选项卡的【项目】面板中选择【附加】，找到并打开名为【WFP-NVS2015-03-GilderlandW. nwd】的文件。

图 3-23

2）在【保存的视点】对话框中打开【三维视图】文件夹，选择【Cricket Square】。

3）在【审阅】选项卡的【测量】面板中选择【点对点】的测量方式。按照场景视图中的指示，单击墙体两端的转折点，完成测量。如图3-24所示，检测长度近似为34000mm，可以确定单位是正确的。

4）在【常用】选项卡的【项目】面板中选择【附加】，在弹出的对话框中，按住键盘上的<Ctrl>键或<Shift>键来多选并打开文件【WFP-NVS2015-03-GilderlandSW. nwd】和【WFP-NVS2015-03-

GilderlandSE. nwd】。

5）如图 3-25 所示，在场景视图中单击【主视图】图标，以浏览场景中的 4 个文件，在浏览时可以借助【视点】选项卡【导航】面板中的【缩放】、【平移】和【旋转】工具。

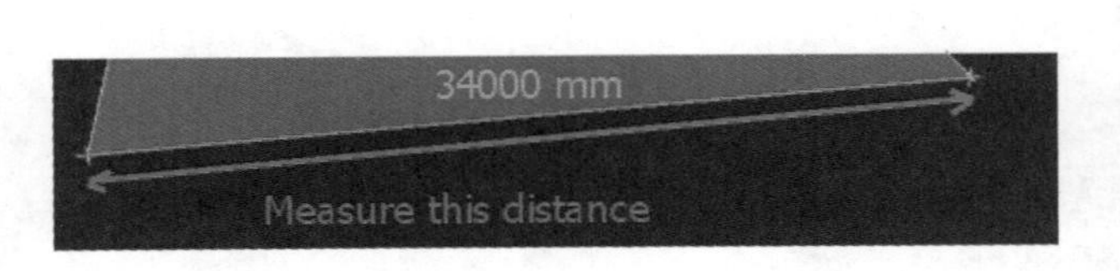

图 3-24

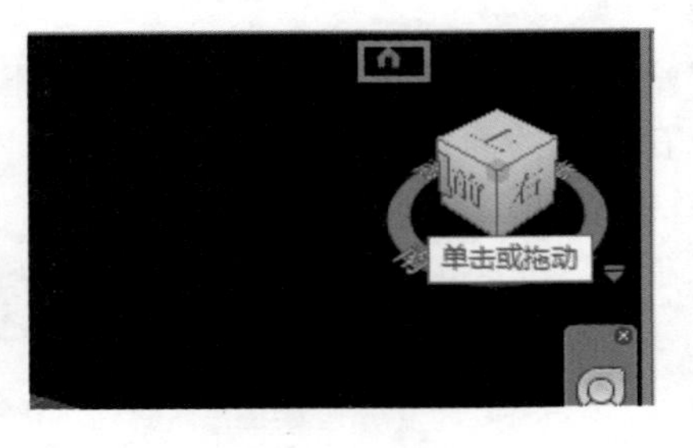

图 3-25

6）单击【应用程序菜单】按钮，选择【另存为】选项，将该文件保存在恰当的位置，如 C：\ Temp \ WFP-NVS2015-03-Gilderland1WF. nwd。

接下来将打开一个 DWG 格式的文件，再次使用测量工具进行相关测量，并将错误的单位改正。

1）打开练习文件【WFP-NVS2015-03-GilderlandSportsClub. dwg】。

2）在场景视图中的视图立方体上选择【前】视图，如图 3-26 所示。

3）在【常用】选项卡的【选择和搜索】面板中单击【选择树】，打开【选择树】窗口，单击【关闭】按钮前的【自动隐藏】按钮（见图 3-27），可以将对话框固定在场景视图左侧。

图 3-26

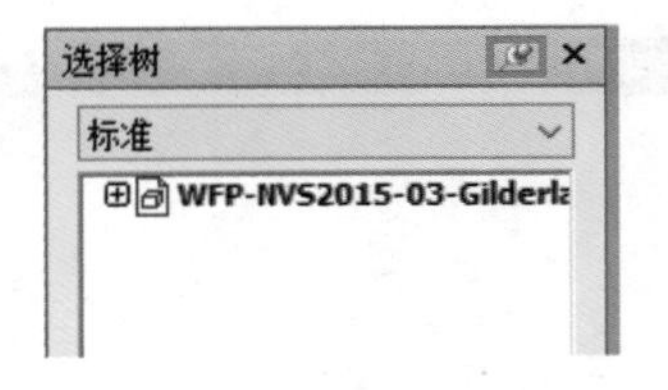

图 3-27

4）在【选择树】窗口中，选择【WFP-NVS2015-03-GilderlandSportsClub2Z. nwd】→【A-DOOR-FRAM】→【ExtDbl_ 5_ -1810x2110mm-189538-_ 三维_ 】，在场景视图中，相应的图元将高亮显示，如图 3-28 所示。

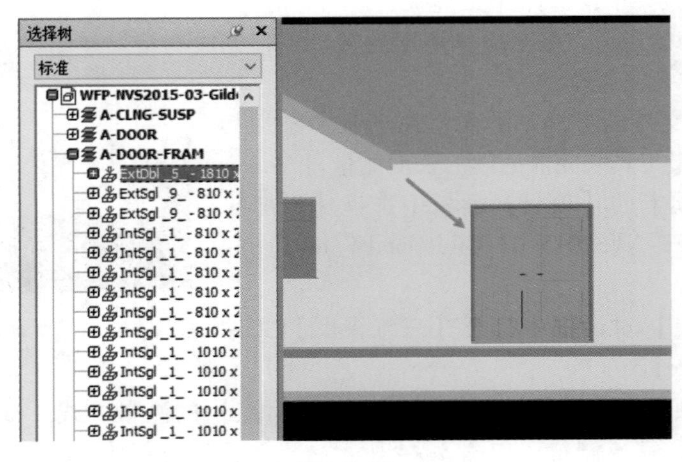

图 3-28

5）适当放大高亮显示的框架，在【审阅】选项卡的【测量】面板中选择【点对点】的测量方式。单击两个相应的端点，测量门的框架。如图 3-29 所示，测量长度近似等于 1810m。

6）以上实践证明文件的导入单位设置错误，门的宽度应该为1810mm。

7）在【选择树】窗口中，选择【WFP-NVS2015-03-GliderlandSportsClub.dwg】并单击鼠标右键，在弹出的快捷菜单中选择【单位和变换】选项。在打开的【单位和变换】对话框中，将【模型单位】设置为【毫米】，如图3-30所示。单击【确定】按钮，关闭对话框。

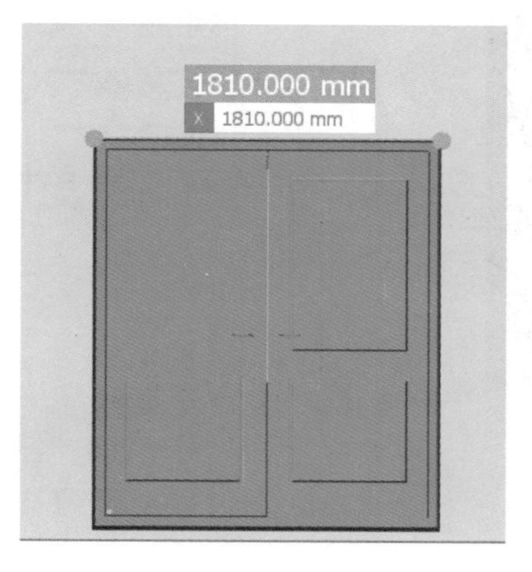

图　3-29

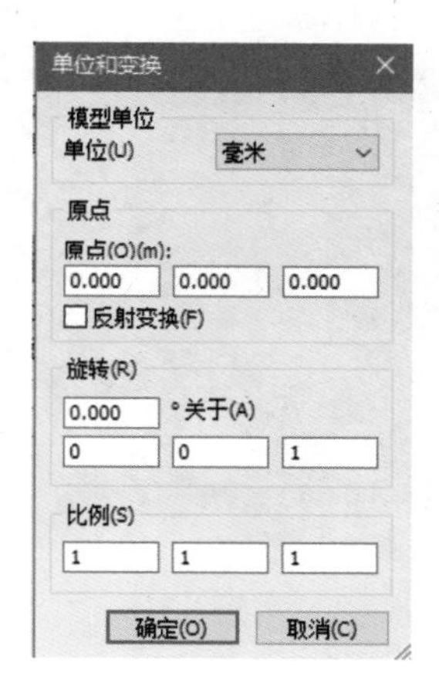

图　3-30

8）重复测量步骤，检查门框宽度，可以看到长度近似为1810mm。

下面将以.nwd格式来发布该文件，并将其共享给其他的合作方。

1）单击【应用程序菜单】按钮，选择【发布】选项。在弹出的对话框中，输入标题【WFP-NVS2015-03-Gilderland Sports Club】。不勾选任何复选框，单击【确定】按钮，发布NWD格式的文件。

2）将文件保存到合适的位置。

3.6.2 其他类型文件

在本练习的第二个部分，将添加几个不同格式的文件。首先，要确定每个文件的全局选项都已经经过了正确设置。把检测DWG/DXF和Revit设置作为开始，然后打开练习文件夹内的一个NWF格式的文件，再添加关于Sports Club（体育俱乐部）的DWG格式的文件。

1）单击【应用程序菜单】按钮，选择【新建】选项，创建一个新的Navisworks文件。

2）在场景视图内任意位置单击鼠标右键，在弹出的快捷菜单中选择【全局选项】选项。扩展【界面】选项，选择【显示单位】，确定【单位】设置为【毫米】。

接下来，将针对DWG/DXF和Revit文件读取器进行正确的默认设置。

1）扩展【文件读取器】，选择【DWG/DXF】。将【默认的十进制单位】设置为【毫米】。

2）在【文件读取器】中选择【Revit】。将【转换】设置为【整个项目】。单击【确定】按钮，关闭对话框。

3）打开起始文件【WFP-NVS2015-03-Gilderland.nwf】，并附加文件【WFP-NVS2015-03-GilderlandSportsClub.dwg】。

在场景视图中，可以看到这个体育俱乐部并没有被导入到正确的位置上，下面要将其移动到正确的位置上，如图3-31所示。

1）在【选择树】窗口中，选中文件【WFP-NVS2015-03-GliderlandSportsClub.dwg】并单击鼠标右键，在弹出的对话框中选择【单位和变换】。如图3-32所示，输入原点的坐标和旋转角度。单击【确定】按钮，关闭对话框。

2）查看场景中的体育俱乐部，这时它已经被移动到正确的位置上了。

3）将文件保存到合适的位置。

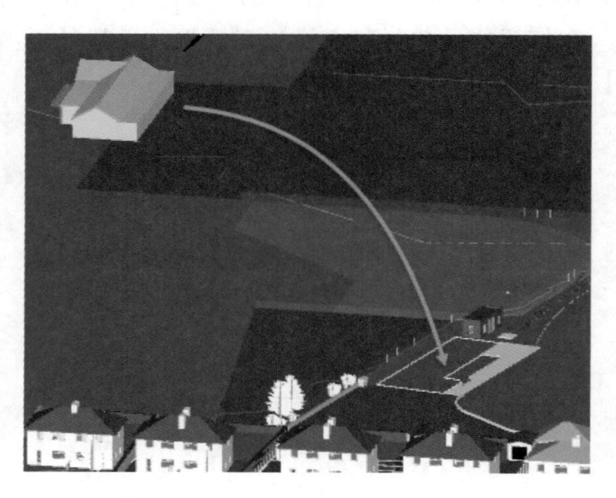

图 3-31

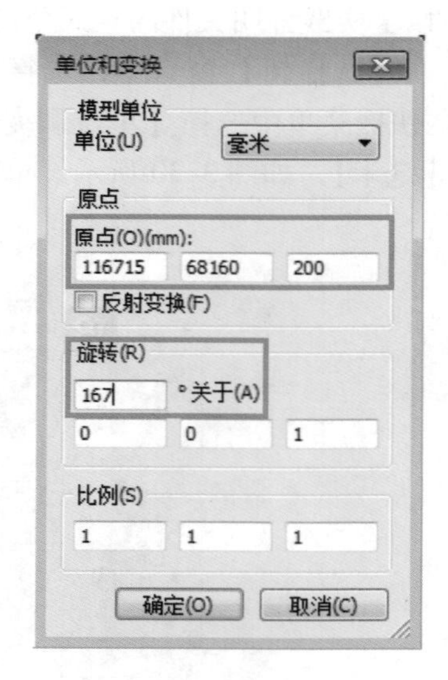

图 3-32

3.6.3 Batch Utility（批处理实用程序）

在第三部分练习中，将使用【Batch Utility】工具来创建包含在项目中的文件目录，并创建自动过程，完成到 NWD 格式的文件类型转化。

1）打开起始文件【WFP-NVS2015-03-Gilderland. nwf】。

2）在【常用】选项卡的【工具】面板中选择【Batch Utility】工具。在弹出的对话框的【输入】选项区中打开文件树状图，找到练习文件的文件夹，确保所有的 Navisworks 文件格式（*. nwd; *. nwf; *. nwc）都被选定，如图 3-33 所示。

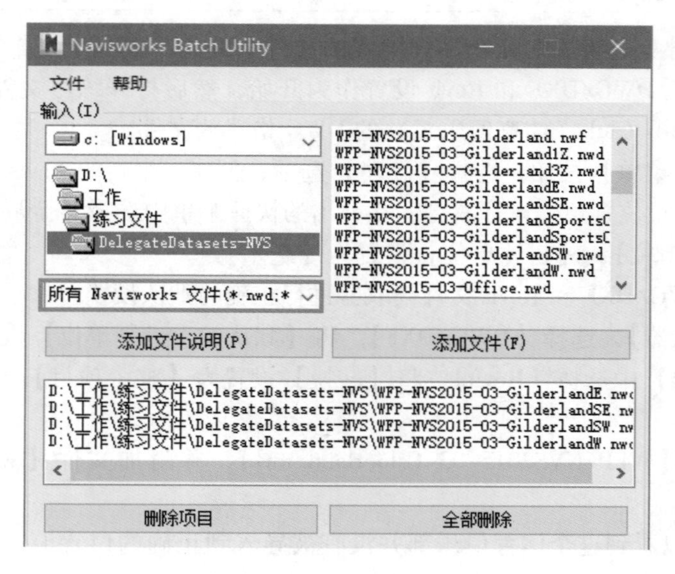

图 3-33

3）在【输入】选项区右侧的列表框中，选择文件【WFP-NVS2015-03-GilderlandE. nwd】、【WFP-NVS2015-03-GilderlandSE. nwd】、【WFP-NVS2015-03-GilderlandSW. nwd】和【WFP-NVS2015-03-GilderlandW. nwd】，单击【添加文件】按钮，确保文件都被添加到下方的列表框中，如图 3-34 所示。

4）在【输出】选项区的【作为单个文件】选项卡中单击【浏览】按钮，将文件保存到桌面，采

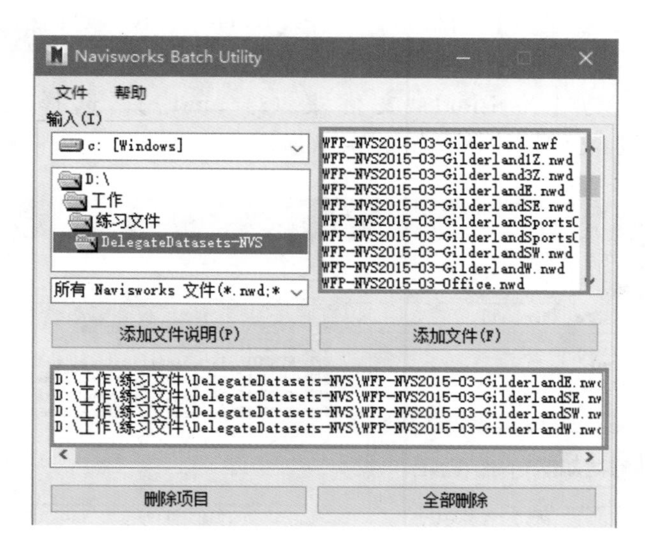

图　3-34

用之前的文件名称来命名该文件，在【保存类型】下拉列表框中选择【文件列表（＊.txt）】选项（见图3-35），完成后单击【保存】按钮，关闭对话框。

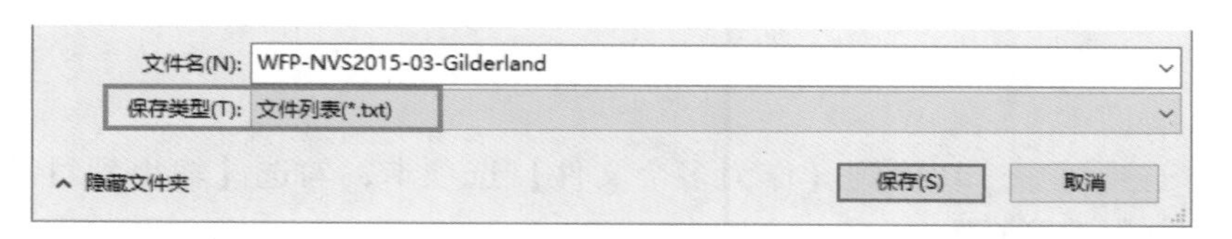

图　3-35

5）勾选【日志】选项卡中的【将事件记录到】复选框，单击【浏览】按钮，在弹出的对话框中将【保存类型】设置为【文本文件.txt】，完成后单击【保存】按钮，关闭对话框。

6）在【Batch Utility】对话框的左下角单击【运行命令】按钮，关闭对话框。

7）找到并打开这个文本文件，确保文件正确罗列，如图3-36所示。

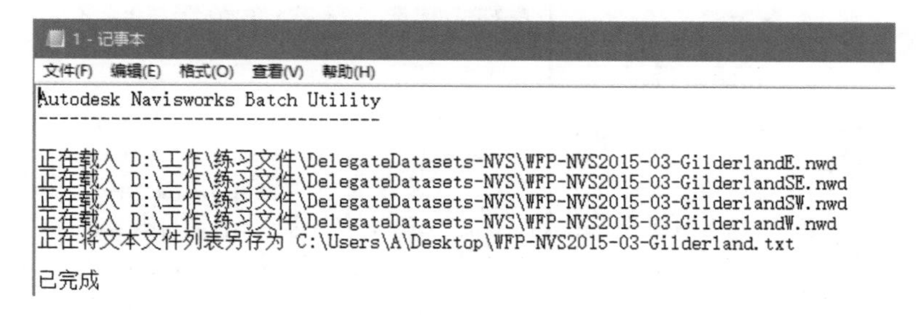

图　3-36

注意：在较小的项目中，上述操作看似不重要。然而，随着项目的发展和文件数量的增加，快速运行模型的检测功能也会变得有用起来。

【Batch Utility】工具的使用方式很多，例如，将设计文件添加并转化为单独的NWD格式文件；在与窗口任务程序一起使用时，【Batch Utility】工具也可以用来管理这些文件的添加或转化。尽管这一操作存在一定的局限性，但我们仍将尝试通过对话框和创建日志的方法来转化多重设计文件。

1）在【常用】选项卡的【工具】面板中，打开【Batch Utility】对话框。在【输入】选项区中，打开文件树状图。

2）将文件类型设置为【Navisworks 文件集（*.nwf）】，选择文件【WFP-NVS2015-03-Gilderland.nwf】，单击【添加文件】按钮，如图 3-37 所示。

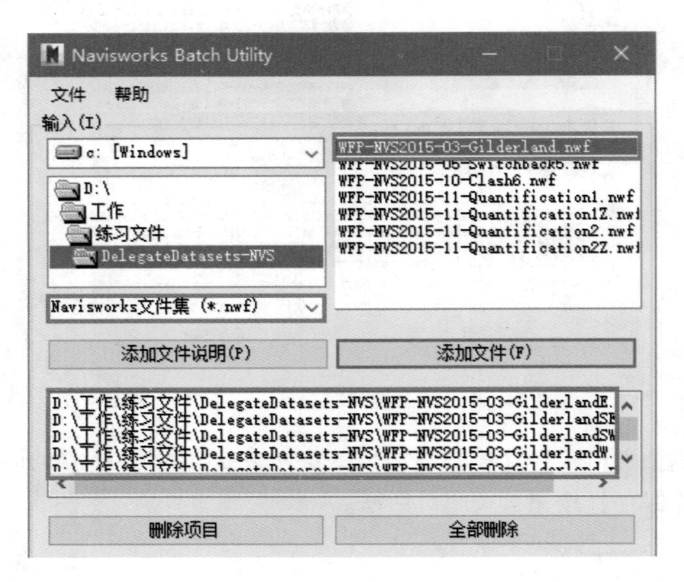

图 3-37

3）在【输出】选项区中，切换到【作为多个文件】选项卡，勾选【输出到目录】复选框，单击【浏览】按钮，将文件保存到桌面。

4）在【日志】选项区中，勾选【将事件记录到】复选框。单击【浏览】按钮，在【将日志另存为】对话框中，将文件保存至桌面，并在【保存类型】下拉列表框中选择【日志文件（*.log）】选项。单击【保存】按钮，关闭对话框。

5）在【Batch Utility】对话框中单击【运行命令】按钮，关闭对话框。

6）打开日志文件，如图 3-38 所示，确保内容中包含了选择的全部文件，再关闭日志文件。

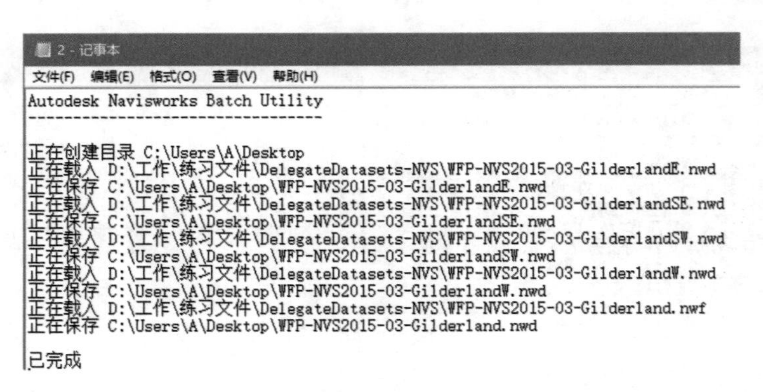

图 3-38

7）关闭 Navisworks，不对文件进行保存。

3.6.4 Appearance Profiler（外观配置器）

在第四部分的练习中，将使用外观配置器来进行图元着色的设置，并使用特性值定义项目实体。这一功能可以为不同的分包商和项目中的交易提供可视的参照。

首先创建几组集合，作为使用案例。

1）打开起始文件【WFP-NVS2015-03-Office.nwd】。

2）在【常用】选项卡【选择和搜索】面板的【集合】下拉菜单中，选择【管理集合】，打开【集合】窗口。

3）在【选择和搜索】面板中，单击【选择树】。在【选择树】窗口中选择【WFP-NVS2015-03-Office.nwd】。

4）单击【集合】窗口中的【保存搜索】按钮，命名为【整个模型】，如图3-39所示。

图　3-39

5）扩展文件【WFP-NVS2015-03-Office.nwd】，选择【WFP-00-Mech.nwd】，单击【集合】窗口中的【保存搜索】按钮，命名为【机械】。

6）扩展文件【WFP-00-Arch.nwd】，按住键盘上的<Ctrl>键，选择【Ground Floor】中的【Floors】和【First Floor Room Layout】中的【Floors】，并打开文件【WFP-00-Struct.nwd】，选择【Foundation】中的【Structural Foundations】，单击【集合】窗口中的【保存搜索】按钮，命名为【混凝土】，如图3-40所示。

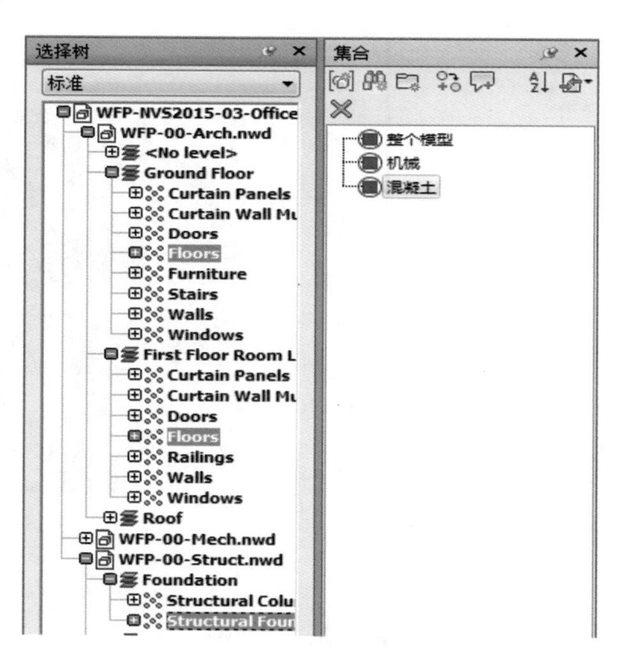

图　3-40

接下来，将启动外观配置器，为模型中的相关集合分配颜色和透明度。

1）在【常用】选项卡的【工具】面板中选择【Appearance Profiler（外观配置器）】。

2）在【选择器】选项区中，切换到【按集合】选项卡，显示已经创建的集合。在使用特性值来创建其他集合之前，把颜色和透明度分配给现有集合。

3）在【按集合】选项卡中，选中【整个模型】，单击【测试选择】按钮，该操作将在场景视图中选定整个模型，如图3-41所示。

4）在【外观】选项区中，单击【颜色】按钮，在弹出的对话框中，选择【灰色】（见图 3-42）并单击【确定】按钮，关闭对话框。

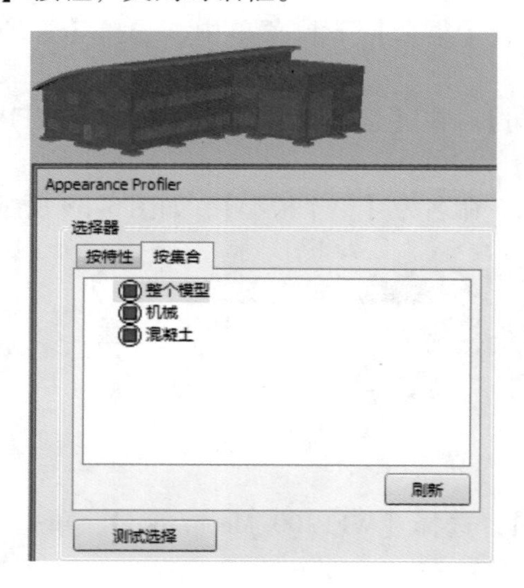

图 3-41

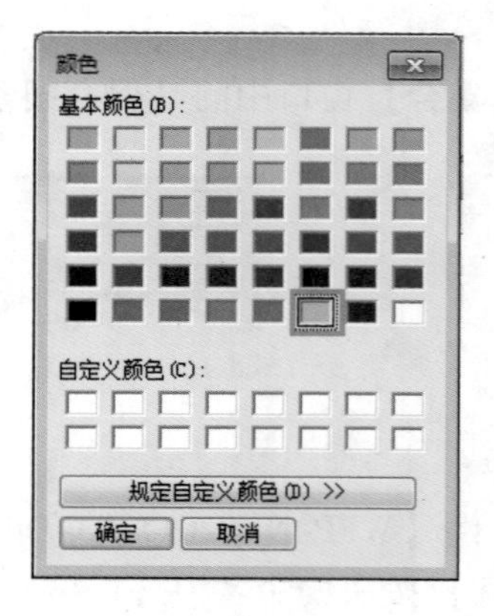

图 3-42

5）将透明度滑块移动到 90%，也可以直接在文本框中输入【90】。单击【添加】按钮，创建针对整个模型的颜色配置器，如图 3-43 所示。单击【运行】按钮，然后单击场景视图中的任意位置，该模型就会显示为灰色和 90% 的透明度，如图 3-44 所示。

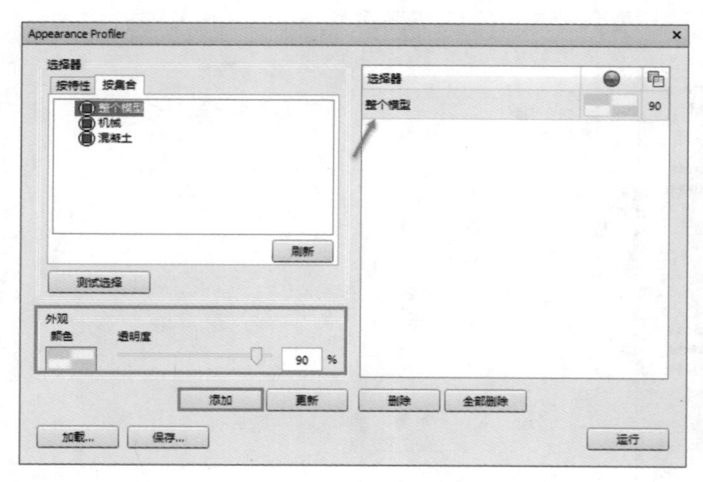

图 3-43

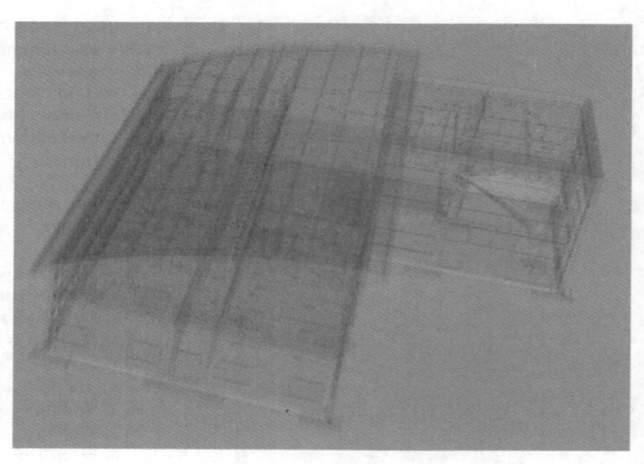

图 3-44

注意：将整个模型颜色设置为灰色、高透明度（90%），将保证模型实体的颜色可见，并能提供清晰的显示。

6）在【按集合】选项卡中选择【机械】，单击【颜色】按钮，并将颜色改为【绿色】，透明度设置为【50%】，单击【添加】按钮，创建新的颜色配置器。

7）在【按集合】选项卡中选择【混凝土】，单击【颜色】按钮，并将颜色改为【橘色】，透明度设置为【50%】，单击【添加】按钮，创建新的颜色配置器。

8）单击【运行】按钮，接着单击场景视图中的任意位置，查看整个模型，如图 3-45 所示。

接下来，通过图元特性进行颜色配置。

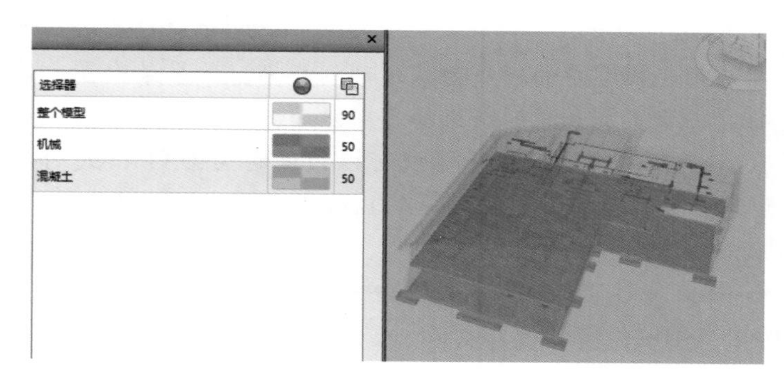

图　3-45

注意：使用特性比使用集合设置更灵活，因为后者通常需要相关内容已经存在于模型中，并经常受到具体领域的限制。相比之下，以特性为基础的搜索却可以覆盖整个模型。

1）切换到【按特性】选项卡，在【选择器】选项区中，在【类别】后的文本框中输入【项目】，在【特性】后的文本框中输入【名称】，将【特性】下方的下拉列表框中选择【等于】选项，并在【等于】右侧的文本框中输入【Structural Columns】（结构柱），单击【测试选择】按钮，浏览场景视图。单击【颜色】按钮，将颜色修改为【蓝色】，再将透明度设置为【50%】，如图3-46所示。单击【添加】按钮，创建新的颜色配置器。

图　3-46

2）在【等于】右侧的文本框中输入【Structural Framing】（结构框架），单击【测试选择】按钮。使用与结构柱（Structural Columns）相同的颜色，并创建颜色配置器。

3）对【Walls】（墙体）进行颜色的配置。将颜色设置为【粉色】，透明度设置为【50%】，创建新的颜色配置器。

4）对【Stairs】（楼梯）也进行颜色的配置，将颜色设置为【黄色】，透明度设置为【50%】，创建新的颜色配置器。

5）完成的颜色配置器如图3-47所示。单击【运行】按钮，在场景视图中观察最终的模型，如图3-48所示。

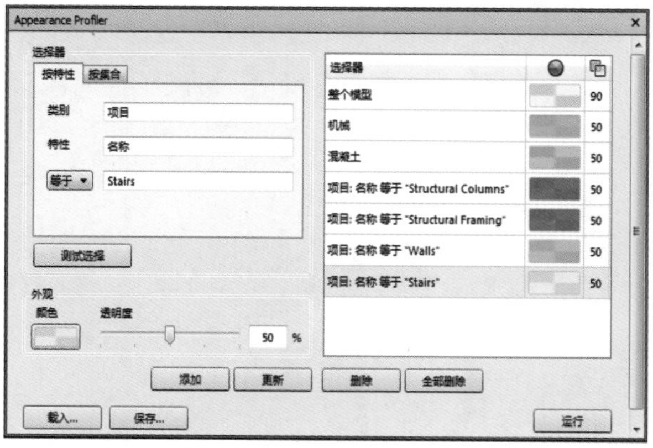

图　3-47

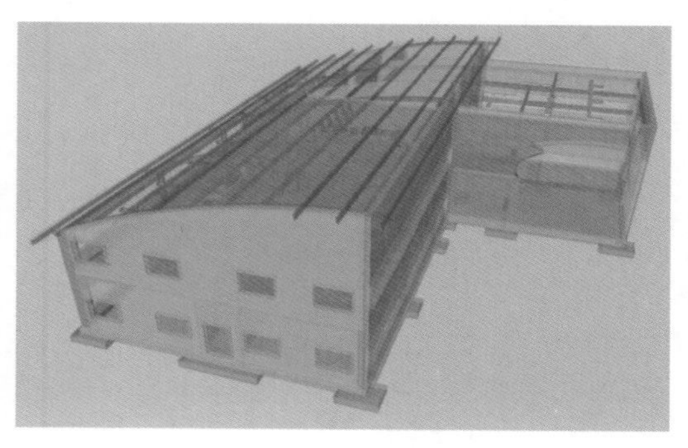

图　3-48

注意：外观配置器应用在模型中的顺序为从顶部到底部，如果某个图元属于一个以上的选择器，则该图元的外观将在每次添加和排列新选择器时被覆盖。一旦添加到列表中，用户将不能改变这些选择器的顺序。一经创建，外观配置器就可以被保存为 DAT 格式的文件，并且在其他的 Navisworks 用户和项目之间实现共享。要保存一个 DAT 格式的文件，仅仅需要完成浏览位置、命名文件和保存 3 个步骤。

6）单击【保存】按钮，浏览位置并保存文件。

注意：要再次使用 DAT 文件，用户须打开项目，开启【外观配置器】，通过【加载】功能载入该文件。当然，对于为再次使用场景创建外观配置器来说，使用特性值这一方法更具实践性。

注意：通过【常用】选项卡【项目】面板【全部重置】下拉菜单中的选项，可以对【外观】进行重新设置。

单元 4
探索模型

单元概述

Navisworks 的作用之一是在基本的模型上进行导航，这一功能也被认为是该产品的最重要组成部分。本单元将介绍常用的导航工具，这些工具通常会被结合起来使用，从而增强在模型中漫游的真实效果，同时还会介绍一些控制模型渲染外观的工具，并介绍会对模型性能造成影响的一系列设置。

单元目标

1）掌握使用导航工具在模型中进行移动的方法。
2）了解轴网与标高工具是如何在模型中帮助确定当前定位的。
3）学会将虚拟人像与重力和碰撞相结合，提高漫游真实性。
4）学会设置文件选项来控制渲染质量。

4.1 导航工具

Navisworks 既能够整合模型，又能够在选中的场景中进行导航，两种功能同样重要。该软件中有许多能够用来帮助在模型中进行导航的设施，这些设施都位于【视点】选项卡的【导航】面板中。HUD（平视显示仪）和参考视图（见图 4-1）中包含不同的选项，选项中的信息在场景视图中会显示。所有这些工具都可以结合起来使用，从而使在模型中导航更加便捷，并控制场景视图中显示的参考信息总量。

图 4-1

常见的导航工具，如平移、缩放和动态观察等（见图 4-2），能够直接控制场景视图的位置，而全导航控制盘（见图 4-3）则会随光标一起移动，因此在单一界面中与其他导航工具结合使用时可能会节省更多的时间。

图 4-2

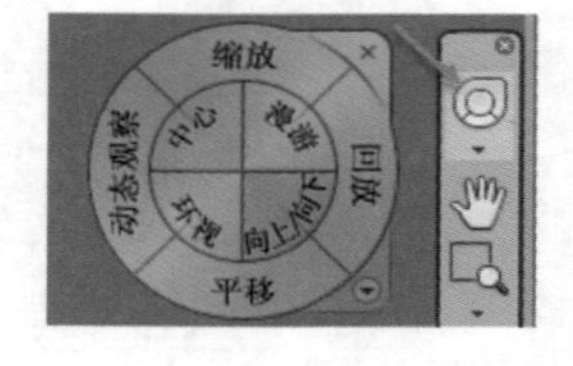

图 4-3

4.1.1 导航辅助工具

1. View Cube（视图立方体）

View Cube（见图 4-4）是一种非常有用的三维导航工具，可以通过单击立方体表面定位模型的视图方向。例如，单击视图立方体的右表面会将视图旋转，直到相机转动到场景右侧的对面。而将罗盘（圆形的环）进行拖曳时，可以将视图自由旋转。View Cube 只有在三维导航下才能使用，在二维工作空间内不能使用。

2. HUD（平视显示仪）

平视显示仪（见图 4-5）是提供在三维工作空间内的位置和方向信息的屏幕显示仪。此功能在二维工作空间中不可用。在 Navisworks 中，可以使用下列平视显示仪元素：

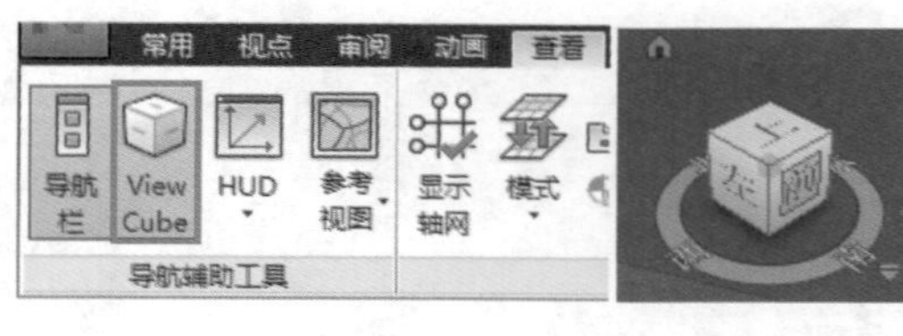

图 4-4

1）XYZ 轴。显示相机的 X、Y、Z 方向或虚拟人像的眼睛位置（如果虚拟人像可见）。XYZ 轴指示器位于场景视图的左下角。

2）位置读数器。显示相机的绝对 X、Y、Z 位置或虚拟人像的眼睛位置（如果虚拟人像可见）。位置读数器位于场景视图的左下角。

3）轴网位置。显示相机相对于活动轴网的轴网和标高位置。HUD 显示基于距离当前相机位置最近的轴网交点以及当前相机位置下面的最近标高。轴网位置指示器位于场景视图的左下角。

3. 参考视图

参考视图（见图4-6）用于获得在整个场景中所处位置的全景以及在大模型中将相机快速移动到某个位置，该功能在三维工作空间中可用。在 Navisworks 中，提供了两种类型的参考视图：剖面视图和平面视图。默认情况下，剖面视图从模型的前面显示视图，而平面视图显示模型的俯视图。

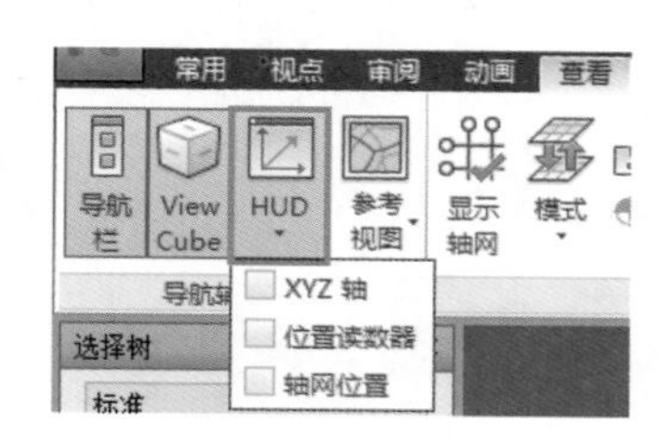

图　4-5

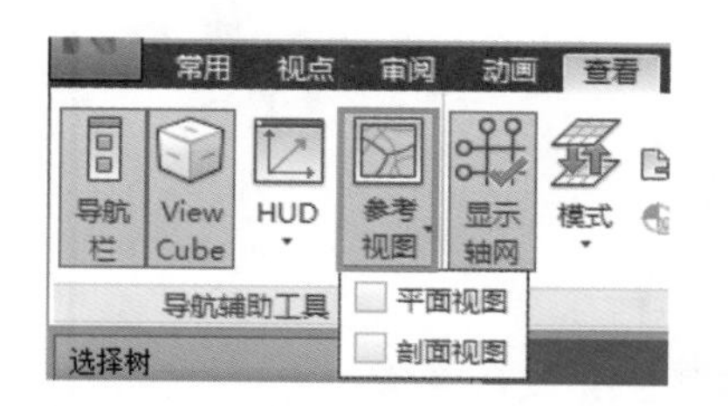

图　4-6

4. 导航栏

导航栏（见图4-7）为用户提供了一系列可以在二维和三维工作空间内使用的导航工具，导航栏内的工具在二维和三维工作环境中的可用性见表4-1。

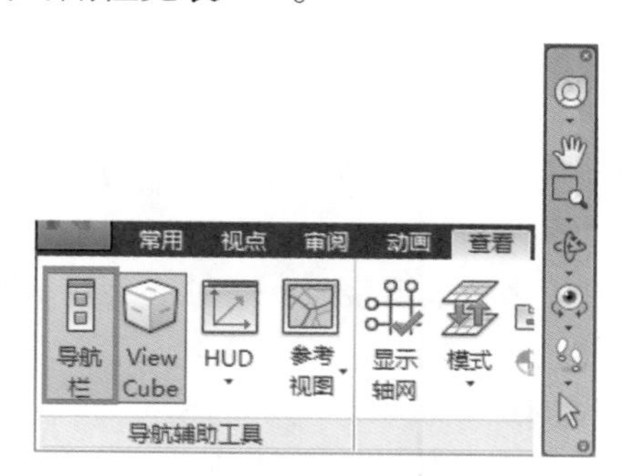

图　4-7

表4-1　工具可用性

工　具	二　维	三　维
平移	可用	可用
缩放	可用	可用
缩放全部	可用	可用
缩放选中对象	可用	可用
缩放窗口	可用	可用
动态视察	不可用	可用
自由动态视察	不可用	可用
受约束的动态视察	不可用	可用
环视	不可用	可用
漫游	不可用	可用

4.1.2 轴网与标高

Navisworks 中轴网和标高（见图 4-8）又是另外两个作用非常强大的工具，其开关可以提高模型内的位置识别能力。每个模型的轴网系统都能够选中并显示，而且当几个 Revit 模型聚集在一起时，这一功能也可以使用。轴网会根据当前相机的位置自动更新，而且使用轴网定位选项能够迅速确定模型中的当前位置。轴网可以进行选择，并与特定的标高锁定在一起。当用户在不同的楼层之间进行导航时，轴网和标高可以进行切换从而互相适应，光标在轴网交界处移动就能将其启动，启动后，它们的可见性、颜色和轴网标签上的字体大小就可以更改。

图 4-8

4.1.3 常用导航工具

以下导航工具位于【视点】选项卡的【导航】面板中，在单元 2 中已经进行了一定的讲解，这里再次进行讲解是为了加强用户对其作用的了解，尤其是当这些工具与【导航】面板中的其他工具（包括速度和重力）结合使用时，一起控制在模型中移动时的真实效果。

1. 平移

使用该工具可平行于屏幕移动视图。

2. 缩放

在其下拉菜单中选择缩放、缩放选定对象、缩放窗口、缩放全部。

3. 动态观察

动态观察工具（见图 4-9）可以用来将模型绕着一个轴心旋转，视图固定不动，不能在二维工作空间中使用。动态观察工具有以下几种：

（1）动态视察　将相机围绕模型的焦点转动。

（2）自由动态视察　将模型围绕焦点沿任何方向转动。

（3）受约束的动态视察　将模型围绕上方向转动，如同在转盘上转动。

4. 环视

环视工具（见图 4-10）用来垂直或水平旋转当前视图，不能在二维工作空间内使用。环视工具有以下几种：

图 4-9

图 4-10

（1）环视　从相机当前位置环视场景的四周，包括上、下、左、右 4 个方向。

（2）观察　观察场景中的某个特定点。相机移动应与该点对齐。

（3）焦点　观察场景中的某个特定点，在模型中单击某一点就能将其设置为视图的中心和动态视察工具的焦点。

5. 漫游和飞行

漫游和飞行工具（见图4-11）用来在模型四周移动并控制真实效果设置，这两个工具在二维工作空间内不可使用。

（1）漫游　此工具能够移动相机，就像人在模型中移动一样，使用鼠标左键可以来回移动，移动的同时按键盘上的<Ctrl>键可以滑行。

（2）飞行　像飞行模拟器一样移动相机，使用键盘上的<←>键和<→>键能够将其移动，使用<↑>键和<↓>键能够将其缩放，使用鼠标左右键能够旋转相机。

6. Steering Wheels（全导航控制盘）

Steering Wheels（见图4-12）同时适用于二维和三维工作空间。该工具有以下几种选项：

图　4-11

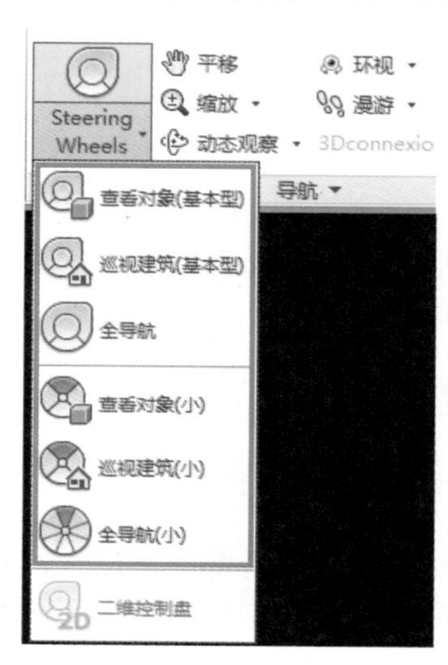

图　4-12

（1）查看对象（基本型）　大全导航控制盘，上面有中心、缩放、回放和动态视察工具。

（2）巡视建筑（基本型）　大全导航控制盘，上面有向前、环视、回放和向上/向下工具。

（3）全导航　大全导航控制盘，上面有缩放、回放、平移、动态视察、中心、漫游、环视和向上/向下工具。

（4）查看对象（小）　小全导航控制盘，上面有缩放、回放、平移和动态视察工具。

（5）巡视建筑（小）　小全导航控制盘，上面有漫游、回放、环视和向上/向下工具。

（6）全导航（小）　小全导航控制盘，上面有缩放、回放、漫游、向上/向下、平移、动态视察和中心工具。

4.2 控制真实效果

Navisworks的功能之一就是能够在导航的同时进行真实效果的处理，如可以从楼梯一级一级的台阶上走下来而不是滑行下来或者按照地势下降。导航工具可拓展面板中的设置（见图4-13），从而控制模型周围移动的线速度和角速度。

【真实效果】工具（见图4-14）通常和漫游与飞行工具结合起来使用，从而提高在模型周围导航时的真实效果。

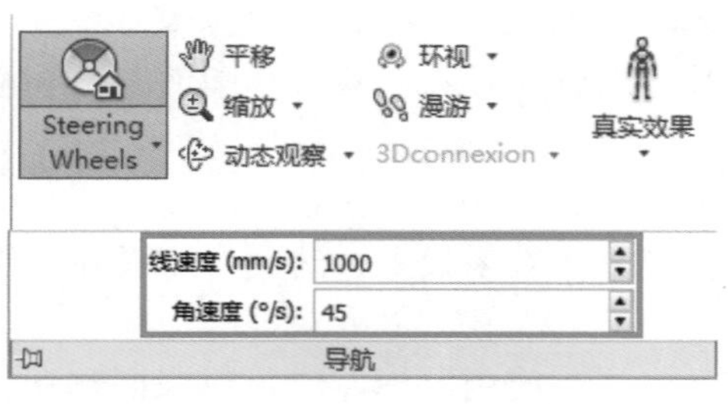

图 4-13

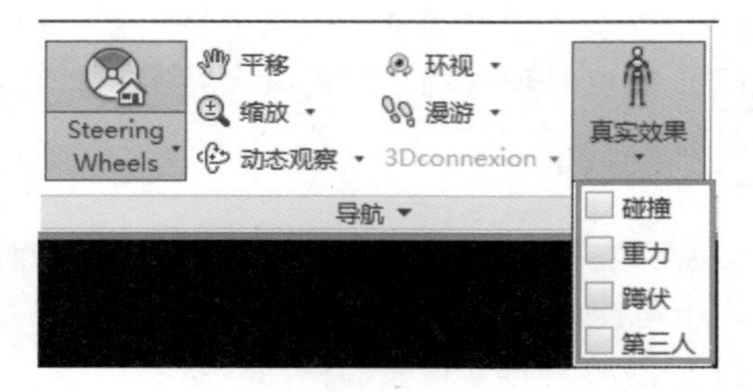

图 4-14

1. 碰撞

碰撞功能将导航中的人作为碰撞量，即一个可以与模型交互并围绕模型导航的三维对象，其遵循模型内一定的物理规则。也就是说，这个虚拟人像是有体量的，因此不能穿过场景中的其他对象、点或者线。

碰撞量可以走上或爬上场景中高度在其一半以下的对象，如该人像可以走上一段楼梯。

该碰撞量的基本形式是一个球形（半径 $=r$），可以通过拉伸来赋予其一个高度（高度 $=h\geqslant 2r$），如图 4-15 所示。

2. 重力

重力功能只有在碰撞功能被选中时才能生效，而且只能在漫游模式下使用。重力功能启动后，人就会变成一个碰撞量，可以下楼梯或者顺着地势下降，重力功能也可以和 Steering Wheels（全导航控制盘）中的漫游功能一起使用。

3. 蹲伏

蹲伏功能只有在碰撞功能被选中的情况下才会生效。在一个模型周围导航时，不管是启动了漫游还是飞行，当碰撞和蹲伏同时启动时，若遇到太低的对象不能直立漫游（如一个较低的水管），将会在对象下方蹲伏。

蹲伏功能启动后，对于在指定高度无法在其下漫游的任何对象，虚拟人像将在这些对象下面自动蹲伏（见图 4-16），这样模型周围的正常导航就不会受到阻碍。

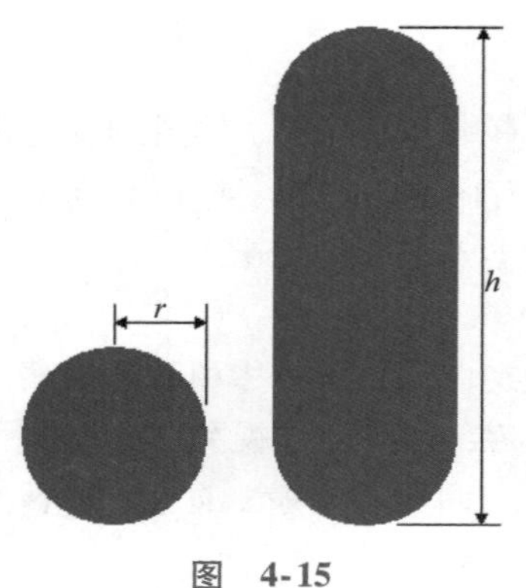

图 4-15

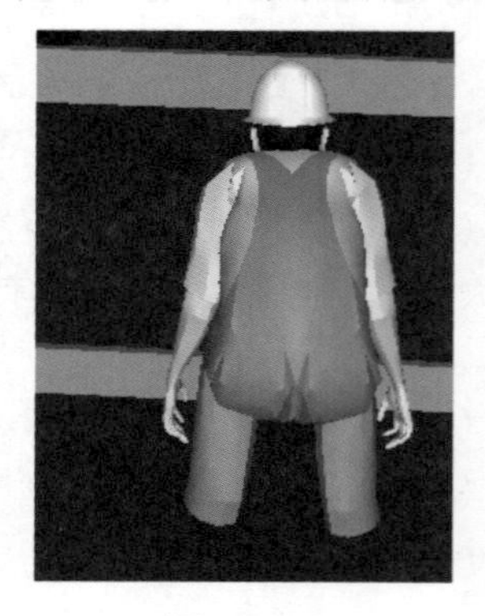

图 4-16

4. 第三人

第三人可以将虚拟人像打开或者关闭。将虚拟人像作为第三人并与碰撞和重力功能结合使用，用户可以观察到人像是如何与场景视图交互的。

4.3 控制模型外观

场景视图中的渲染样式以及渲染质量都是可以控制的。控制场景视图中模型显示方式的工具位于

【视点】选项卡下的【渲染样式】面板中。其中包含4种光源模式（全光源、场景光源、头光源、无光源）、4种渲染模式（完全渲染、着色、线框、隐藏线）以及5种图元的显示类型（曲面、线、点、捕捉点、文字）。

> 注意：渲染和光源的各个模式都不可以在二维工作空间内使用。

4.3.1 选择渲染模式

Navisworks会通过设置好的光源、应用的材质以及环境设置（如背景设置）来给立体图形进行渲染。在场景视图中主要有4种渲染模式（见图4-17）。图4-18中的4个球体展示了不同渲染模式对图元的影响，从左到右所采用的渲染模式分别是完全渲染、着色、线框和隐藏线。

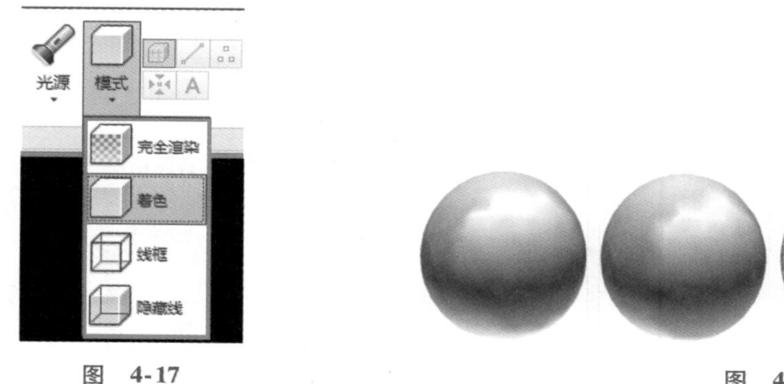

图 4-17

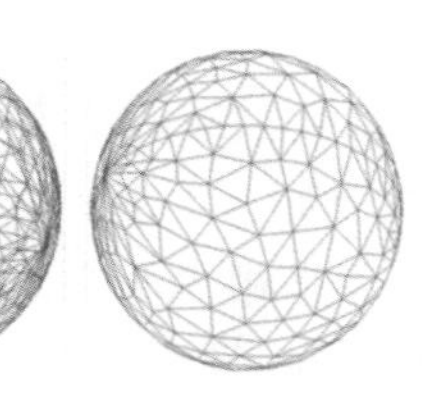

图 4-18

1. 完全渲染

模型表面平滑着色，包括已使用【Autodesk渲染】工具应用的任何材质，或已从原生CAD文件提取的任何材质。

> 注意：Navisworks并不会把CAD文件的所有纹理都转换过来。

2. 着色

模型表面平滑着色，但是不带有纹理。

3. 线框

模型表面由线框渲染。因为Navisworks用三角形表示曲面和实体，所以在该模式下所有三角形的边都是可见的。

4. 隐藏线

模型表面由线框渲染，但仅显示对相机可见的曲面的轮廓和镶嵌面边。

> 注意：在线框模式下，模型表面渲染过后是透明的，而隐藏线模式则不同，该模式下渲染过的模型表面是不透明的。

4.3.2 添加光源

在Navisworks中，用户可以使用4种光源模式（见图4-19）来控制三维场景的光照。图4-20中的4个球体展示了不同光源模式的效果，图中从左到右依次展示的光源效果是全光源、场景光源、头光源和无光源模式。

图 4-19

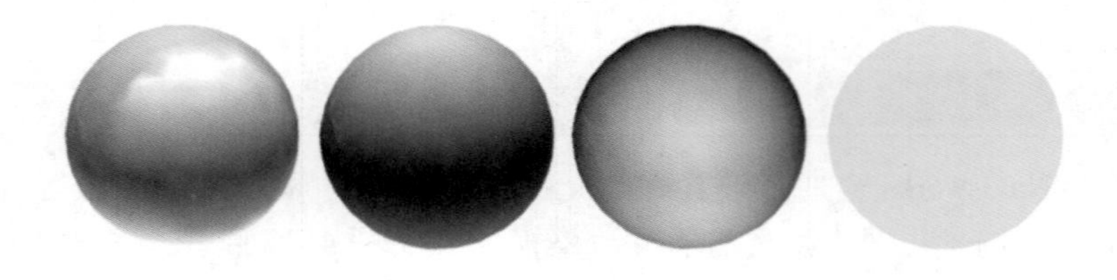

图 4-20

1. 全光源

全光源是经【Autodesk 渲染】工具定义的光源。

2. 场景光源

场景光源是从本地的 CAD 文件中获取的光源。如果其中没有可用的光源，Naviworks 会默认使用两束反向光来代替。可以在【文件选项】对话框中自定义场景光源的亮度。

3. 头光源

头光源是相机所在位置发出的单一平行光束，与相机所指的方向相同。可以在【文件选项】对话框中自定义头光源的亮度。

4. 无光源

关闭所有的光源，场景均匀渲染，可以使用该选项关闭所有灯。

4.3.3 选择背景

为了加强模型的视觉效果，Navisworks 共提供了 3 种可以在场景视图下使用的背景效果，用来改善图像质量，包括单色背景、渐变色背景和地平面背景，这些工具可以用来设置背景的颜色以及场景的风格。这几个工具位于【查看】选项卡的【场景视图】面板中，如图 4-21 所示。

图 4-21

1. 单色

使用这一场景的背景会被选中的单一纯色填充，这是默认的背景风格，可以在二维图纸和三维模型中使用。

2. 渐变

使用这一场景的背景会被选中的两种颜色组成的渐变色填充，该背景模式可以在二维图纸和三维模型中使用。

3. 地平面

使用这一选项可以将三维场景的背景沿着水平平面切割，形成天空和地面的效果。在默认状态下，生成的仿真地平面将遵循【文件选项】对话框的【方向】选项卡中设定的世界矢量。

> 注意：仿真地平面仅是一种背景效果，并不代表真正的地平面。例如，【在地表以下】进行导航并朝上看，则不会看到地平面的背面，而是模型的下表面，也就是天蓝色填充的一个背景。

4.3.4 调整图元显示

控制场景外观的另一个方法就是显示和隐藏场景视图中曲面、线、点、捕捉点以及文字的绘制，如图4-22所示。

1. 曲面

场景中用来组成二维和三维图形的三角形，用户可以使用该工具对模型的表面进行渲染。

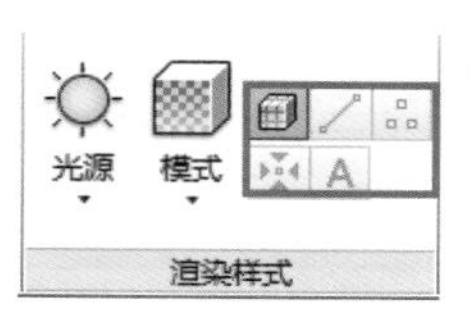

图 4-22

2. 线

使用该选项可以对模型中的线条进行渲染。可以使用选项编辑器修改已绘制线条的宽度。

3. 点

模型中真实的点，如某个激光扫描文件点云中的点。用户使用该工具可以对模型中的点进行渲染。

4. 捕捉点

模型中的暗示点，用在其他原始图形上以标记位置，如球的球心或管道的末端。用户可以使用该工具对三维模型中的捕捉点进行渲染。

5. 文字

用户可以使用该工具对三维模型中的文字进行渲染。该功能不适用于二维图纸。

4.4 控制渲染质量

渲染质量由一系列的选项控制，这些选项通过消隐、对象渲染、材质显示和立体渲染获得。用户可以尝试进行不同的选项设置，不同的设置可以带来很多不同的效果。

4.4.1 使用消隐

【文件选项】对话框中的【消隐】选项卡（见图4-23）可以对重要性较小的对象进行智能隐藏，使用户能够以交互式速度导航并操纵大型复杂场景。

1. 区域

对象的像素大小决定其是否会被渲染。在默认状态下，像素小于1px×1px的对象在渲染过程中会被自动忽略。

2. 近/远剪裁平面

不绘制距相机的距离近于距近剪裁平面的距离的对象或远于远剪裁平面的对象。可以使Navisworks自动控制裁剪平面的位置，也可以手动控制其位置。

3. 背面

在默认状态下，只有多边形的正面会在Navisworks中绘制出来，有时候在转换的过程中，多边形的正面和背面可能会弄混，这时用户就需要对背面选项进行调整。

> 注意：背面与剪裁平面选项在二维工作空间内不可使用。

图 4-23

在使用【消隐】选项卡时通常要确保某些对象总是被渲染，这就需要先在场景视图中选中这些对象，然后从【常用】选项卡的【可见性】面板中选择【强制可见】。虽然 Navisworks 会自动在场景中选择一些对象进行优先消隐，但偶尔也会错误地将一些在导航时要求可视的几何图形包含在内。为了保证这些对象在交互式导航过程中总是被渲染的，用户需要将其选中为强制对象。

4.4.2 控制对象的渲染

控制对象的渲染可以使用两种主要的选项完成，在这些选项下可以对场景进行实时的调整，也可以对显卡的性能进行调整。建议由符合相应资格的操作员或相关 IT 部门对此设置进行更改。

1. 在导航过程中调整场景渲染

Navisworks 模型大小的变化范围为从小模型到复杂的超大模型。在对场景进行导航时，Navisworks 会根据项目的大小、距离相机的远近和特定的帧频，自动计算先对哪些项目进行渲染。该自定义帧频在默认状态下是受保证的，在必要的情况下可以将其关闭。Navisworks 没有时间渲染的项目会被消隐，并在导航结束后对这些被消隐的项目进行渲染。

2. 加速显示性能

计算机视频卡在满足 Autodesk 的最低系统要求时，可以通过启动硬件加速和阻挡消隐来提高计算机的图形性能。使用硬件加速通常可以优化并加速渲染，但是一些显卡在该模式下可能运行不顺畅，这种情况下就要考虑将其关闭。

> 注意：可以通过降低帧频或取消保证帧频选项来减少被消隐的项目的数量。

4.4.3 调整材质的显示

用户可以通过几种不同的方法来调节场景视图中材质的外观，具体方法在本单元前半部分已经讲过。通常情况下用户对 Navisworks 的了解会决定他们更常用的选项与设置，从完全渲染到线框模式，从全光源到无光源模式，或者任意选项的组合。

这多种多样的选项是可以由用户任意定制的，但是建议多注意纹理，因为当在纹理复杂的场景中进行导航时，像素过高的纹理会影响显卡的性能。

Navisworks 支持两种图片系统：Basic Rendering 和 Autodesk Rendering，后者是该工具中默认的系统。两种图片系统均支持交互式导航与实时导航。

Autodesk Rendering 的用法以及优化场景的多种方法将在单元 8 中进行更加详细的讲解。

4.4.4 立体渲染

支持立体观察，即通过支持立体显示的硬件对三维模型进行观察，包括主动立体查看镜和被动立体查看镜、CRT 屏幕，以及专用投影仪。

> 注意：使用立体渲染时，要求主机中有专业的支持四缓冲区立体效果的专业 OpenGL 图形卡。此外，有些驱动程序对立体渲染有非常具体的要求，并可能需要降低颜色设置或分辨率设置才可使用立体渲染。只有装有 Autodesk（OpenGL）驱动器的计算机才支持 Autodesk 图形系统中的立体渲染。

在视频以立体模式输出时，如果不佩戴正确的眼镜，视图看起来就会很模糊。相机设置处于正交模式时，需要将其设置为透视模式才能生效。

4.5 单元练习

本单元练习由 3 部分组成：

1）通过实例展示如何将导航工具结合起来使用，进而达到真实的效果。

2）对模型进行不同渲染模式和光源的设置，并添加基本背景效果。

3）进行消隐和剪裁平面选项的设置，提高模型性能。这一设置对于大而复杂的模型的导航非常适用。

4.5.1 结合使用导航工具

在练习的第一部分，将使用一系列导航工具进行操作，并启动一个模拟人像，同时使用一些真实效果控制工具。

1）打开起始文件【WFP-NVS2015-04-Gilderland. nwd】。

2）单击【视点】选项卡【保存、载入和回放】面板中右下方的箭头（见图4-24），打开【保存的视点】窗口，选择【3D View】，如图4-25 所示。

图 4-24

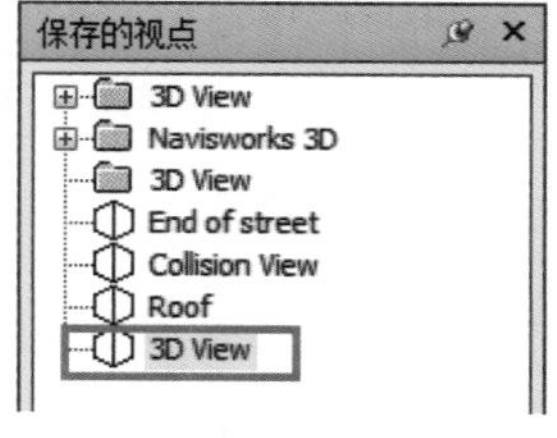

图 4-25

3）从【视点】选项卡【导航】面板中将【漫游】切换为【飞行】。

4）按住鼠标左键进行飞行，飞行至街道的最左边。

5）在【导航】面板中选择【缩放窗口】工具，在街道末端绘制一个窗口；或者直接在【保存的视点】窗口中选择【End of street】（街道末端）。

6）在【导航】面板中选择【漫游】，在场景视图中进行导航。从【视点】选项卡的【相机】面板中选择【显示倾斜控制栏】。使用倾斜滑竿调整相机到大致的位置（见图 4-26）后，关闭倾斜滑竿。

7）在【保存的视点】窗口中选择【Roof】（屋顶），并选中视图中指定的屋顶，如图 4-27 所示。从【视点】选项卡的【导航】面板中选择【缩放选中对象】，放大该屋顶。

图 4-26

图 4-27

8）从导航栏中选择【动态视察】工具来观察场景视图的四周。

为了增加导航的真实效果，可以使用【视点】选项卡【导航】面板【真实效果】下拉菜单中的工具。

9）在【保存的视点】窗口中选择【Collision View】（碰撞视图）。

10）在【视点】选项卡【导航】面板【真实效果】下拉菜单中勾选【第三人】复选框，这时会在场景视图中出现一个虚拟的人像。

11）使用【漫游】工具在两个房子之间移动，可以看到现在虚拟人像能够在图元实体（墙和篱笆）中漫游。勾选【真实效果】下拉菜单中的【碰撞】和【重力】两个复选框，使其遇到碰撞能自动停下来。

注意：在勾选【碰撞】复选框的同时，【重力】复选框也会自动勾选。

12）在篱笆处进行漫游并尝试穿过篱笆。

由于【碰撞】设置已经阻止虚拟人像穿过图元实体，因此该人像只能在图元实体的外围活动。若想从障碍物下方通过，需要勾选【真实效果】下拉菜单中的【蹲伏】复选框。

13）再使用【漫游】工具在篱笆中进行导航，人像就会自动蹲伏在障碍物下方并通过，如图 4-28 所示。

在使用虚拟人像时，X、Y、Z 坐标会获取该人像眼睛的位置（在可视的情况下）。在需要参考时，可以从【视图】选项卡中将其启动并出现在场景视图中。

14）从【查看】选项卡【导航辅助工具】面板的【HUD】下拉菜单中勾选【位置读取器】复选框，获得绝对的 X、Y、Z 坐标值（若虚拟人像的眼睛可视，便是其眼睛的坐标值），如图 4-29 所示。

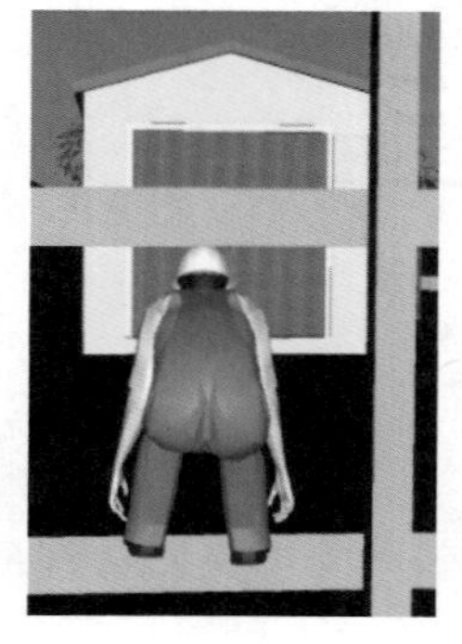

图 4-28

X: 168637 mm Y: 73825 mm Z: 982 mm

图 4-29

15）在不保存的情况下关闭文件。

4.5.2 控制渲染样式

在练习的第二部分，将对场景视图进行修改，并通过实践查看不同渲染模式对视图的影响，学习光源的使用并在最后对背景加以介绍，从而改善模型的外观和视觉效果。

1）打开起始文件【WFP-NVS2015-04-ChaletRooms.nwd】。

2）从场景视图中单击【主视图】（见图4-30），浏览当前所有项目。

然后将当前的场景视图拆分成3个视图，以便在对各视图内渲染样式和光源进行不同设置时，可以清晰地看出差异。

1）从【查看】选项卡的【场景视图】下拉菜单中选择【水平拆分】，这时场景视图会被分为上下两部分。选中下方的视图，在【场景视图】下拉菜单中选择【垂直拆分】，如图4-31所示。

图 4-30

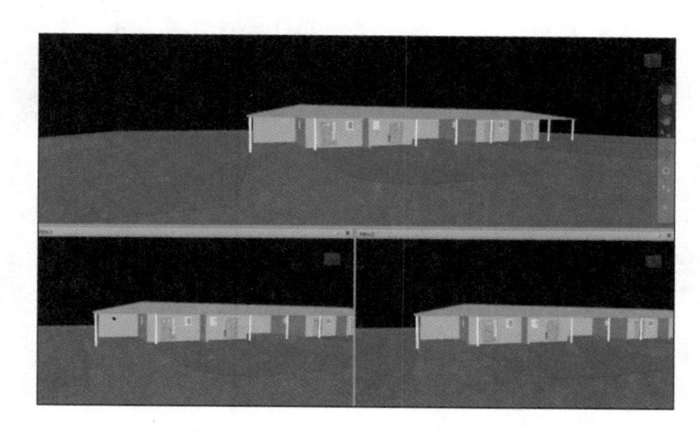

图 4-31

2）选择上方的水平场景视图。在【视点】选项卡【渲染样式】面板的【模式】下拉菜单中选择【完全渲染】。对于下方的两个视图，尝试使用其他的渲染样式。

下面将不同的光源风格应用到完全渲染的视图中。

1）将3个场景视图全部设置为【完全渲染】。

2）选择顶部的场景视图。从【视点】选项卡【渲染样式】面板的【光源】下拉菜单中选择【全光源】。

3）将左下方的场景视图设置为【场景光源】，将右下方的场景视图设置为【头光源】。

4）对左下方的场景视图进行放大，单击鼠标右键，在弹出的快捷菜单中选择【文件选项】选项，从打开对话框的【场景光源】选项卡中，拖动【环境】滑块改变场景视图中的环境光源，如图4-32所示。查看场景内的光源变化后，关闭下方的两个视图。

图 4-32

下面为场景添加不同的背景。

1）将渲染模式改为【着色】，并在场景视图的黑色背景区域内单击鼠标右键，在弹出的快捷菜单中选择【背景】选项，在弹出的对话框中，将【模式】设置为【单色】，【颜色】设置为【Pale Blue】（浅蓝），单击【应用】按钮，观察变化后的结果，如图 4-33 所示。

2）再次打开【背景设置】对话框，将【模式】设置为【渐变】，【顶部颜色】设置为【Blue】（蓝色），【底部颜色】设置为【Pale Blue】（浅蓝），单击【应用】按钮，观察变化后的结果。

3）单击【确定】按钮，关闭对话框。

图 4-33

4.5.3 控制渲染质量

在练习的第三部分，将通过调整文件选项来改善模型的性能。本练习用的模型相对较小，可能对于计算机并没有那么高的要求，但事实上，在较大、较复杂的模型中进行导航时，对于处理器的要求通常是很高的。为了减少工作量，Navisworks 提供了一些工具和选项，接下来就对这些选项进行设置。

1）确保文件【WFP-NVS2015-04-ChaletRooms. nwd】仍然处于打开状态。

2）在场景视图的背景区域单击鼠标右键，在弹出的快捷菜单中选择【文件选项】选项，打开对话框。

3）在【消隐】选项卡中进行设置，如图 4-34 所示。

4）在【速度】选项卡中进行设置，如图 4-35 所示。

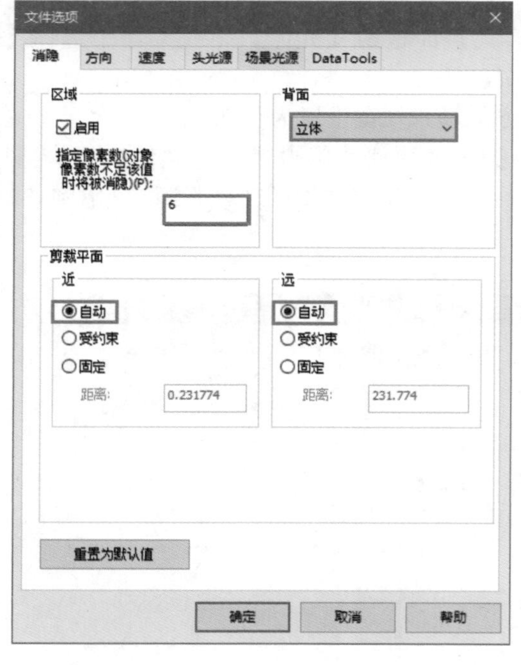

图 4-34

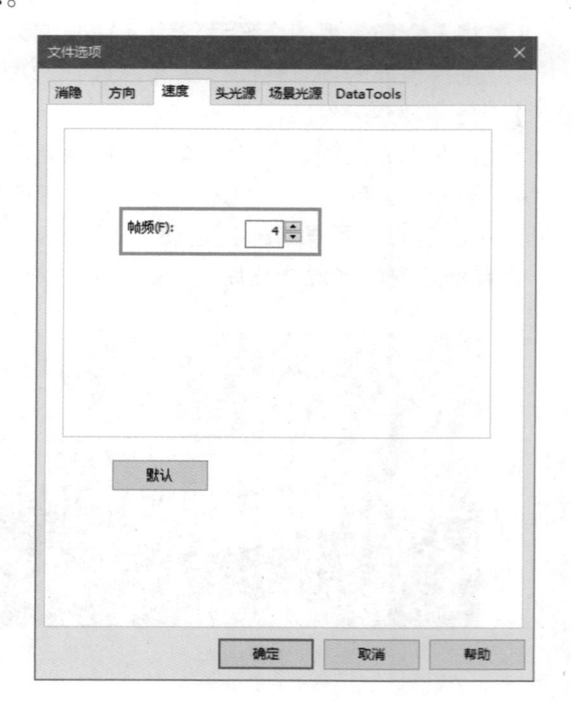

图 4-35

5）单击【确定】按钮，关闭对话框。观察导航后的效果变化，如果变化不明显，则可以尝试不同的设置。

> **注意：**在通常情况下，较高的消隐数量与较低的帧频相结合会使转化质量较差，这在用于内部工作的大型项目中是可以接受的。

6）在不保存文件的情况下将其关闭。

单元 5

检查模型

单元概述

本单元将深入学习对象选择的多种方式以及如何使用有效的测量工具，同时会介绍对象集的功能，以及如何查找并快速定位对象。同时本单元还将介绍对象的特性及其操控，探索修改与改变对象形状的不同方法，还会讲解如何给模型视点添加标记、注释和红线批注以及这些视点在之后的设计审阅过程中如何发挥审阅追踪的作用。最后简单介绍链接和 SwitchBack 工具。Navisworks 可以创建一个能够突出审阅问题的视点，该视点可以自动切换到原始的 CAD 应用程序，在这一应用程序中可以对该视点进行修改并保存，回到 Navisworks 中以后简单刷新一下就能将 NWF 格式的文件恢复到更新过的模型中，视点会包含修改过的对象位置。

单元目标

1）学会创建并使用搜索集与选择集。
2）了解如何利用【选择检验器】创建模型项目计划表。
3）掌握测量工具的使用方法。
4）掌握红线批注、注释和标记、超链接的添加方法。
5）学习使用 SwitchBack 工具。

5.1 选择对象

在较大的模型中找到并选择所需对象可能会很耗时，使用 Navisworks 中的一系列选择工具可以简化该过程。这些工具包括用来选择单个对象的光标以及用来对几何图形进行快速选择的工具，既可以进行交互式几何图形的选择，又可以通过自动或者手动搜索模型的方式进行选择。这些工具（见图 5-1）为获取并选择具有相似性质的一组图元提供了快速方法。

1. 对象集

Navisworks 中使用了活动选择集和已保存选择集的概念，这类集合的使用节约了时间，使选中对象的场在 Navisworks 中，可以创建并使用类似对象集，这样可以更轻松地查看和分析模型。在【常用】选项卡【选择和搜索】面板的【集合】下拉列表中打开【集合】窗口，如图 5-2 所示。集合的种类有以下两种：

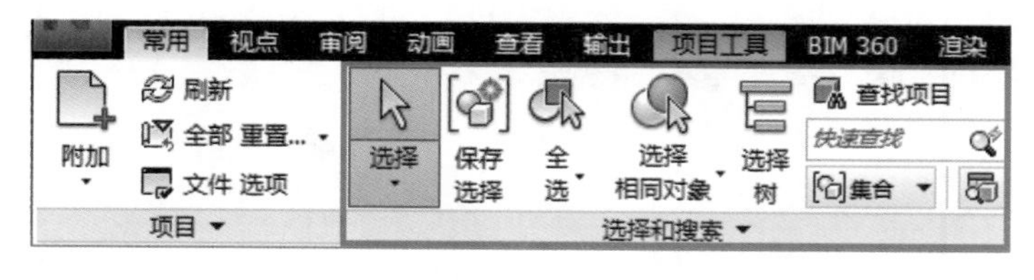

图 5-1

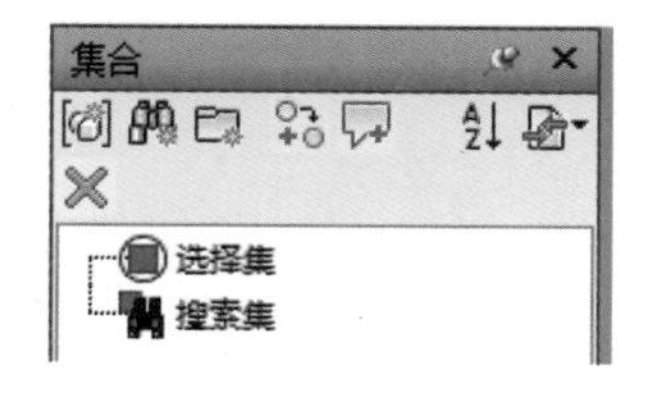

图 5-2

（1）选择集　选择集是静态的项目组，用于保存需要对其定期执行某项操作（如隐藏对象和更改透明度等）的一组对象。选择集仅存储一组项目以便稍后进行检索。不存在智能功能来支持此集，如果模型完全发生更改，则再次调用选择集时仍会选择相同的项目（假定它们在模型中仍可用）。

若要创建选择集，可以在【选择树】窗口选择项目，并直接通过单击【集合】窗口中的【保存选择】按钮进行集合的保存；或将这些选择直接在场景视图或【选择树】窗口中拖曳至【集合】窗口。

（2）搜索集　搜索集是动态的项目组，它与选择集的工作方式相似，但是搜索集保存的是搜索标准而不会是选择标准。在使用模型文件时，尤其是在 CAD 文件不断被修改和更新的情况下，搜索集的作用非常大，因为如果有新的对象添加到模型中，搜索规则就会自动将这些新的对象添加到搜索集中。但在选择集中这点却不同，如果该对象在原本模型中不存在，就不能被选中，也就不能被包含到选择集中。和选择集一样，搜索集可以保存并与团队中的其他成员分享。

2. 选择

【选择】下拉列表中包括两个选择工具（见图 5-3）：

（1）选择　使用该工具可以通过鼠标单击在场景视图中选择项目。

（2）选择框　使用该工具可以选择模型中的多个项目，方法是围绕要进行选择的区域绘制矩形框。

3. 全选

【全选】下拉列表中包含 3 个选项（见图 5-4）：

（1）全选　选中模型中所有对象。

（2）取消选定　取消选择模型中当前选择的对象。

（3）反向选择　选择除当前选择对象外的所有对象。

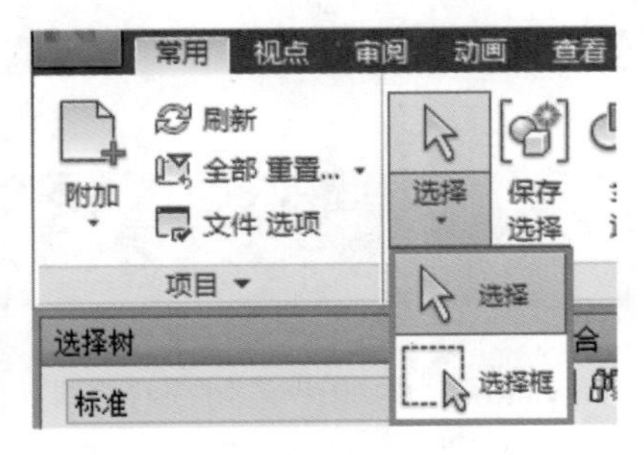

图　5-3

图　5-4

4. 选择相同对象

选中场景视图中的某个项目后，可以从【选择相同对象】下拉列表中通过几种不同的方法选择具有相同特性的图元（见图 5-5）：

1）选择多个实例。选中所有具有相同特性的实例。

2）相同名称、类型、材质等。选中符合相同标准的对象。

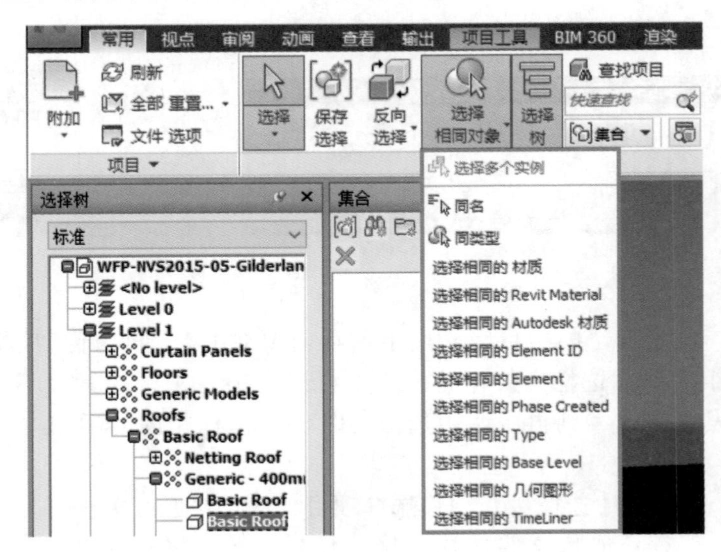

图　5-5

5. 选择检验器

【选择检验器】对话框（见图5-6）中会显示所有选定对象的列表以及与这些对象关联的快捷特性。可以通过单击【快捷特性定义】按钮，在弹出的【选项编辑器】对话框中为检测结果添加元素。搜索结果可以以CSV格式的文件输出。

6. 选择树

【选择树】窗口为可固定窗口，窗口中展示了模型结构的一系列层级视图（见图5-7），Navisworks使用这一层级结构能够确定所选对象的路径（从文件名到具体的对象）。对于Revit 2014及更高版本的文件（RVT或NWC），可以在每个层级下显示类别、族、类型以及实例，还能显示Revit中对象所使用的材质。例如，门可以分为玻璃或者木板等。【选择树】窗口中项目的命名反映了初始CAD软件中的命名。

在默认情况下，【选择树】窗口中提供4个选项（见图5-8）。

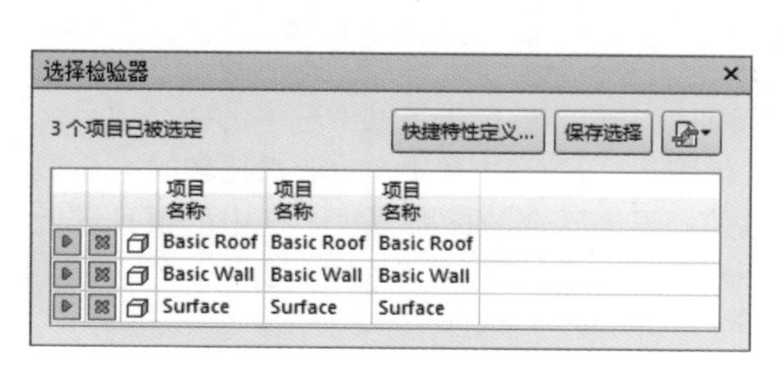

图 5-6

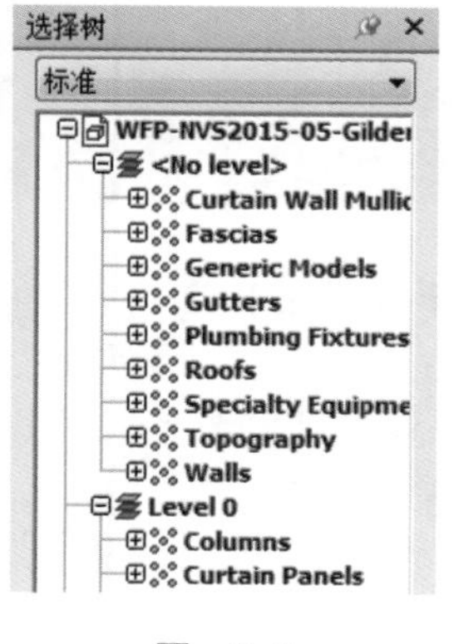

图 5-7

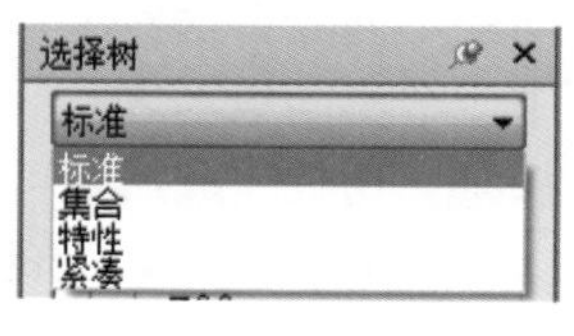

图 5-8

（1）标准　显示默认的选择树层级，包括所有的实例。层级可以按照字母顺序进行排序。

（2）紧凑　显示【标准】选项所示层级的简化模式，能够忽略很多项目。这一选项可以由用户通过【选项编辑器】→【界面】→【选择】面板自定义对【紧凑树】的要求。

（3）特性　根据项目的特性显示层级，使用户可以按项目特性轻松地手动搜索模型。

（4）集合　显示一系列的选择集和搜索集。如果当前没有已创建或已保存的选择集和搜索集，那么下拉列表框中的【集合】选项就不可用。

5.2 查找对象

查找对象可以使用两种快速有效的工具，这两种工具都位于【常用】选项卡的【选择和搜索】面板中，分别为【查找项目】和【快速查找】。

1. 查找项目

【查找项目】对话框（见图5-9）中有两个窗格可以用来设置搜索条件。左边窗格控制的是查找选择树，可以通过项目的层级对其进行进一步的选择并启动搜索。【搜索范围】下拉列表框中的4个搜索条件选项和【选择树】对话框中的选项相同。右边的窗格用来设置搜索条件或语句，这些条件和语句可以结合起来对搜索标准进行定义。搜索语句包含特性（【类别】名称和【特性】名称的组合）、【条件】运算符和要针对选定特性测试的【值】。

2. 快速查找

只需要在文本框中输入一个单词或数字就可以启用快速查找功能，文本不区分大小写。单击【查找项目】按钮后将定位符合要求的第一个实例，继续单击该按钮将依次定位符合要求的各个实例。

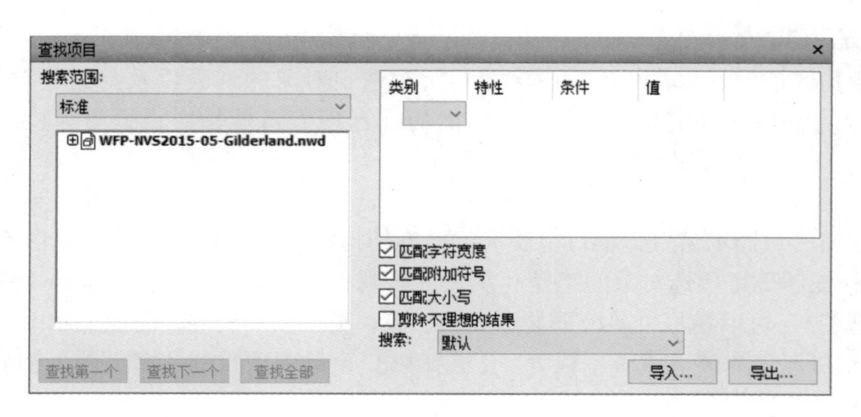

图 5-9

5.3 比较对象

通过【比较】工具（位于【常用】选项卡的【工具】面板中）能够突出场景中选中的两个项目之间的不同点，这些项目可以是文件、图层、实例、组或几何图形，也可以通过该功能来比较同一模型中两个不同版本之间的差别。比较功能是通过选择树生效的，根据既定的标准对每个选中的项目进行探索。比较完成后，可以在场景视图中高亮显示结果。默认情况下，使用以下颜色进行标记：

（1）白色　匹配的项目。

（2）红色　有差异的项目。

（3）黄色　第一个项目包含在第二个项目中未找到的内容。

（4）青色　第二个项目包含在第一个项目中未找到的内容。

该结果不仅可以在场景视图中以视觉指示的方式显示出来，还可以保存在选择集中，其中包含指示任何所找到的不同点的自动注释，而且这些不同点可以在查看注释窗口中查看。

5.4 特性

5.4.1 对象特性

Navisworks 中所有项目的对象特性都可以通过单击【常用】选项卡【显示】面板中的【特性】按钮，在打开的【特性】窗口中进行查看。【特性】窗口（见图 5-10）中为每一个与当前选定对象相关的特性类别都提供了一个专用的选项卡，选项卡会自动变化以适应该对象最初的文件格式。

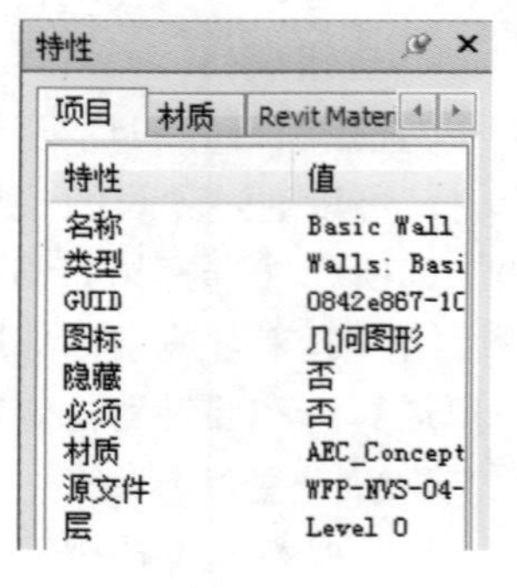

图 5-10

在【特性】窗口中单击鼠标右键，通过快捷菜单可以创建并管理自定义对象特性和链接，这些链接可以是本地 CAD 文件中自动生成的链接，也可以是在 Navisworks 中生成的链接，如选择集链接或搜索集链接。

除了颜色、透明度和链接这 3 种特性，用户不能对 Navisworks 中的其他从 CAD 应用程序中获得的信息进行编辑。但这并不影响给任何项目添加自定义信息，这些信息可以添加到模型场景的项目中。

越来越多的人开始使用数据库来存储大量的数据，并开始通过为项目添加设备规格、制造商信息和维修手册的方式来创建包含大量数据的存储库。

项目中，从外部数据库中获取的特性信息具有数据库专用的选项卡，这些选项卡位于【特性】窗口中。

> 注意：所有带有合适 ODBC 驱动器的数据库都能够连接到 Navisworks，但其模型中对象的特性必须包含区别于数据库中数据的独特标识符。例如，基于 AutoCAD 的文件可以使用实体句柄来作为其标识符。

用户可以创建任意数量的数据库链接，但很重要的一点是每个链接都必须有一个专有的名字，而且在使用数据库链接之前需要先将其启动。之后数据库链接可以被保存在 Navisworks 文件中（NWF 和 NWD）或者进行全局保存。全局保存的好处在于，这些数据库链接在 Navisworks 的所有工作段中都可以保持一致，而全局链接信息则保存在本地计算机中。任何的数据库链接都是在打开 NWF/NWD 文件时自动创建的，选择一个对象后就可以将相关的选项卡添加到特性对话中。

> 注意：所要显示的任何数据的链接细节都需要进行配置，虽然使用链接字符串和 SQL 语句中的 Navisworks 标记就可以实现配置，但此处必须使用数据库的工作知识。

用户能够从 NWD 文件中提取静态数据或者将静态数据嵌入该文件中，包括将对象搜索或碰撞检查标准与碰撞检测结合使用。

5.4.2 操纵对象特性

Navisworks 使用户能够通过【项目工具】选项卡【变换】和【外观】面板中的工具对对象的特性进行操纵，包括移动、旋转、缩放以及外观变化（包括颜色与透明度），这一功能在场景视图中进行。对象特性的变化是全局性的，也就是说相当于在其原始的 CAD 模型中做了改变。在为对象添加动画效果的过程中，用户可以对对象的特性进行暂时的修改以适应动画效果的要求，这些修改并不是全局性的，而是保存为了动画关键帧。

用户可以随时将对象的特性设置回最初状态，也就是最初从原始 CAD 文件中输入时的状态。这是一个非常重要的保护性功能，可以保证发布者在将 NWD 文件发布之后，可以将其设置回与最初发布时一样的状态。只有 Navisworks 可以读取 NWD 文件，且 Navisworks 不能输出为其他的三维文件格式。操纵对象的 4 种主要方法包括：

1. 变换对象

要变换对象，可以使用 3 个可视操作工具或小控件，从【项目工具】选项卡的【变换】面板中可访问这 3 个工具或小控件，还可以通过数值方式变换对象，如图 5-11 所示。

要在操作对象时获得更清晰的对象视图，可以通过【选项编辑器】调整高亮显示当前选择的方式，如图 5-12 所示。

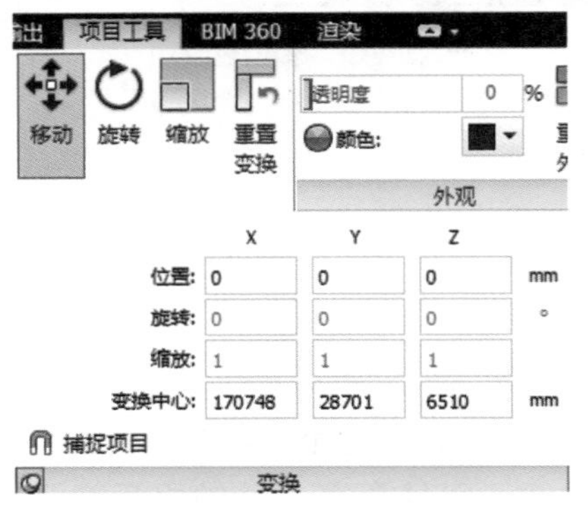

图 5-11

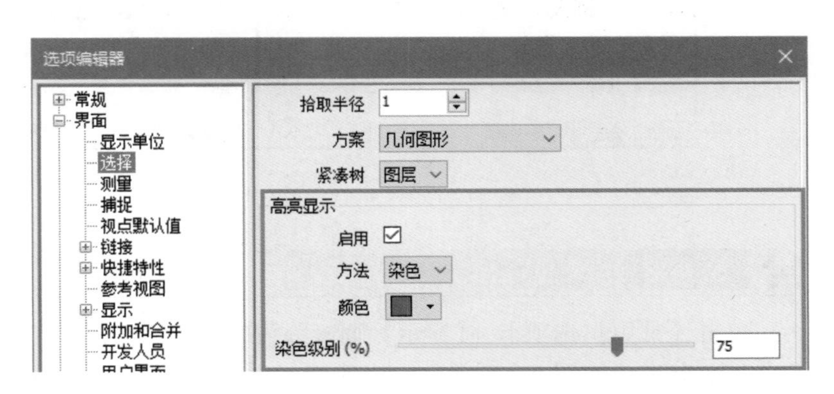

图 5-12

2. 更改对象外观

如果模型中有不支持的材质和纹理，Navisworks 会以线框颜色显示该几何图形，用户可以使用【外观】面板中的工具（见图 5-13）更改（或替代）场景中对象的外观，以实现更逼真的演示效果。

图 5-13

> 注意：Autodesk Rendering 工具中使用的材质比任何其他的颜色和透明度都好。有关 Autodesk Rendering 的更多内容见单元 8。

3. 捕捉

在 Navisworks 中测量、移动、旋转和缩放对象时，通过捕捉可以进行控制。不同的光标反馈捕捉到的对象见表 5-1。

表 5-1 光标反馈捕捉到的对象

光 标	描 述
	无捕捉，但找到曲面上的一个点
	找到捕捉到的顶点、点、捕捉点或线端点
	找到捕捉到的边

Navisworks 中的几何图形是使用三角形细分的，因此，光标会捕捉到看起来似乎位于面中间的边。建议在隐藏线条模式下观察模型（选择【视点】选项卡【渲染样式】面板【模式】下拉列表中的【隐藏线】工具），这样可以看清楚光标对齐的究竟是哪个顶点或者边。

4. 将对象重置到初始值

将对象的特性重置回与初始 CAD 文件中一样的值，如图 5-14 所示。

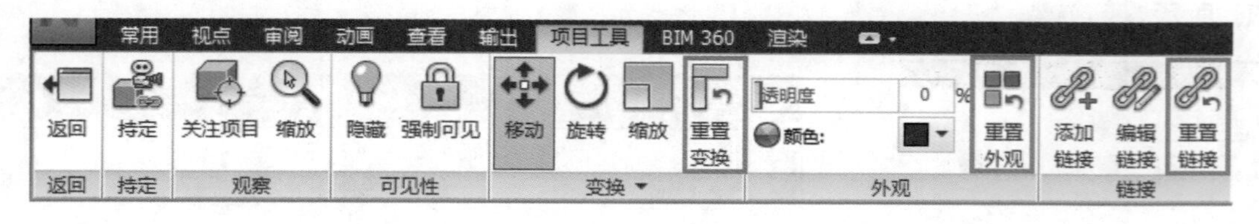

图 5-14

5.4.3 快捷特性

单击【常用】选项卡→【显示】面板→【快捷特性】按钮，当光标在模型对象表面移动时，这些特性会显示出来，如图 5-15 所示。快速特性对话的呈现需要一定的时间，而且会在几秒钟之后自动消失。

在默认情况下，快捷特性显示对象的名称和类型，但是可以使用【选项编辑器】定义显示哪些特性，如图5-16所示。通过配置的每个定义，可以在快捷特性中显示其他类别/特性组合。单击【选项编辑器】→【界面】→【快捷特性】（见图5-16），可以设置是否在快捷特性中隐藏类别名称。

图 5-15

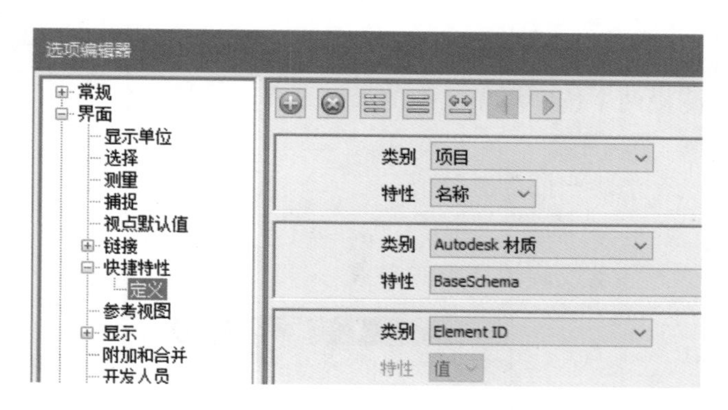

图 5-16

5.5 测量工具

测量工具位于【审阅】选项卡的【测量】面板中，测量工具可以测量直线长度、角度以及面积大小，还可以测量多个点之间的距离。启动测量工具后，单击要进行测量的两个对象，系统会自动测量这两个对象之间的最短距离。

注意：单击项目上的某个点可以将该点进行记录，但是单击背景不能记录任何对象。任何时候用户都可以在场景视图中通过单击鼠标右键来重置并再次启动测量命令，单击鼠标左键不能进行重置。

为了提高选取点时的精确度，用户可以在测量模型中的对象时利用几个视觉工具来帮助确定表面、交叉点或轴，这些工具介绍如下。

1. 视觉工具

这类工具与对齐工具的工作原理类似，会在表面确定时用一个绿色的正方形作为视觉指示标志，或在交叉点确定时用一个绿色的交叉符号进行标示，如图5-17所示。

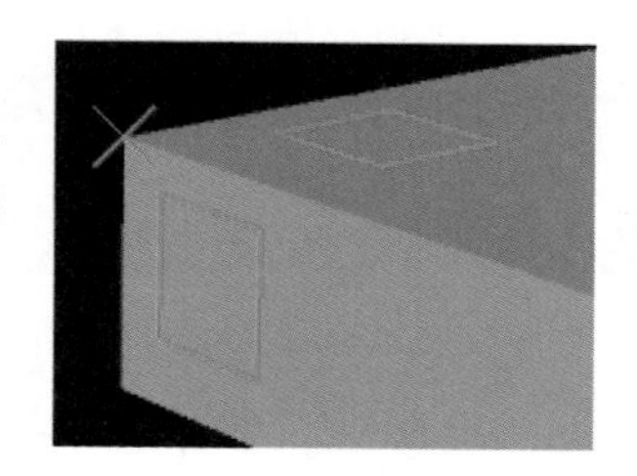

图 5-17

2. 缩放工具

为了确保选中正确的点，用户可以使用缩放工具在选中点之前将相关的区域放大。缩放工具与视觉工具共同使用能够非常有效地提高测量和选择的精确度。

5.5.1 测量

1. 测量（见图5-18）

【审阅】选项卡【测量】面板中【测量】的下拉列表中包含以下测量方式：

（1）点到点　测量两点之间的距离。

（2）点到多点　测量基准点和各种其他点之间的距离。

（3）点直线　测量一条直线上多个点之间的总距离。

（4）累加　计算多个点到点测量的总和。

（5）角度　测量两条线之间的夹角。

（6）面积　计算平面上的面积。

2. 最短距离

在场景视图中选中需要进行测量的两个对象，在【测量】面板中单击【最短距离】按钮，将自动测量两个选中对象之间的最短距离。

3. 清除

清除当前的测量值。

4. 变换选定项目（见图5-19）

移动或旋转选中的对象。

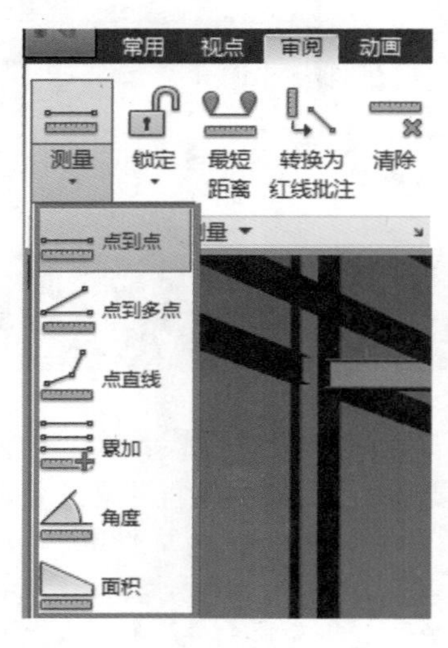

图　5-18

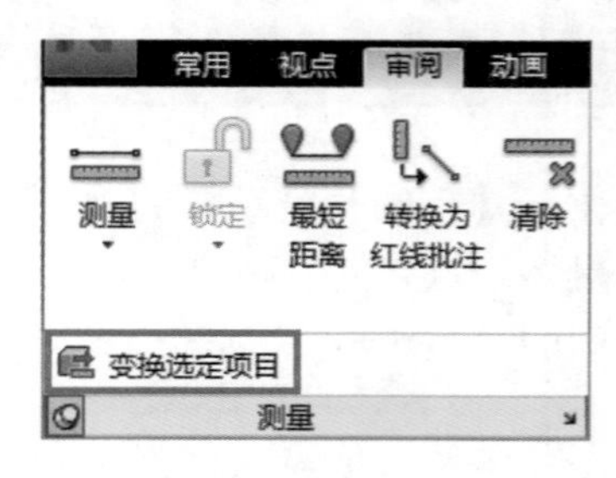

图　5-19

5. 转换为红线批注

将测量值转换为红线批注。完成转换后，测量值本身会被清除，红线批注会采用当前设置的颜色和线条粗细特性。

> 注意：在把测量值转换为红线批注时，线条和文本会被存储在当前的视点中。

5.5.2 锁定

另一个非常有用的测量工具是锁定。使用锁定工具可以保持要测量的方向，防止移动或编辑测量线和测量区域。锁定后光标只能沿着选中的轴移动，因此也只能在选中的轴上进行测量。

用户使用该功能时需要先从【测量】工具的下拉列表中选择测量类型，系统会启动【锁定】工具（见图5-20），在下拉列表中能够选择将尺寸锁定到哪一个表面。

例如，如图5-21所示，点测量被锁定到了Z轴上，第一个选择点是楼板梁的表面，第二个选择点是地基的表面。蓝色的实线代表选中的轴，蓝色的虚线代表光标相对于测量对象末端的位置。

不同的维度用不同的颜色表示，用来提示选中的测量对象位于哪个轴或表面上。这些颜色包括以下5种（见图5-22）：

（1）红色　锁定到X轴的测量（快捷键为<X>键）。

（2）绿色　锁定到Y轴的测量（快捷键为<Y>键）。

（3）蓝色　锁定到Z轴的测量（快捷键为<Z>键）。

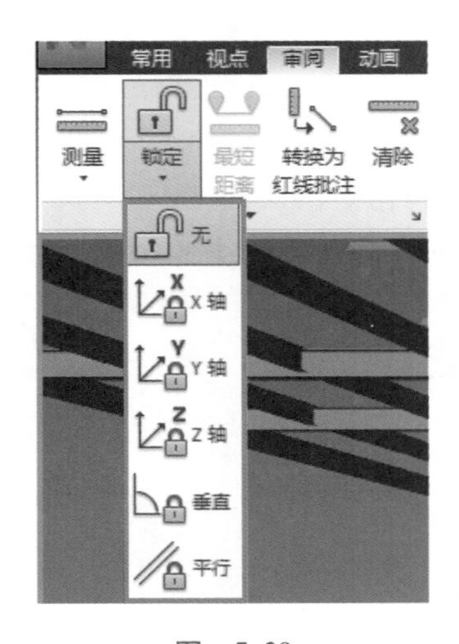

图 5-20

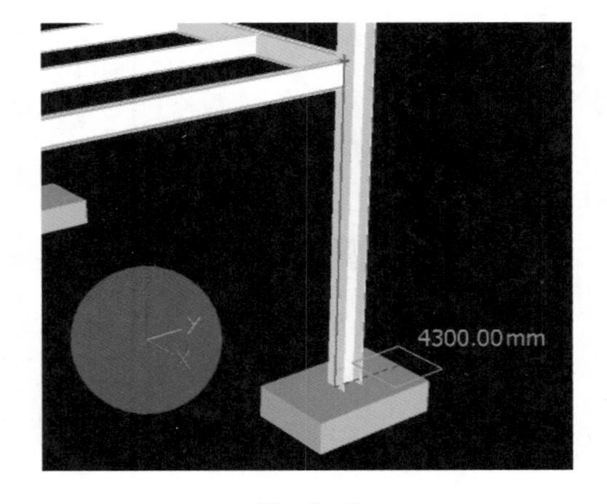

图 5-21

（4）黄色　锁定到与起始点垂直的表面的测量（快捷键为 <P> 键）。

（5）粉红色　锁定到与起始点平行的表面的测量（快捷键为 <L> 键）。

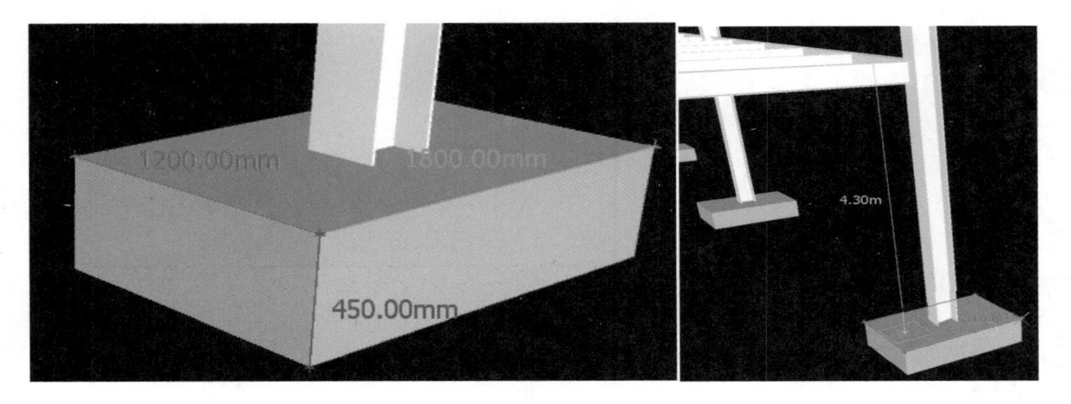

图 5-22

5.6 注释、红线批注与标记

为了附加更多的信息在模型中，可以通过【添加标记】工具（见图 5-23）给视点、视点动画、选择集和搜索集、碰撞结果以及 TimeLiner 添加注释。注释一旦添加并保存，可以通过【注释】窗口对其进行修改。

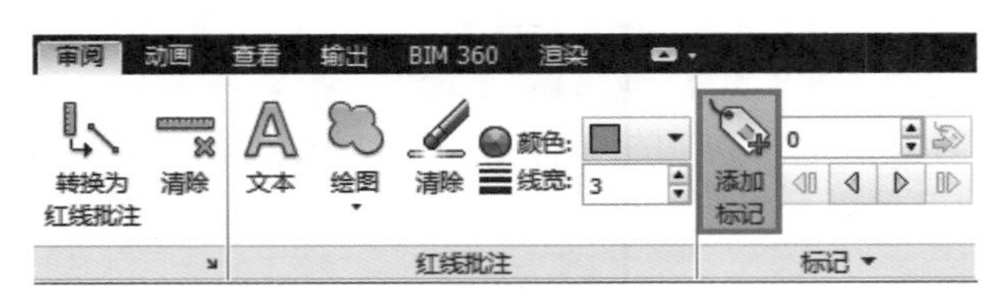

图 5-23

红线批注和标记一类的审阅工具不仅使用户能够给视点添加注释，而且还能有效地清除碰撞检测周围的问题。审阅工具和导航工具的使用是相互排斥的，因此在添加注释、红线批注或者标记时不能进行导航，反之亦然。

5.6.1 注释

1.【注释】窗口

单击【审阅】选项卡【标记】面板中的【添加标记】按钮将打开【注释】窗口（见图5-24），这个可固定窗口中包含了所有与当前视图相关的注释，可以在该窗口中对注释【状态】进行管理。每条注释都有自己的内容，其中包含注释的内容、名称、时间和日期、作者、注释ID及状态。

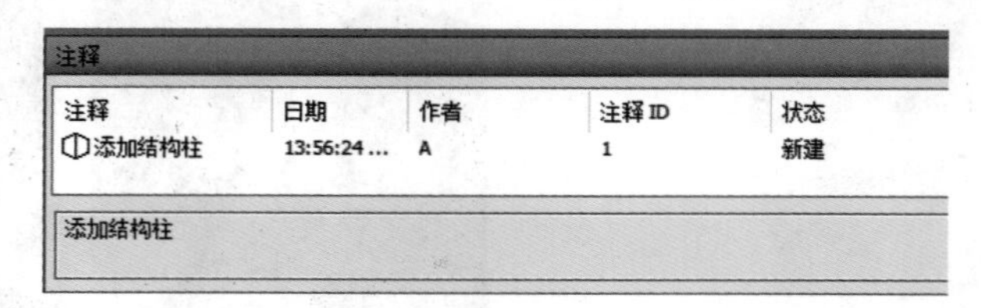

图 5-24

在【注释】窗口中用鼠标右键单击所添加的注释，弹出的快捷菜单中包含以下选项：

（1）添加注释　用来添加新的注释。

（2）编辑注释　用来编辑所选注释。

（3）删除注释　用来删除所选注释。

（4）帮助　启动联机帮助系统并显示有关注释的主题。

可以从【注释】窗口或者源本身给源添加任意数量的注释。

注意：要向场景视图中的特定对象添加注释，可以使用【添加标记】工具。

2. 管理注释

向场景中添加标记或注释时，会自动为其指定唯一的ID。但是，如果要附加Navisworks文件或将多个Navisworks文件合并到一起，则有可能多次使用同一个ID。例如，几个用户审阅了同一模型文件，并向该文件各自添加了注释和红线批注，每个用户都将其工作另存为一个NWF文件。如果将生成的NWF文件合并在一起，则将仅载入几何图形的一个副本，且同名的任何标记视点都将使用括在括号中的NWF文件名作为扩展名。但是，将保留所有标记ID。在这样的情况下，可以对所有ID重新编号，使它们再次对场景唯一。

注意：可能会出现这样一种情况：所合并的两个任务包含编号完全相同的标记和视点（标记视图），这时如果重新给标记ID编号，Navisworks会在可能的情况下尝试根据新的标记编号给关联的标记视图重新命名。

5.6.2 红线批注

红线批注是一个非常有用的工具，可以通过红线批注给视点或者碰撞结果进行标记。这些红线批注在视图中很容易识别，而且是传达与协调相关问题的好方法。这些工具位于【审阅】选项卡中（见图5-25），用户可以自行确定颜色以及线条的粗细，但是这些改变并不影响已绘制的红线批注。同时粗细设置只适用于线条，并不会影响红线批注文本，因为该文本有默认的大小和线宽，不能对其进行更改。

在经典用户界面中，红线批注工具是一个可固定窗口，可以给其添加红线批注或者标记。

注意：红线批注只能添加到保存的视点或者包含保存的视点的冲突结果上，如果没有保存的视点，那么添加标记后会自动创建并保存一个视点。Navisworks Manage必须与冲突检测一起使用。

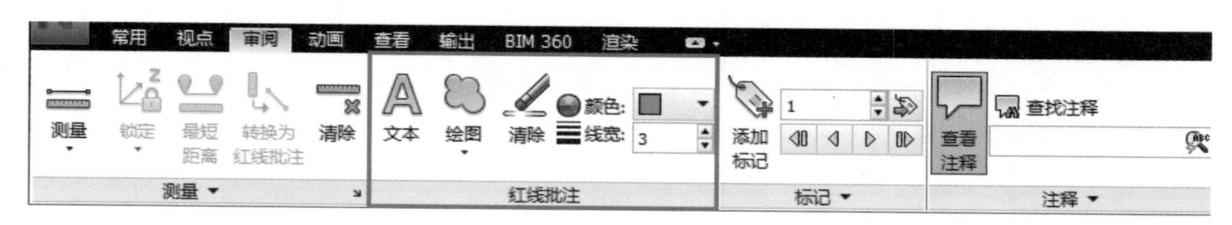

图 5-25

5.6.3 【标记】面板

在【审阅】选项卡的【标记】面板中，用户可以通过一些工具对标记进行添加、管理或审阅，如图5-26所示。标记将红线批注、视点和注释功能融合到一个操作方便的单一审阅工具之中。用户可以给任何物体添加标记以方便在模型场景中将其识别出来。放置标记后视点会自动创建，用户还可以给标记添加注释或者状态。标记的编辑方法和注释的编辑方法相似。

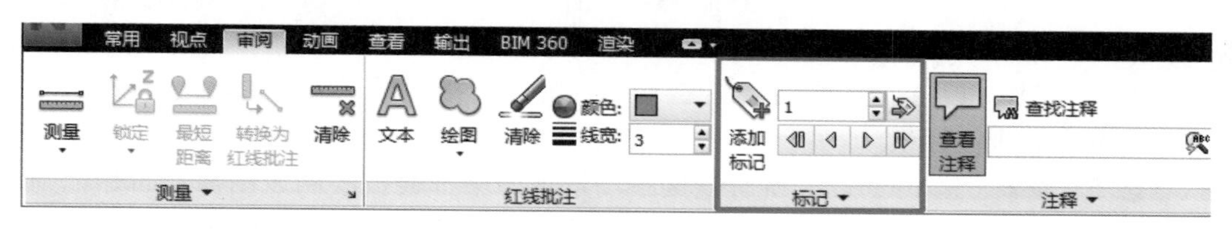

图 5-26

例如，在审阅任务期间，用户在场景中找到了一个大小或位置不正确的项目。可以标记此项目，说明出现的问题，将审阅结果保存为一个 NWF 文件，并将该文件传递给设计团队。设计团队可以在文件中搜索状态为【新建】的任何标记，并查找审阅注释。对图形文件进行任何必要修改后，这些修改就可以重新载入到 *.nwf 文件中，并且标记状态会相应地进行更改。可以审阅此最新版本的 NWF 文件，确保已解决所有标记并最终核准。

5.6.4 查找注释和标记

单击【审阅】选项卡【注释】面板中的【查找注释】按钮，可以开启一个可固定窗口，该窗口(见图5-27)中包含所有与当前场景有关的注释。有一系列的文本框可以帮助用户确定搜索标准，这些标准根据注释数据（文本、作者、ID、状态）、注释修改日期以及注释来源对注释与标记进行搜索。已找到的结果会在窗口底部的一个列表框中显示出来。

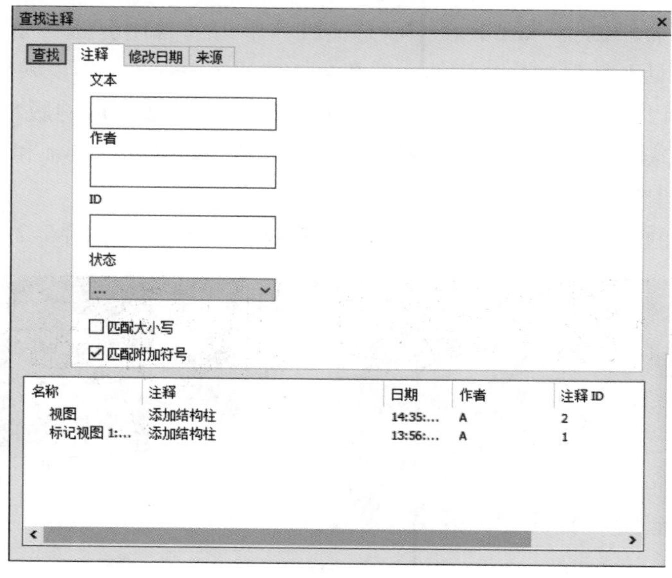

图 5-27

注意：在选中列表中的注释时，注释的来源也同时会被选中。例如，选中源自于某个保存的视点中的注释的同时，该视点也会被选中。

5.7 链接

Navisworks 中包含一系列的链接，包括从本地的 CAD 文件中转化而来的初始链接、Navisworks 用户添加的链接、程序中自动生成的链接（如选择集链接、视点链接和 TimeLiner 任务链接）。

从本地的 CAD 文件中转化而来的初始链接和 Navisworks 用户添加的链接被当作对象特性来处理，这些链接可以从【特性】窗口中检测出来（【特性】按钮位于【常用】选项卡的【显示】面板中）。Navisworks 会将所有这些链接保存下来，当模型发生变化时，这些链接保持不变，可供所有的用户进行观察。

链接分为两类，即标准链接和用户定义的链接。标准型链接包括超链接、标记、视点、碰撞检测、TimeLiner、集合和红线批注标记。

在默认状态下，除标记以外的以上所有链接在场景视图中都会被绘制成图标，而标记则以文本的形式显示。用户定义的链接通常用来代表内部的工作流和个性化。链接可以附加在任何对象上（选中某一对象，在【项目工具】选项卡的【链接】面板中，单击【添加链接】按钮），一个对象可以具有多个附加到它的链接，但在场景视图中仅显示一个链接（称为默认链接）。默认链接是首先添加的链接，但如有必要，可以将其他链接标记为默认链接。

发布到二维（或多图纸）DWF 文件中的超链接可以在 Navisworks 中获取。用户可以在 Navisworks 中对包含一致材料（如从 Revit 中输出到 FBX 的材料）的模型进行实时观察，也可以使用渲染引擎将图像和动画输出。

5.8 返回

当在 Navisworks 中选中某个对象并单击鼠标右键，在弹出的快捷菜单中选择【SwitchBack】（返回）时，Navisworks 会创建一个视点，而同一对象则会在初始的 Revit 文件类似的视图中被识别出来。在初始软件中进行修改并保存，然后回到 Navisworks NWF 文件，单击【常用】选项卡【项目】面板中的【刷新】按钮，任何在审阅会话开始后被修改过的文件都会加载到当前场景中，反映出这些文件的最新位置。

【返回】工具可以在以下产品和版本中使用：AutoCAD（2004 或之后的版本）、Revit（2012 或之后的版本）、基于 MicroStation 的 CAD 产品（/J 和 v8 版本）、Autodesk Inventor 和 Autodesk Inventor Professional（2013 或之后的版本）。

Navisworks 中观察到的视点与 Revit 中观察到的【返回】场景视图如图 5-28 所示。

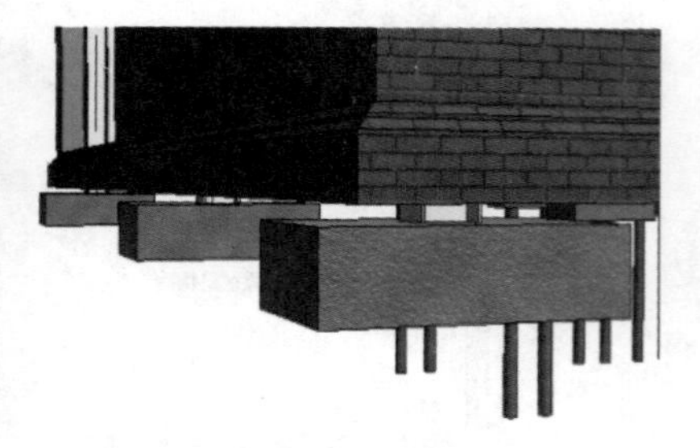

图 5-28

注意：本地 CAD 文件安装和运行的计算机中必须同时安装支持【返回】工具运行的 Navisworks，且该计算机必须安装 SwitchBack NWC 文件输出器。

5.9 单元练习

本单元中的练习是对一些知识点的实际应用，通过实例向读者讲解一些工具的使用方法。本单元练习由以下 4 部分组成：

1）通过实例学习使用选择、搜索和查找工具。

2）使用测量工具和变换工具对门进行操作。

3）在项目中添加注释、红线批注和链接。

4）使用 SwitchBack 工具，将模型在 Navisworks 和 Revit 中进行数据交互。

5.9.1 选择工具和集合工具

第一部分练习是关于可以使用的选择树和选择选项的内容，在学习使用查找工具之前会先学习如何使用可见性工具来隐藏对象和创建搜索集，如何查找符合搜索标准的对象，最后学习选择检验器的创建并将搜索数据以 CSV 格式的文件输出。

1）打开起始文件【WFP-NVS2015-05-Gilderland. nwd】。

2）在【常用】选项卡的【选择和搜索】面板中选择【选择树】。

3）在【选择树】窗口中依次展开【Level 1】→【Roofs】（屋顶）→【Basic Roof】（基本屋顶）→【Roof Tiles】（屋顶瓦片），选择第一个【Basic Roof】（基本屋顶），如图 5-29 所示。

4）从【视点】选项卡的【导航】面板中选择【缩放选定对象】，将选中的基本屋顶放大至场景视图中，如图 5-30 所示。

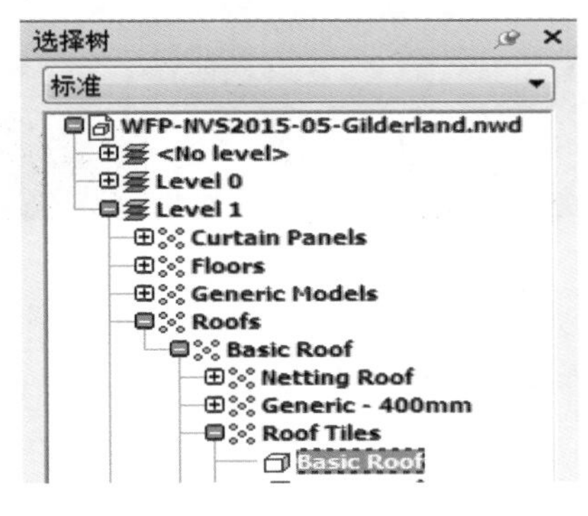

图　5-29

图　5-30

5）使用快捷键 <F12> 打开【选项编辑器】对话框，扩展【界面】→【选择】，将【方案】设置为【几何图形】，单击【确定】按钮，关闭对话框。

6）从【常用】选项卡的【选择和搜索】面板中选择【选择】。在场景视图中选择任意几何图形，可以看到其在【选择树】窗口中是突出显示的，如图 5-31 所示。

想要选取场景视图中更高层次的项目，需要再次设置全局选项。

1）重新使用快捷键 <F12> 打开【选项编辑器】对话框，扩展【界面】→【选择】，将【方案】设置为【图层】，单击【确定】按钮，关闭对话框。

2）回到场景视图中，选择之前选中过的基本屋顶，这时选择树和场景视图中所有属于 Level 1 的

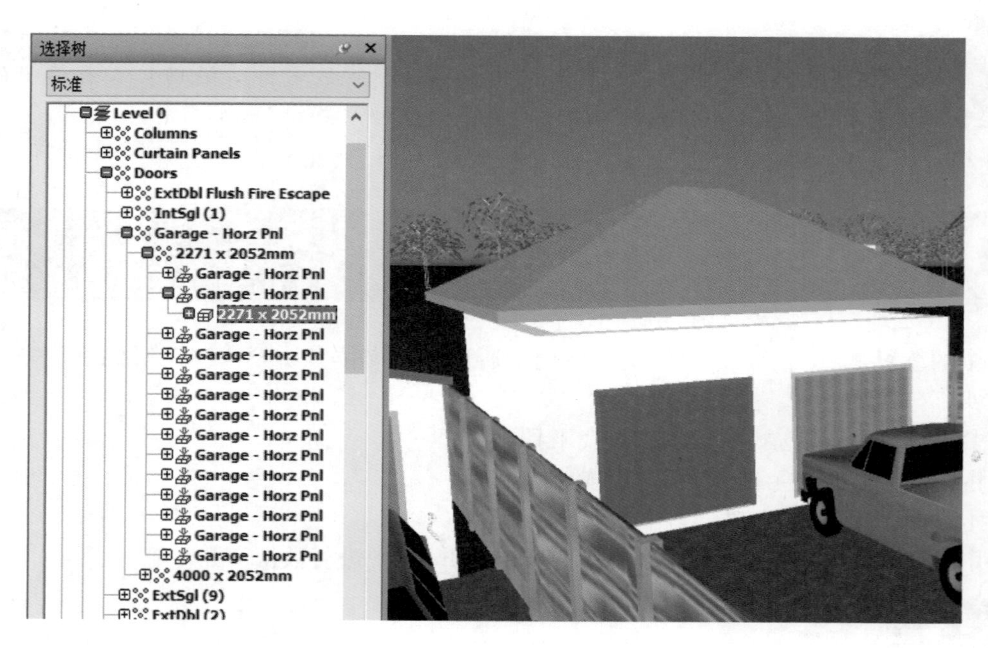

图 5-31

图形都会突出显示，如图 5-32 所示。

图 5-32

3）在【选项编辑器】对话框中将【方案】改回到【几何图形】，单击【确定】按钮。

接下来练习使用可见性工具来隐藏和取消隐藏对象。

1）从图 5-33 所示的房子中选中屋顶和墙。

2）使用【常用】选项卡【可见性】面板中的【隐藏未选定对象】工具将所有未选中的对象隐藏起来。隐藏起来的对象在选择树中的图标会变成灰色，如图 5-34 所示。

3）选择【取消隐藏所有对象】，将所有对象恢复到场景视图中。

4）在【选择树】窗口中选择 Level1，在【可见性】面板中单击【隐藏】，这时在场景视图中选择的几何图元就会被隐藏。

5）选择【取消隐藏所有对象】将模型恢复至正常状态。

接下来将练习使用【选择和搜索】工具创建基本屋顶的选择集。

1）从【常用】选项卡【选择和搜索】面板的【集合】下拉菜单中选择【管理集合】，打开【集合】窗口。

图 5-33

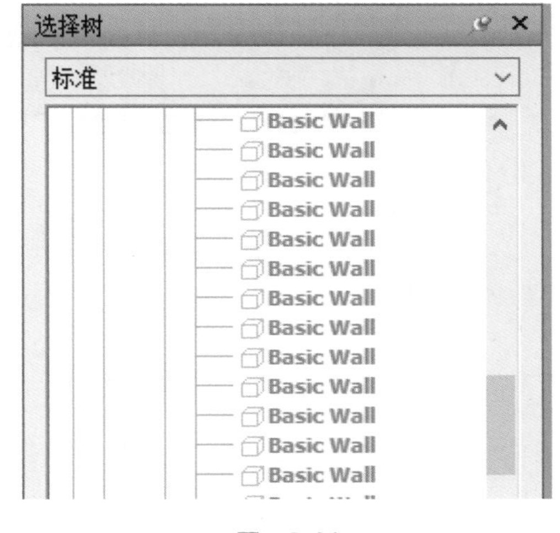

图 5-34

2）在【选择树】窗口中依次展开【Level 1】→【Roofs】（屋顶）→【Basic Roof】（基本屋顶）→【Roof Tiles】（屋顶瓦片），选择第一个【Basic Roof】（基本屋顶），将其拖曳至【集合】窗口，这时会创建一个选择集。

3）选择这个选择集并单击鼠标右键，在弹出的快捷菜单中选择【重命名】选项，将其名称设置为【瓦片基本屋顶】。

4）在【选择树】窗口中，在下拉列表框中选择【集合】选项，然后选择【瓦片基本屋顶】，这时场景视图中的屋顶（选择集合）会突出显示，如图5-35所示。

图 5-35

下面将要使用【查找项目】工具来定位满足搜索要求的对象，如规格为Red-900mm的烟囱顶帽。

1）在【常用】选项卡的【选择和搜索】面板中选择【查找项目】。在弹出的对话框中，在左侧的【搜索范围】下拉列表框中选择【WFP-NVS2015-05-Gilderland.nwd】。

2）在右侧面板中进行设置，如图5-36所示。完成后单击【查找全部】按钮，并关闭对话框。

> 注意：这些对象会在【选择树】窗口和场景视图中突出显示，可以使用【缩放选定对象】工具对其进行定位。

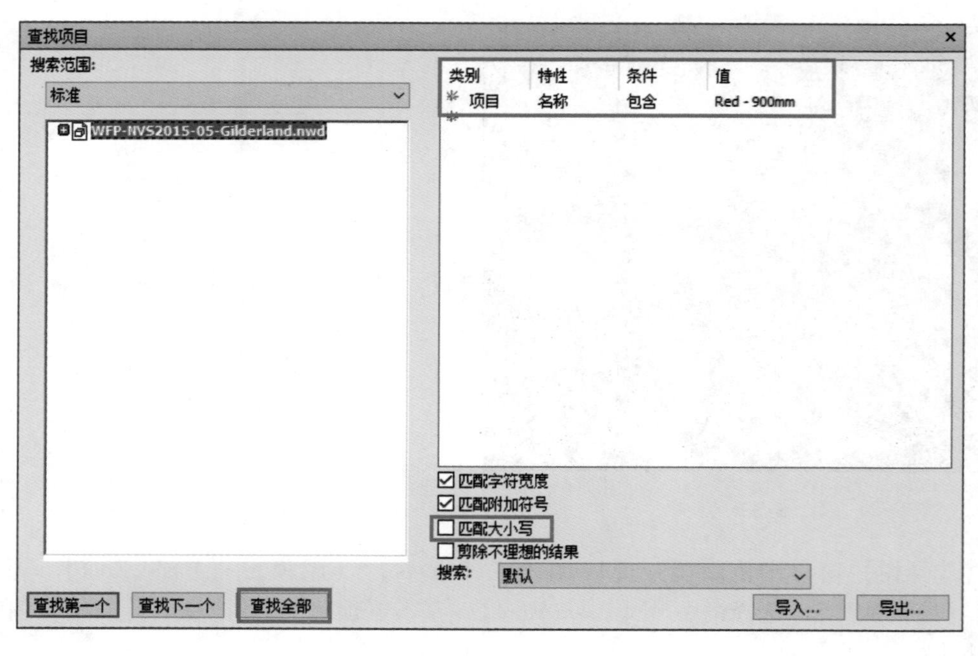

图 5-36

接下来会通过可见性和显示工具对对象进行单独显示并观察其特性，然后打开【选择检验器】来定位满足搜索条件的对象，并将其以 CSV 格式的文件输出。

1）从【常用】选项卡的【可见性】面板中选择【隐藏未选定对象】，这时在场景视图中就会只显示烟囱顶帽。

2）从【常用】选项卡的【显示】面板中选择【特性】，拾取视图中的烟囱顶帽，在【特性】窗口中就会出现该烟囱顶帽的信息，如图 5-37 所示。查看完毕后，关闭【特性】窗口。

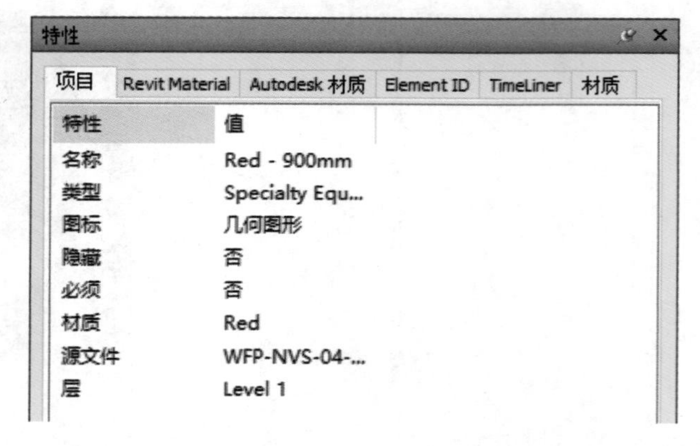

图 5-37

3）使用【取消隐藏所有对象】工具，将所有几何图形显示在场景视图中，按键盘上的 <Esc> 键取消选择。

下面将学习使用【选择检验器】工具。

1）从【常用】选项卡的【选择和搜索】面板中选择【选择检验器】，如图 5-38 所示。

2）在对话框打开的状态下，拾取场景视图中之前选过的烟囱顶帽，这时【选择检验器】对话框中会出现如图 5-39 所示的信息。

图 5-38

图 5-39

3）单击【快捷特性定义】按钮，在弹出的【选项编辑器】对话框中，单击绿色加号添加一个字段，并进行设置，如图5-40所示。

4）单击【确定】按钮，这时在【选择检验器】对话框中可以看到在【项目名称】后多了一个【Element ID值】字段，如图5-41所示。

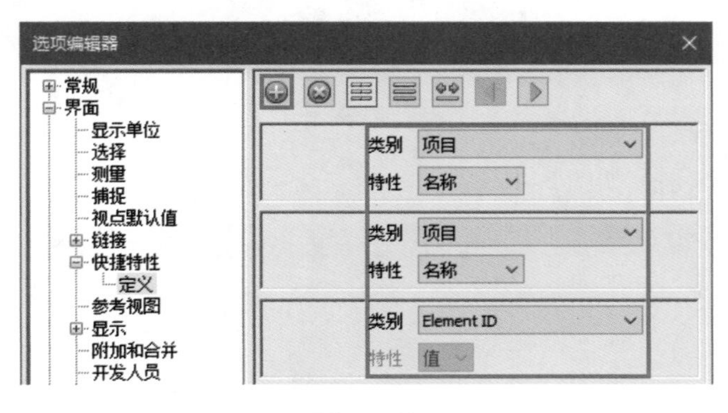

图 5-40

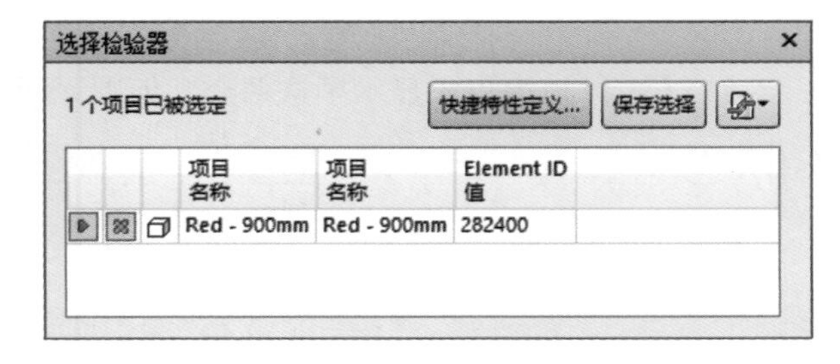

图 5-41

5）单击【选择检验器】中的【输出】按钮，输出一个CSV格式的文件，文件命名为【测试1】，并将其保存在桌面上，打开该文件观察结果。

6）关闭【选择检验器】对话框。

【比较】工具会对相似的项目进行比较，下面要选择两个烟囱顶帽，结合【查找注释】工具查看两者的区别。

1）在场景视图中选择之前选择过的规格为【Red-900mm】的烟囱顶帽，按键盘上的<Ctrl>键进行多选，选择临近的一个烟囱顶帽，如图5-42所示。

2）在【常用】选项卡的【工具】面板中选择【比较】工具，在弹出的对话框中勾选字段，如图5-43所示。

图 5-42

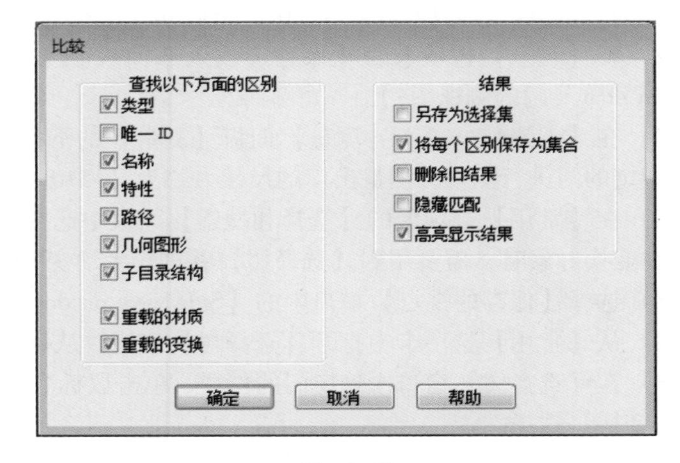

图 5-43

3）单击【确定】按钮，关闭对话框。这时在【集合】窗口中会自动创建一个比较集合，如图5-44所示。

4）将场景视图中的渲染模式改为【着色】，可以看到观察对象颜色从蓝色变为红色（见图5-45），这表明对象之间有差别，再将渲染模式设置为【完全渲染】。

5）在【审阅】选项卡的【注释】面板中选择【查看注释】，打开【注释】窗口。

6）在【注释】窗口中选择【查找注释】，在弹出的对话框的【来源】选项卡中，仅勾选【集合】复选框，单击【查找】按钮，选取查找到的集合。

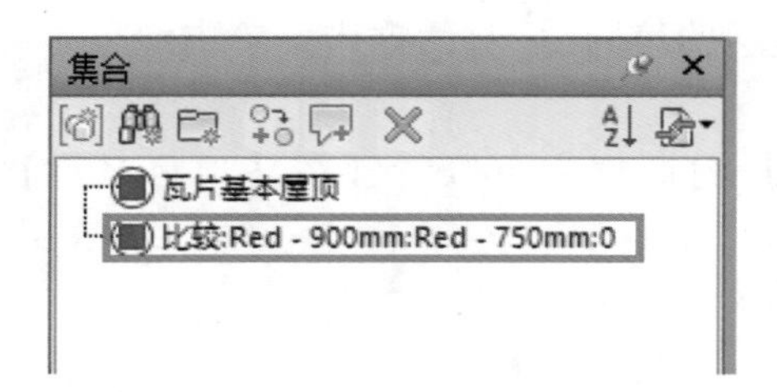

图 5-44

图 5-45

7）【注释】窗口中显示了这两个几何图元间的区别，如图 5-46 所示。

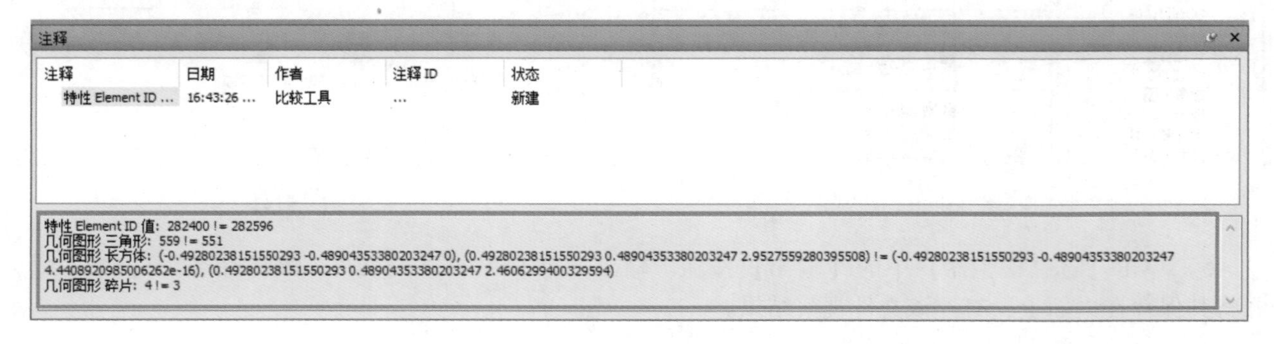

图 5-46

8）在【常用】选项卡【项目】面板的【全部重置】下拉菜单中选择【外观】，将所有的颜色和透明度都恢复到初始设置，关闭所有【注释】窗口。

5.9.2 测量工具和变换工具

第二部分练习将通过一些实例讲解如何使用测量和变换工具来操纵对象。

1）打开起始文件【WFP-NVS2015-05-Office2. nwd】。

2）在【视点】选项卡的【保存、载入和回放】面板中打开【保存的视点】窗口，选择【Side view on door（门的侧视图）】。

3）在【审阅】选项卡【测量】面板【测量】的下拉菜单中选择【点对点】的测量方式对场景视图中指定的门进行测量，测量出门的尺寸大约为【1510mm×2200mm】。

4）在【常用】选项卡的【选择和搜索】面板中选择【选择】工具，关闭测量工具。

在变换对象时，需要用到【选择树】并进行手动变换。

1）选择【保存的视点】窗口中的【Side view on door】。

2）从【常用】选项卡中打开【选择树】窗口，从场景视图中选择指定的门。

3）在【选择树】窗口中确定门的位置，单击鼠标右键，从弹出的快捷菜单中选择【替代项目】→【替代变换】选项。

4）在弹出的对话框中，将【Y】设置为【500】，单击【确定】按钮，如图 5-47 所示。这时场景视图中的门向右移动了 500mm，如图 5-48 所示。

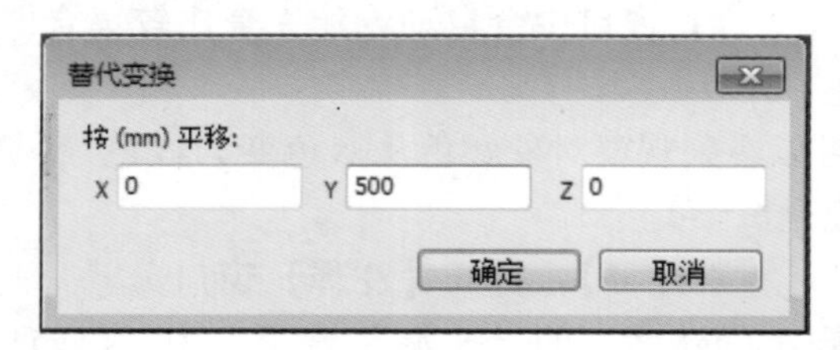

图 5-47

图 5-48

5）在【选择树】窗口中的门上单击鼠标右键，从弹出的快捷菜单中选择【重置对象】→【重置变换】选项，将门恢复到初始位置。

6）在场景视图中选择门，选择【项目工具】选项卡【变换】面板中的【移动】工具。

7）扩展【变换】面板，在【Y】方向的位置中输入【500】，场景视图中的门将向右移动500mm，如图5-49所示。

8）在【变换】面板中单击【重置变换】按钮，将门恢复到初始位置。

5.9.3 添加注释、红线批注与链接

在第三部分练习中，将学习如何给模型中的对象添加注释、红线批注和链接。首先学习如何添加注释，并对其进行观察和编辑。

1）可以继续使用上一个练习中的模型，也可以重新打开文件【WFP-NVS2015-05-Office2. nwd】。

2）在【保存的视点】窗口中选择【Side view on door】，选择场景视图中指定的门。

3）从【视点】选项卡的【保存、载入和回放】面板中选择【添加视点】，将新视点命名为【门注释视图】，如图5-50所示。

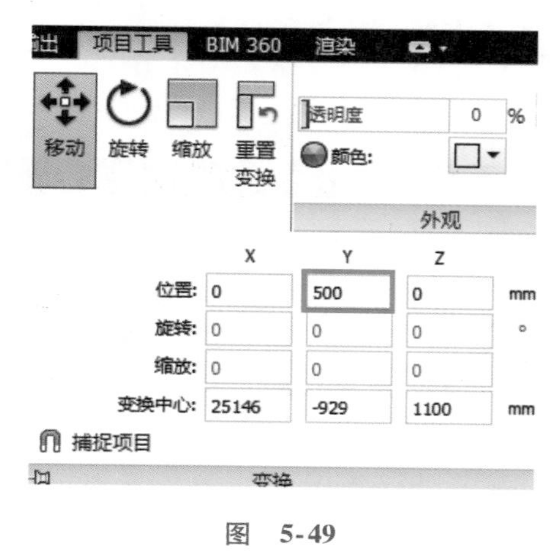

图 5-49

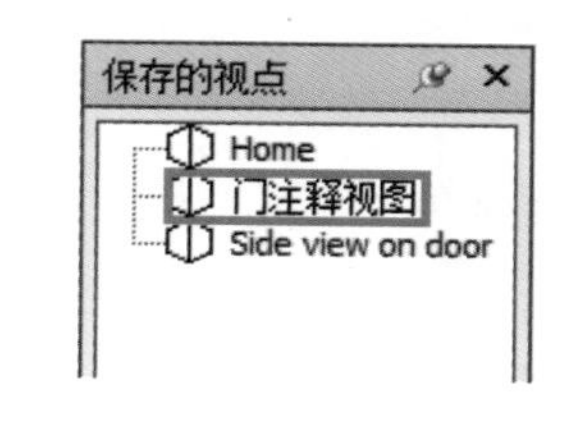

图 5-50

4）从【审阅】选项卡的【注释】面板中选择【查看注释】。在【注释】窗口中单击鼠标右键，【添加注释】为【此门要求安全性】，将【状态】设置为【新建】，如图5-51所示。关闭【注释】窗口。

5）在【审阅】选项卡的【注释】面板中选择【查找注释】，在弹出的对话框中，将【状态】设置为【新建】。这时要确保源视点处于选中状态。

6）单击【查找】按钮，显示出所有状态为【新建】的注释，如图5-52所示。关闭对话框。

7）将该文件另存到新路径中。

接下来要练习给模型添加红线批注和红线批注标记。

1）打开练习文件【WFP-NVS2015-05-Redlines3. nwd】。

2）单击View Cube（视图立方体）的前表面，从【视点】选项卡的【相机】面板中将视图设置为【正视】，如图5-53所示。

3）适当地缩小当前视图，创建一个新的视点，命名为【南立面】。

4）从【审阅】选项卡的【红线批注】面板中将【颜色】设置为【红色】、【线宽】设置为【3】，如图5-54所示。

5）选择【文本】工具，添加红线批注为【将屋顶升高600mm】。在【绘图】下拉菜单中选择【云线】工具，在屋顶周围绘制一朵云以突出这一变化；再使用【箭头】工具绘制一个向上的箭头（单击两次以确定箭头的方向和长度），并绘制两个指向两侧柱子的箭头，添加文本标注为【将所有类型为UC305×97的柱子进行升高】，如图5-55所示。

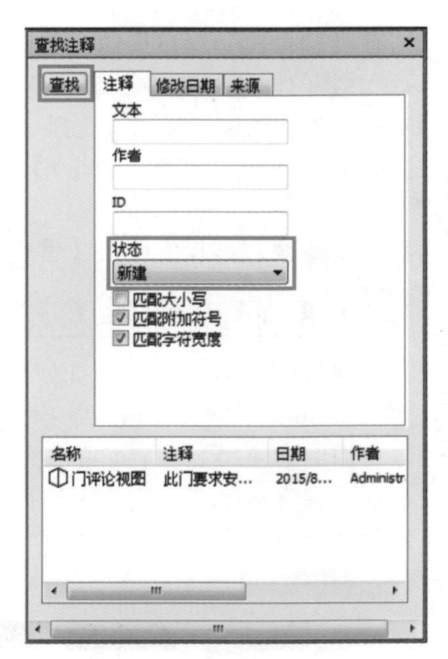

图 5-51　　　　图 5-52

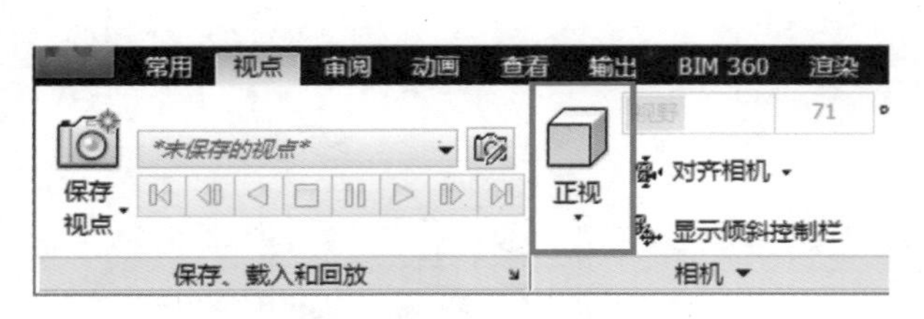

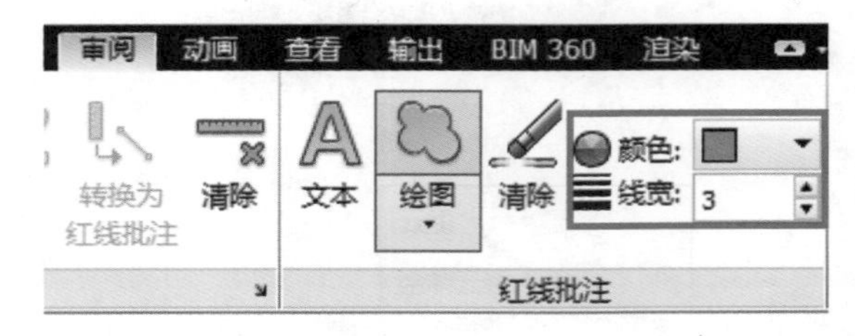

图 5-53　　　　图 5-54

注意：使用缩放工具会改变视点，且红线批注也会随之消失。

6）在【常用】选项卡的【选择和搜索】面板中选择【选择】，导航到右边的柱子，在【审阅】选项卡的【标记】面板中选择【添加标记】，在柱子附近添加一个标记（单击两次以确定标记的位置），在弹出的对话框中输入【将所有柱子类型更改为 UC205 ×97】，将【状态】设置为【新建】，如图 5-56 所示。单击【确定】按钮，关闭对话框。

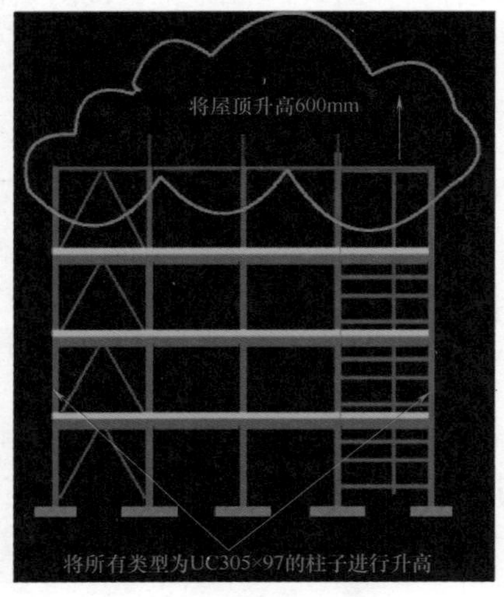

图 5-55　　　　图 5-56

7）在【审阅】选项卡的【注释】面板中选择【查看注释】，确认【注释】窗口中的信息，如图5-57所示。

8）另一种查找标记的方法是从【注释】面板中使用【查找注释】工具，在弹出的对话框中选择【来源】选项卡，仅勾选【红线批注标记】复选框，单击【查找】按钮。所有标记都会在下方的列表框中显示，如图5-58所示。关闭对话框。

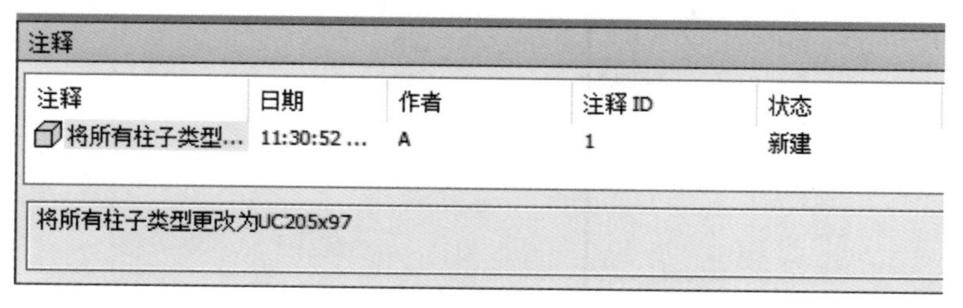

图 5-57

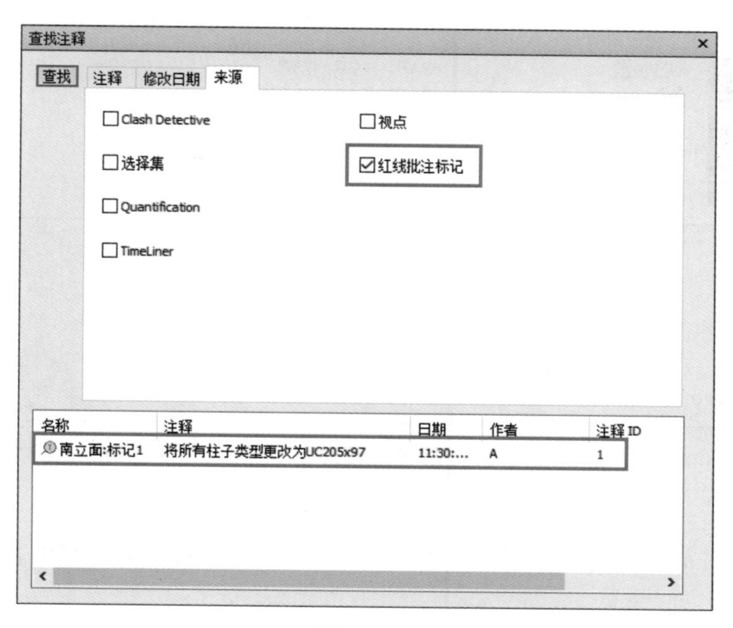

图 5-58

接下来学习使用红线批注数据输出视点。有几种不同的方式可以实现这一操作，包括使用【输出】选项卡【视觉效果】面板中的【图像】工具以及【导出数据】面板中的工具。首先输出图像，然后生成HTML报告，最后生成XML格式的文件。

1）在【保存的视点】对话框中选择【南立面】。

2）在【输出】选项卡的【视觉效果】面板中选择【图像】，在弹出的对话框中，设置【格式】为【PNG】；【渲染器】为【视口】；【类型】为【使用纵横比】；【宽】为【400】，【高】参数的数值会随【宽】的值自动设置，如图5-59所示。单击【确定】按钮，关闭对话框。将文件保存到适当位置。

3）从【输出】选项卡的【导出数据】面板中选择【视点报告】，将文件保存到合适位置。

4）打开文件进行查看，这一自动创建的HTML报告中包含所有的视点，还有图像、相机位置、状态、用户名、文字以及时间和日期，如图5-60所示。

注意： 这一报告在非Navisworks用户对模型进行审阅的时候非常实用。

5）创建一个XML报告。在【输出】选项卡的【导出数据】面板中选择【视点】工具。

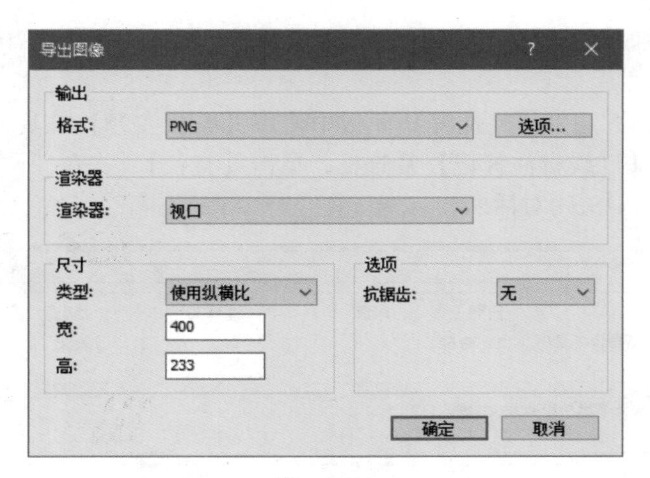

图 5-59

南立面

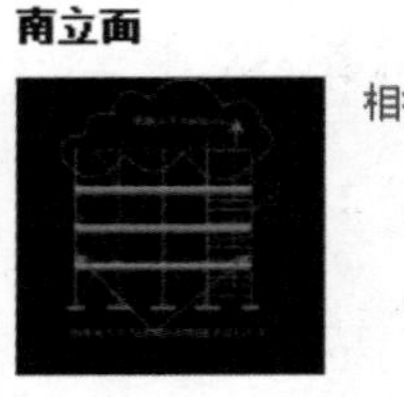

相机位置　　-31ft, -19ft, 23ft

注释 1
状态　新建
用户　A
文字　将所有柱子类型更改为UC205x97
2017/2/10 03:30:52

将屋顶升高600mm将所有类型为UC305x97的柱子进行升高-7ft, -14ft, 27ft-8ft, -14ft, -2ft-7ft, -14ft, 47ft

图 5-60

6）将文件保存到合适位置。这样就可以创建一个含有所有视点以及 XML 图示信息的 XML 报告，打开可以进行查看。

> 注意：【输出】选项卡中包含打印、电子邮件发送和发布功能。

下面以外墙为例，练习给模型中的对象添加链接。

1）打开练习文件【WFP-NVS2015-05-Links4. nwd】。

2）在【保存的视点】窗口中选择【3D View（3D 视图）】。

3）在【常用】选项卡的【显示】面板中选择【链接】，单击选择场景视图中蓝色突出显示的外墙。

4）在【选择树】窗口中确定墙的位置，在选中的墙上单击鼠标右键，在弹出的快捷菜单中选择【链接】→【添加链接】选项。

5）在【添加链接】对话框中将【名称】设置为【照片】，【链接到文件或 URL（T）】将浏览到格式为 PNG 的图像文件【WFP-NVS2015-05-Links4-Photo. png】，将【类别】设置为【超链接】，单击【确定】按钮，如图 5-61 所示。

6）单击墙体旁边出现的链接图标，查看图像，如图 5-62 所示。

7）关闭图像。

下面将学习如何更改 3D 场景视图中的链接选项，限制图标的数量。

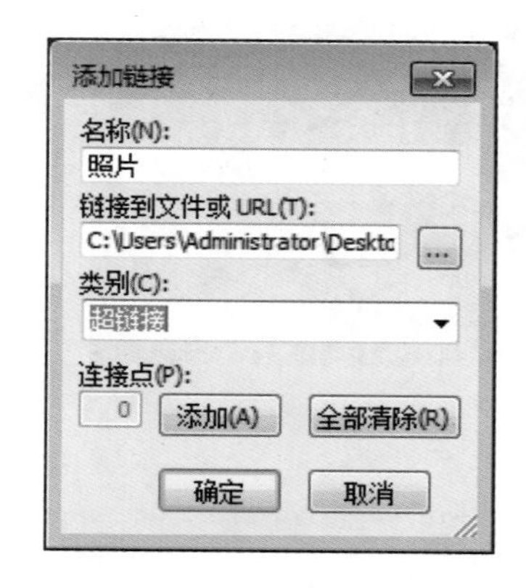

图 5-61

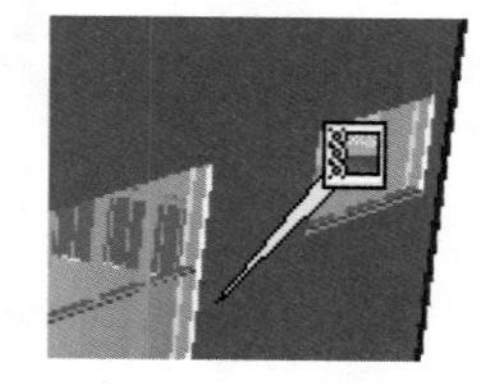

图 5-62

1）通过右键单击弹出菜单中的【全局选项】打开【选项编辑器】对话框，展开【界面】结点，选择【链接】，对各项内容进行设置，具体如图5-63所示。

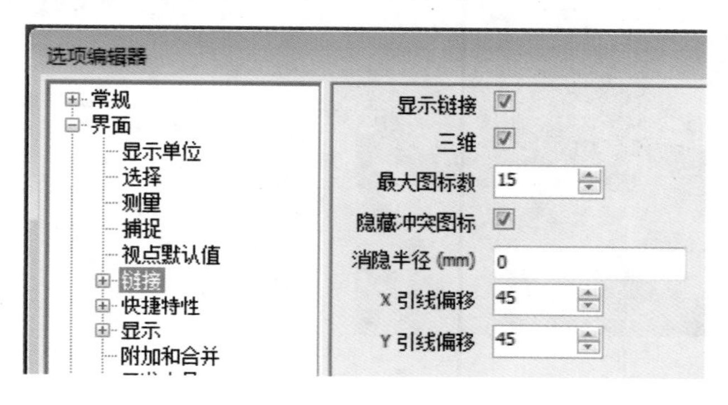

图 5-63

注意：【消隐半径】的数值将表示这一距离以外的链接不会显示，设置为【0】意味着所有的链接都会被绘制；【45 度】的引线偏移是建议角度。

2）单击【确定】按钮，关闭对话框。

3）在不保存文件的情况下将其关闭。

5.9.4 SwitchBack 工具

在第四部分的练习中，将简单地学习一下 SwitchBack 功能。在本实例中，将在 Navisworks 和 Revit 之间进行变换，如果读者的计算机中未安装 Revit，请跳过本练习。

1）打开起始文件【WFP-NVS2015-05-Switchback5.nwf】。

2）将场景视图中东南角的地基放大，或者选择【保存的视点】对话框中的【SE Base Detail】（东南地基详图），如图5-64所示。

3）在场景视图中，在墙壁表面单击鼠标右键，墙壁会以蓝色突出显示，在弹出的快捷菜单中选择【返回】选项，如图5-65所示。

4）若弹出一个警告对话框，将其关闭即可。

5）打开 Revit，选择【附加模块】选项卡【外部】面板【外部工具】下拉菜单中的【Navisworks SwitchBack 2017】，如图5-66所示。

6）在 Navisworks 中，在墙壁表面单击鼠标右键，墙壁会以蓝色突出显示，在弹出的快捷菜单中选择【返回】选项。

图 5-64

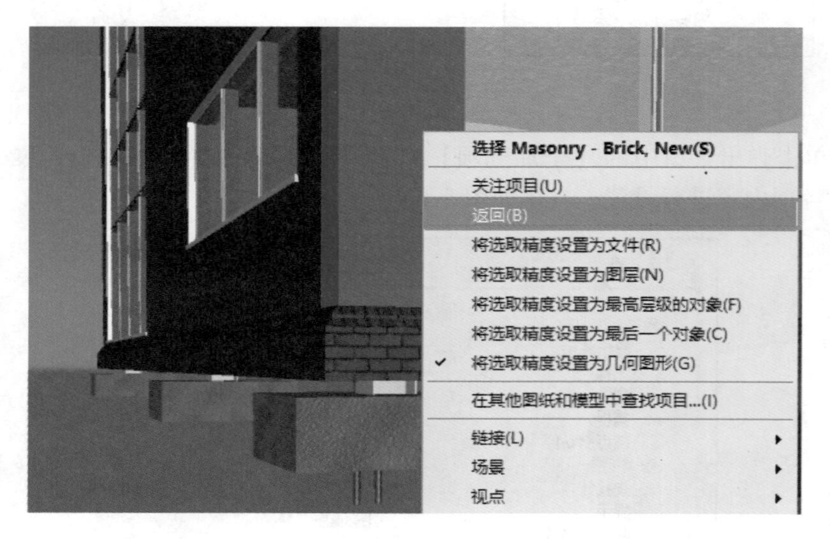

图 5-65

图 5-66

7）这时，在 Revit 中，初始的 . rvt 文件将处于打开状态。【项目浏览器】中会列出 Navisworks 中已创建且已保存的视点，这些视图在 Revit 场景视图中是有效的。

8）在 Revit 中选中如图 5-67 所示的两面墙。

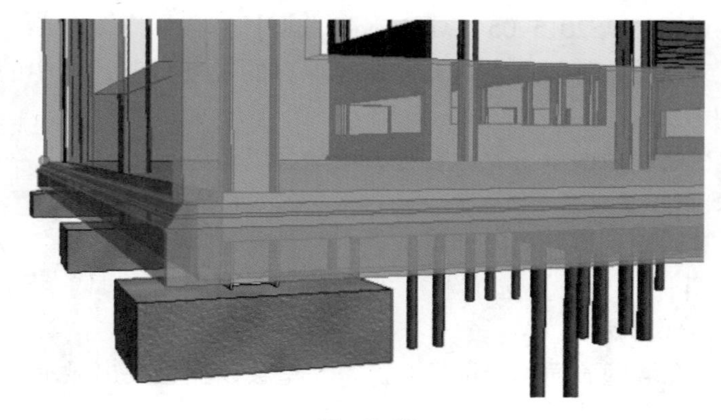

图 5-67

9）在【属性】面板中将【底部偏移】设置为【－600】，单击【应用】按钮，并将文件保存在Revit中，如图5-68所示。

10）回到Navisworks，在【常用】选项卡的【项目】面板中选择【刷新】，或者直接使用快捷键< F5 >。视点会被更新，选中的墙位于新的位置，如图5-69所示。

11）在不保存的情况下关闭文件。

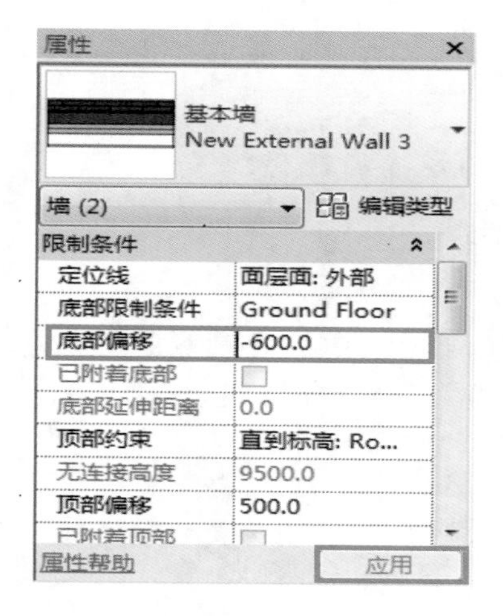

图 5-68

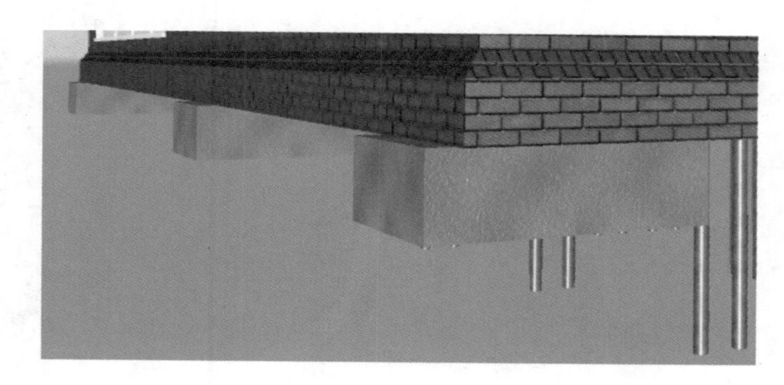

图 5-69

单元 6
视点创建、剖分
模式及视点动画

单元概述

本单元主要学习视点的创建和操作方法，并详细讲解如何使用剖分等工具生成更清晰的场景，以及视点动画制作的两种方法。最后简单介绍如何将动画以视频和幻灯片的形式保存，以及如何将文件输出为其他各种格式，供多方使用。

单元目标

1）掌握创建和编辑视点的方法。
2）学习如何通过【剖分】工具有效生成模型的剖面视图。
3）掌握视点动画的创建及输出方法。

6.1 创建视点

视点（见图6-1）是Navisworks软件中非常重要的一项内容，它是模型在场景视图中的快照，除了可用于保存关于模型的视图信息外，还可以使用红线批注和注释在当前视点内进行注释。项目可见性及外观可以在视点里重新设定并保存。

视点常常被作为设计审查过程的保存记录，提供所协调事项的设计审阅轨迹。可以把视点保存成NWF文件，这样视点就成为独立于模型形体的一部分，如果原生文件里的对象发生改变，保存的视点不会随之改变，仍然覆盖在模型形体的基础上。

创建默认视点时有两个属性（见图6-2）也会被保存，分别为【隐藏项目/强制项目】，即项目是否需要隐藏；以及【替代外观】，即保存视点的颜色和透明度。一旦视点创建成功，即可输出为XML文件，在用户之间共享或重新运用到其他文件中。

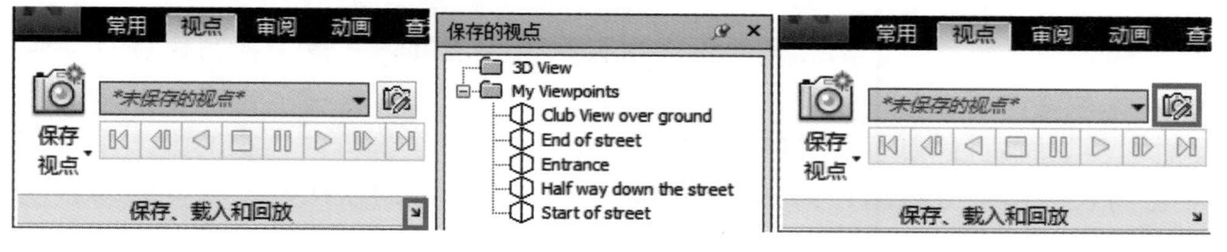

图　6-1

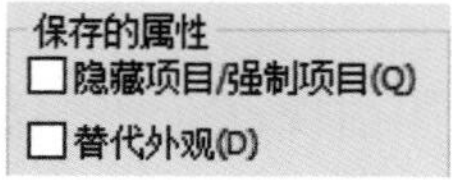

保存的属性
☐隐藏项目/强制项目(Q)
☐替代外观(D)

图　6-2

创建视点的另一重要作用就是，可以通过模型创建运动的动画，这一功能将在6.3节中详细讲解。

6.2 启动和使用剖分

Navisworks提供大量的剖分选项和工具，利用剖分能有效地剖除视图的外部饰面，还可以生成模型中较小部分的焦点视图。当前视图的剖分能够在三维的工作空间创建模型的事先定义好的横截面，但是剖分功能在二维的工作空间中不可用。

横截面实际上就是三维对象的切除视图，可用于查看三维对象的内部。可以在【视点】选项卡的【剖分】面板中选择【启动剖分】工具。一旦启用了剖分功能，【剖分工具】选项卡就会显示在功能区上，如图6-3所示。【剖分工具】选项卡中有【平面】和【长方体】两种剖分模式可供选择，如图6-4所示。

【平面】模式允许一个平面上最多有6个剖面（见图6-5），同时在场景中仍然能够进行导航，这样用户不用隐藏任何项目即可查看模型的内部。在默认情况下，启用【平面】后一次只能操作一个剖

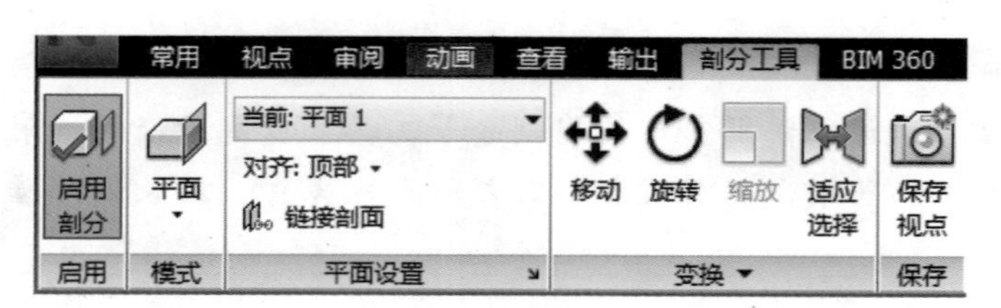

图 6-3

图 6-4

面，通过点亮每个平面前的灯泡图标（见图 6-6），可以将剖面连接到一起使它们作为一个整体移动，并实现快速切割模型的目的。

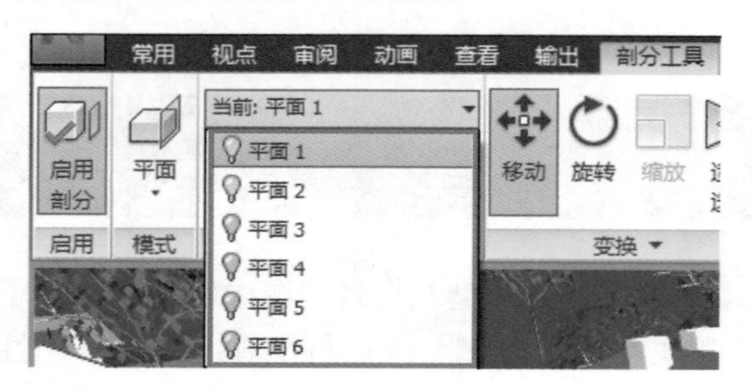

图 6-5

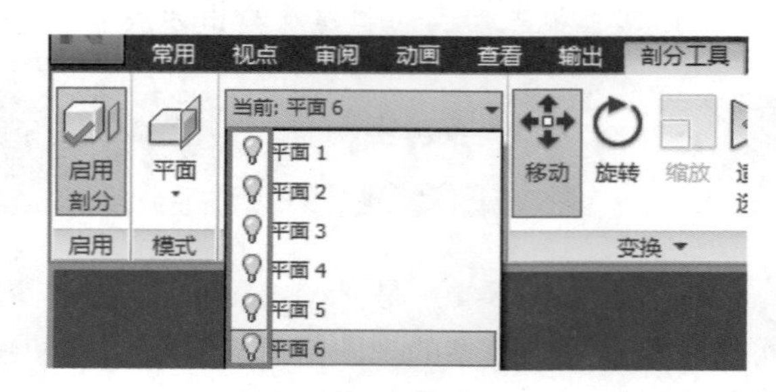

图 6-6

注意：剖分平面有顶部、底部、前面、后面、左侧、右侧 6 个面，根据默认设置，它们通过模型可视区域的中心创建剖面。如果模型从视图中消失，则把两个相反的平面反方向拖曳即可显现模型。

将两个剖分平面连接在一起后，平面将作为一个整体移动，实际上就是作为模型的一个切片移动，而切片又可用作视点、视点动画和对象动画。剖分平面可被保存在视点内部，并被用来制作视点动画和对象动画，展现动态的分段模型，这一点将在 6.3 节中详细讲解。

【长方体】模式用于针对模型特定区域或有限区域的审校。首次创建一个剖分时，它的大小主要由当前视点决定，这样才不会将长方体剖分框的任何一部分拖离屏幕。剖分框的默认设置一旦启动后就会出现一个立方体的线框（见图 6-7）。

对剖面框进行位置和大小修改时，可以使用【移动】、【旋转】和【缩放】工具（见图 6-8）；也可以使用【适应选择】工具根据当前选定的对象快速设置剖面或剖面框的移动限制，若要使用此工具，需要先在场景视图或【选择树】窗口中选择所需的对象，然后单击【适应选择】按钮。根据剖分模式，活动剖面或剖面框将移动到当前选择的边界处。当剖分框开始移动后，场景视图中只显示定义好的剖分框内的形体。

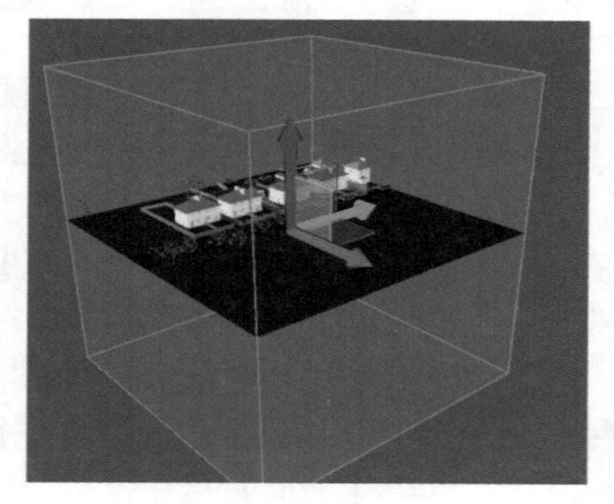

图 6-7

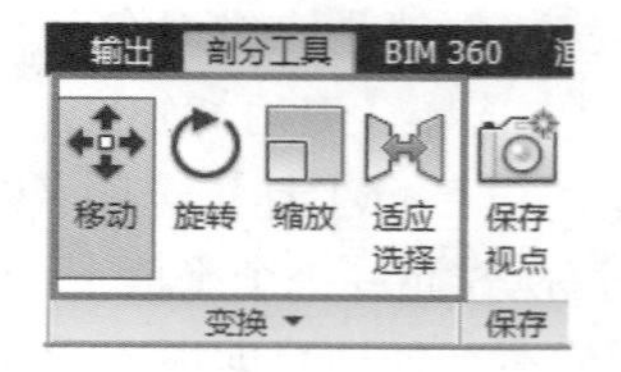

图 6-8

在【平面】和【长方体】两种剖分模式里，都可用坐标操作剖分平面，当彩色坐标的某一方向箭头变黄时，可以来回拖动箭头，调整剖面范围，直到在视图里找到显示项目的最佳位置。

注意：若要保存长方体剖分框中的相关设置（如位置、旋转、大小等），必须在【启动剖分】的情况下在【长方体】的模式中保存视点。

6.3 视点动画

Navisworks 能够制作两种动画：视点动画和对象动画。视点动画是一种录制模型移动和模型视图的快速有效的方式；对象动画可以为模型里的三维几何图形创建动画并与其进行交互。用户只有使用【常用】选项卡【工具】面板中的【Animator】和【Scripter】工具才能录制动画以及生成和动画对象进行互动时所必需的脚本，对象动画的制作方法将在单元7中进行详解。

在 Navisworks 中有以下两种创建视点动画的方法。

1. 录制交互式导航

若要采取录制交互式导航的方式创建动画，只需在进行导航之前单击【视点】选项卡→【保存、载入和回放】面板→【保存视点】下拉菜单中的【录制】按钮，该操作会使功能栏中多出一个【录制】面板（见图6-9），动画完成后单击【停止】按钮即可。

视点动画录制成功后，在【保存的视点】面板中用鼠标右键单击该动画，在弹出的快捷菜单中选择【编辑】选项，在弹出的【编辑动画】对话框中可以设置动画的持续时间、是否循环播放以及动画平滑类型，如图6-10所示。

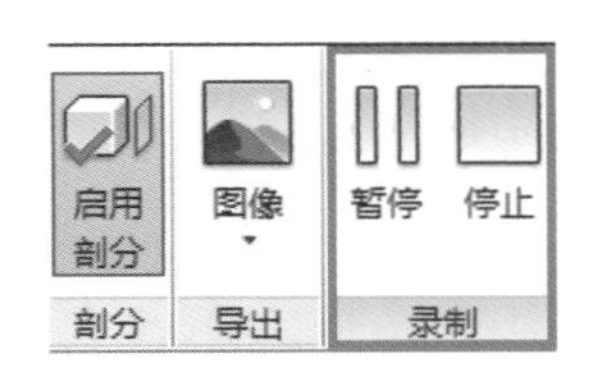

图　6-9

图　6-10

注意：动画帧与帧之间的过渡由每一帧的角速度和线速度共同控制。有的时候运动不够流畅，可以选择【同步角速度/线速度】选项，平滑差异，从而生成流畅度更高的动画。

2. 在保存的视点之间创建动画转场

录制整个模型中的导航或者利用剖分平面是快速创建视点动画的有效方式，不过有时加强对视点相机的控制也很有必要。在【保存的视点】面板中单击鼠标右键，在弹出的快捷菜单中选择【添加动画】选项，视点创建完成后，可按顺序将其拖曳至动画文件夹（见图6-11），Navisworks 会自动为相邻两个视点之间添加导航路线，方便用户生成动画。用这种方法可以轻松创建具有视觉冲击力的视点动画。

在视点里隐藏项目、替代颜色和透明度、设置多个剖面，这些操作都可以被视点动画支持。

动画制作完成后，可以将动画输出为 AVI 格式的视频。选择【输出】选项卡【视觉效果】面板中的【动画】工具（或选择【动画】选项卡【导出】面板中的【导出动画】工具），在弹出的

【导出动画】对话框中将提供视频导出时一些特性的设置，如图 6-12 所示。对话框中的参数介绍如下。

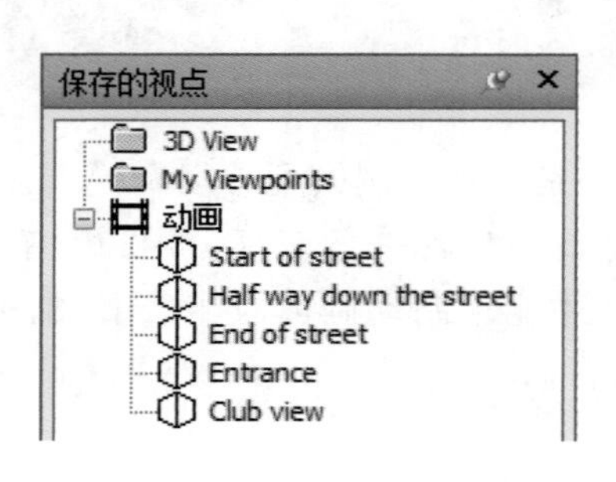

图　6-11

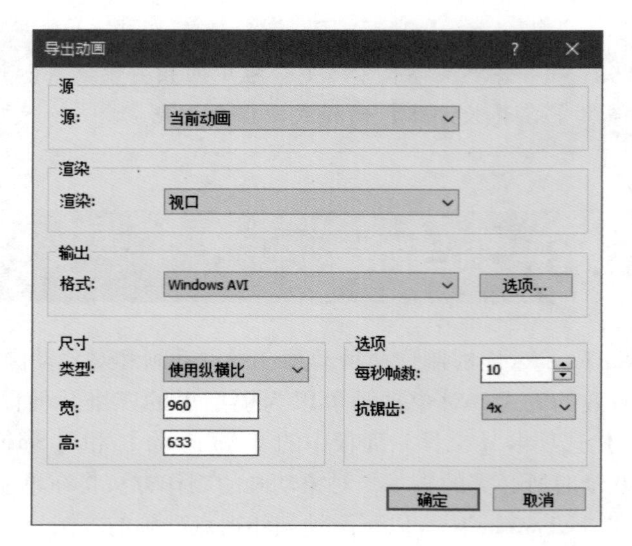

图　6-12

（1）源　选择从中导出动画的源。【源】下拉列表框中包含以下选项。

1）当前动画：当前所选的视点动画。

2）当前 Animator 场景：当前所选的对象动画。

3）Timeliner 模拟：当前所选的 Timeliner 序列。

（2）渲染　选择动画渲染器。【渲染】下拉列表框中包含以下选项。

1）视口：快速渲染动画。

2）Autodesk：使用此选项可导出动画，使其具有当前选定的渲染样式（【渲染】选项卡→【交互式光线跟踪】面板→【光线跟踪】下拉菜单）。

（3）输出-格式　选择输出格式。【格式】下拉列表中包含以下选项。

1）Windows AVI：将动画导出为通常可读的 AVI 文件。

2）Windows 位图：导出静态图像。

3）JPEG：导出静态图像。

4）PNG：导出静态图像。

（4）输出-选项　配置选定输出格式的选项。在输出视频文件时，为依靠系统硬件支持的视频选项，如果没有安装视频压缩器，则该选项可能不可用。

（5）尺寸　可指定如何设置已导出动画的尺寸。【类型】下拉列表框中包含以下选项。

1）显式：可手动输入导出宽度和高度。

2）使用纵横比：可手动输入宽度，高度会自动随宽度自行调整。

3）使用视图：使用当前视图的宽度和高度。

（6）选项

1）每秒帧数：指定视频中每秒的帧数。该值越大，动画将越平滑。但使用高数值将明显增加渲染时间。通常，使用 10 ~ 15 之间的数值即可。

2）抗锯齿：该选项仅适用于【视口】渲染器。抗锯齿用于使导出图像的边缘变平滑。在下拉列表框中的数值设置得越大，图像越平滑，但是导出所用的时间就越长。【4x】选项适用于大多数情况。

6.4 单元练习

本单元的练习中提供了大量的实例，通过3部分练习完成对本单元学习内容的巩固与总结。

1）对视点进行编辑。

2）启用剖分工具生成视图。

3）对两种创建视点动画的方法进行练习，并输出视频和幻灯片的动画。

6.4.1 编辑视点

在练习的第一部分中，将学习如何对视点进行简单的编辑。

1）打开起始文件【WFP-NVS2015-06-Viewpoint1.nwd】。

2）在场景视图中单击鼠标右键，在弹出的快捷菜单中选择【视点】→【编辑当前视点】选项，弹出【编辑视点-当前视图】对话框（见图6-13），对话框中的字段用于控制相机位置和运动时的线速度及角速度。单击【设置】按钮弹出【碰撞】对话框（见图6-14），可设置碰撞的相关细节，单击【确定】按钮关闭【碰撞】对话框。再次单击【确定】按钮，关闭【编辑视点-当前视图】对话框。

注意：此处的修改只针对当前视点，用【全局选项】进行设置才能修改所有的视点。

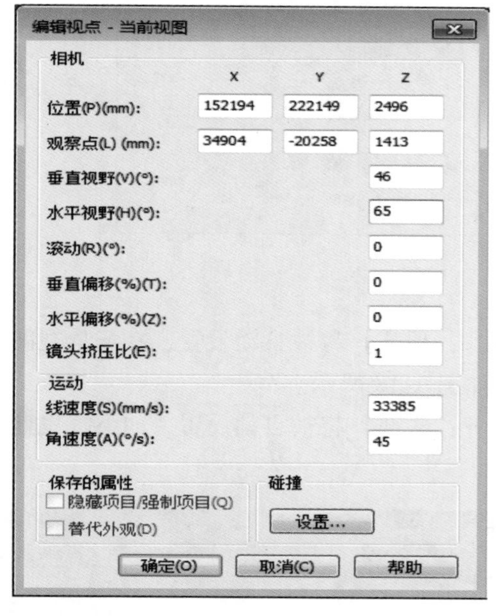
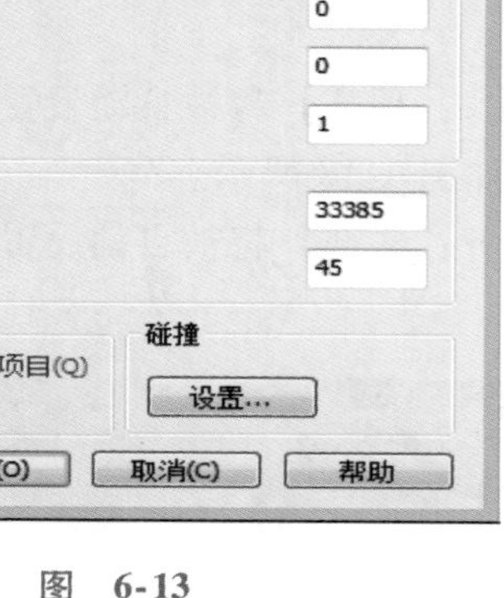

图　6-13

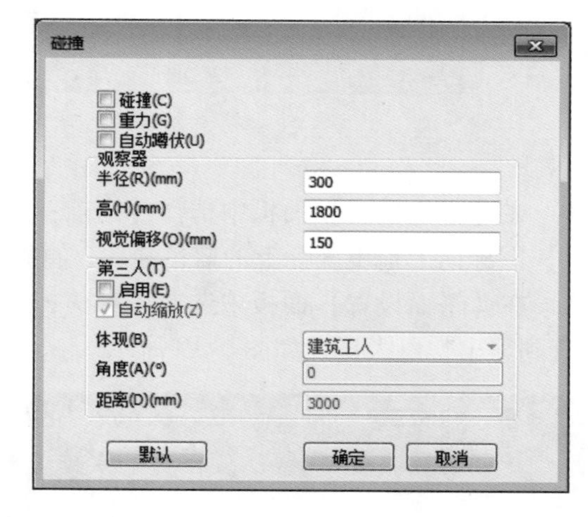

图　6-14

3）在【视点】选项卡的【保存、载入和回放】面板中打开【保存的视点】窗口，展开【My Viewpoints】结点，随意查看几个视点。

4）右键单击【Club View】视点，将其重命名为【Club View over ground】，然后将其拖曳至【3D View】结点上，该操作可以使视点被放置到文件夹中，如图6-15所示。若要将视点按字母顺序排列（见图6-16），只需在【视点】选项卡内单击鼠标右键，在弹出的快捷菜单中选择【排序】选项即可。

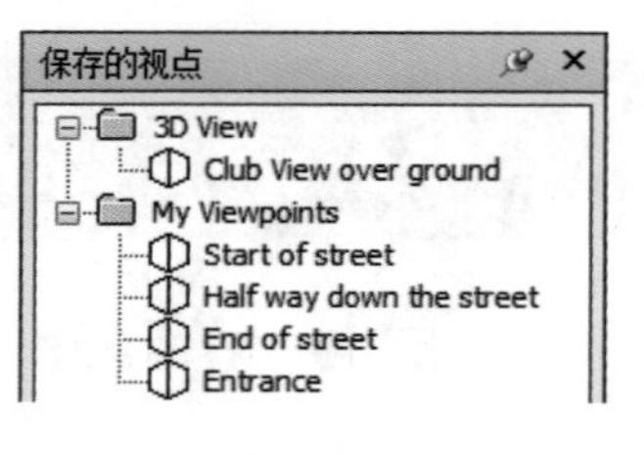

图 6-15

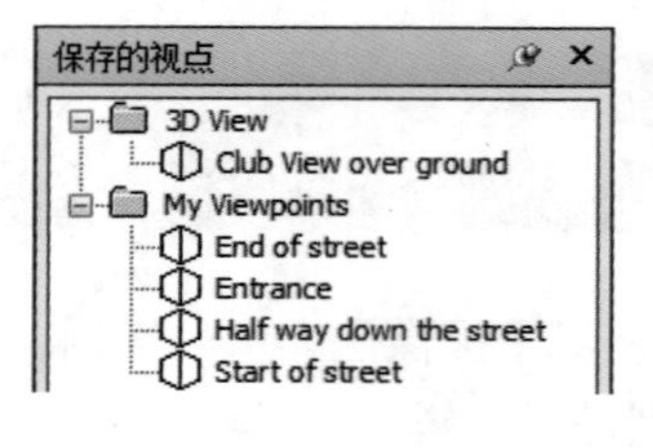

图 6-16

6.4.2 剖分模式应用

在练习的第二部分中，首先学习利用【剖分】工具创建模型的剖分视图，剖分包括【平面】和【长方体】的模式；随后探讨【旋转】和【缩放】工具的应用；最后学习如何将两个剖面连成一个横贯模型的切面。

1）打开起始文件【WFP-NVS2015-06-Sectioning2. nwd】。

2）在【视点】选项卡的【剖分】面板中选择【启用剖分】工具。

3）在显示出来的【剖分工具】选项卡【模式】面板中确保【平面】已被选定。在【平面设置】面板中打开【剖分设置】对话框，在【平面对齐】选项区中勾选【1 顶部】和【2 底部】两个复选框，如图 6-17 所示。

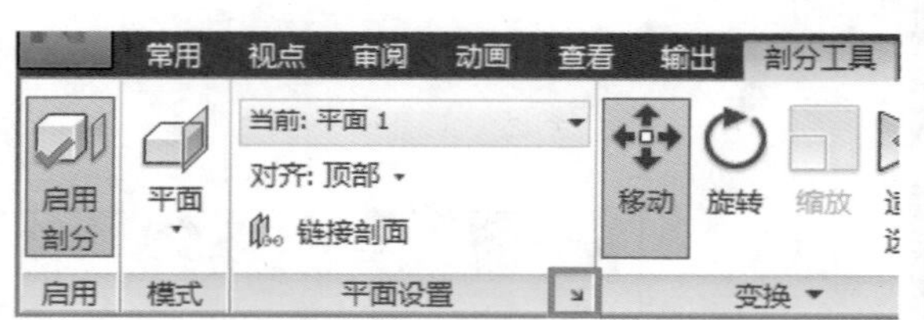

图 6-17

4）在【平面设置】面板中选择【当前：平面 1】,【对齐：顶部】将被自动设置，在场景视图中用【小手】图标向上拖曳坐标上的蓝色箭头，直到露出屋顶，如图 6-18 所示。

5）在【平面设置】面板中选择【当前：平面 2】,【对齐：底部】将被自动设置，向下拖曳蓝色箭头，直到露出整座大楼，如图 6-19 所示。

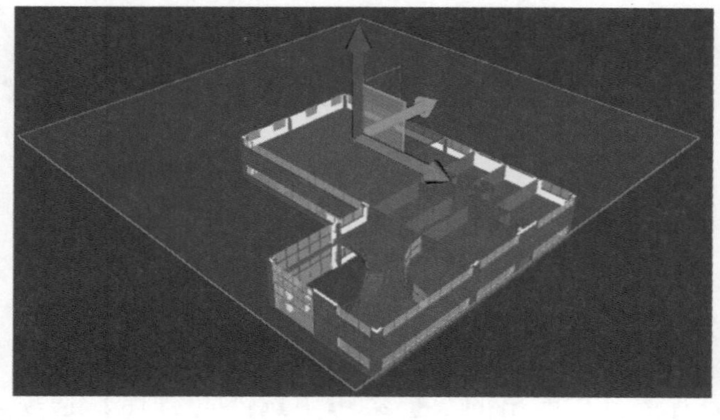

图 6-18

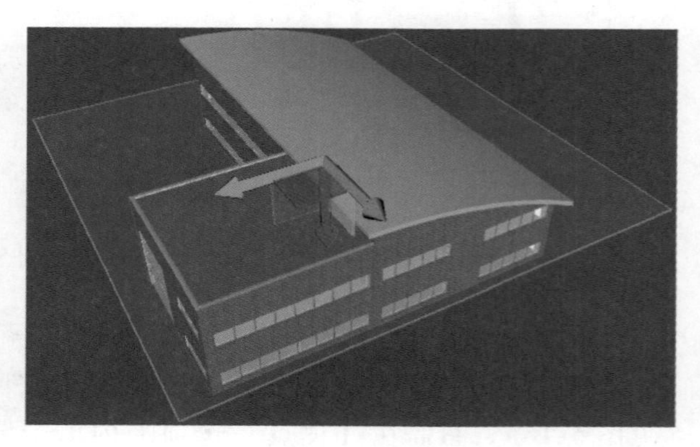

图 6-19

6）使用相同方法逐次练习对剖面3～剖面6的剖分操作。

7）在【平面设置】面板中选择【当前：平面1】，在【变换】面板中选择【移动】工具，将剖面移动至屋顶下面。

8）用平面3进行剖分，创建有棱角的剖分平面。在【平面设置】面板中选择【当前：平面3】，在【变换】面板中选择【旋转】工具，在坐标上按要求用红色曲面旋转剖分，如图6-20所示。尝试使用蓝色和绿色旋转选项。

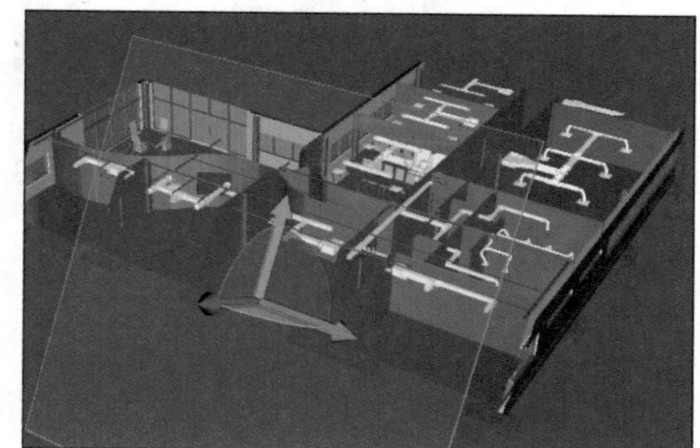

图 6-20

接下来将把场景视图中的所有剖面连接起来，使它们可以被作为一个整体同时移动。

1）在【剖面设置】对话框中勾选【平面 对齐】选项区中的所有复选框，并勾选【链接剖面】复选框，如图6-21所示。

2）在【剖分工具】选项卡的【平面设置】面板中选择【当前：平面6】，如果坐标在场景视图中不可见，可以单击【变换】面板上的【移动】按钮。在场景视图中选定坐标上的蓝色箭头，拖动箭头，观察模型的剖切形式。

3）在【剖分工具】选项卡【模式】面板【平面】的下拉菜单中选择【长方体】，可以自动安放在模型的任意位置。用坐标拖动【长方体】（见图6-22）在模型里任意移动，尝试用【旋转】工具创建有棱角的平面，并用缩放工具改变剖分框大小，只要拖动坐标即可。

图 6-21

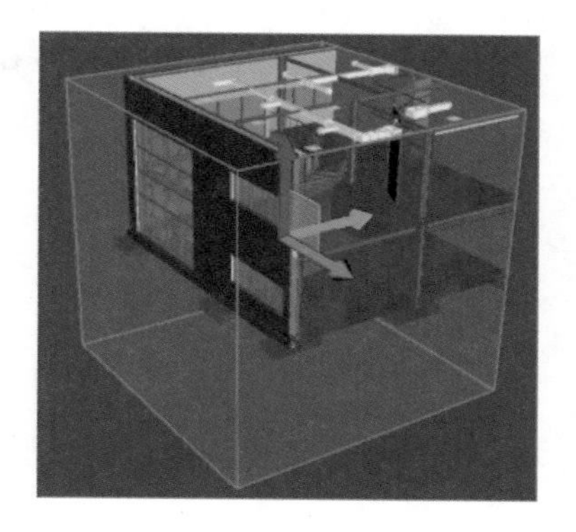

图 6-22

6.4.3 制作视点动画

在练习的最后一部分中，学习如何录制、编辑、导出动画，并在最后输出为幻灯片。

首先使用录制的方式进行视点动画的创建。

1）打开起始文件【WFP-NVS2015-06-Gilderland3.nwd】。

2）在【视点】选项卡的【保存、载入和回放】面板中打开【保存的视点】对话框，展开【My Viewpoints】结点，选中【Club view】视点。

3）在【动画】选项卡的【创建】面板中单击【录制】按钮。选择【视点】选项卡【导航】面板中的【漫游】工具，导航向远处的记分板（见图6-23），单击【录制】面板上的【停止】按钮，完成动画。

4）动画将以【动画1】的名字自动保存在【保存的视点】窗口，用鼠标右键单击【动画1】，在弹出的快捷菜单中选择【重命名】选项，将文件重命名为【互动】，在【保存、载入和回放】面板上的下拉列表框中选择【互动】选项（见图6-24），单击【播放】按钮查看动画。

图 6-23

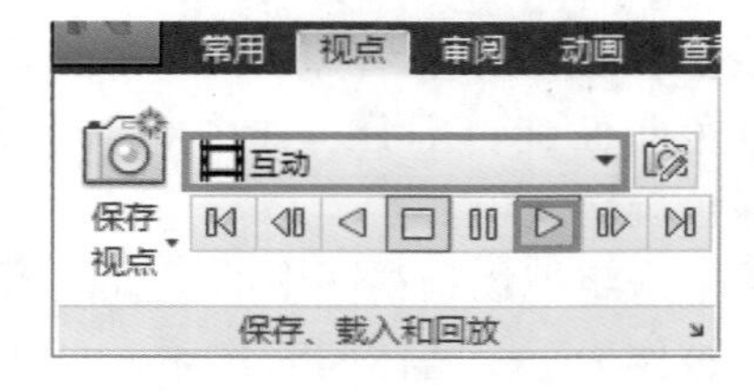

图 6-24

注意：如果动画时间过长，可以展开【保存的视点】对话框中的动画文件，删除几帧。

接下来，使用在保存的视点中创建动画转场的方式创建动画。

1）在【保存的视点】对话框中展开【My Viewpoints】结点。在对话框的空白处单击鼠标右键，在弹出的快捷菜单中选择【添加动画】选项，将动画文件重命名为【过渡】。

2）将【My Viewpoints】文件夹中的所有视点拖曳至【过渡】名称上，这样就可以将这些视点放入动画文件内，如图 6-25 所示。

3）在【保存的视点】对话框中选择【过渡】动画。确保【保存、载入和回放】面板中的【动画】选项已被选中（见图 6-26），单击【播放】按钮，查看动画。

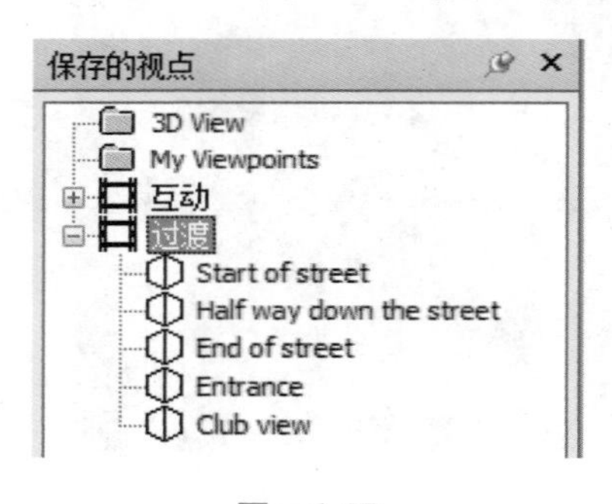

图 6-25

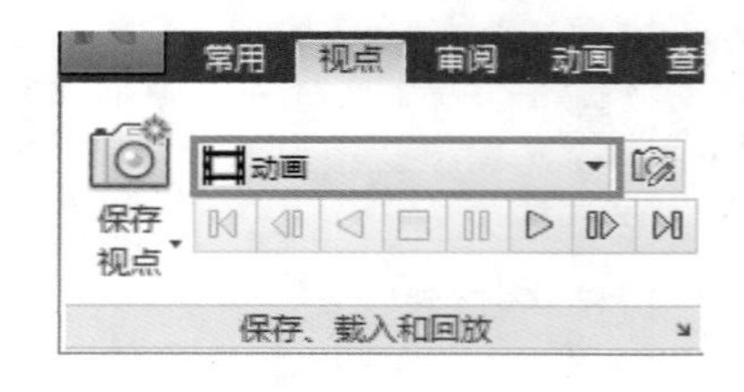

图 6-26

4）要修改速度和时长，可以在【保存的视点】对话框中右键单击【过渡】，在弹出的快捷菜单中选择【编辑】选项，打开【编辑动画】对话框，修改【持续时间】，将时长修改为【20】s，选择【同步角速度/线速度】选项（见图 6-27），单击【确定】按钮，再次查看动画。

5）在【保存的视点】对话框中选择【过渡】，单击【动画】选项卡【导出】面板中的【导出动画】按钮，在弹出的【导出动画】对话框中进行设置，如图 6-28 所示。

6）将视频保存到合适的位置，并查看视频文件。

接着把两个动画添加到一个动画文件里。

1）在【保存的视点】窗口，将【互动】动画拖曳至【过渡】动画中。

2）为了避免两个动画之间出现动态过渡，用鼠标右键单击【互动】动画中的第一帧，在弹出的快捷菜单中选择【添加剪辑】选项（见图 6-29）。播放【过渡】动画。

最后，用已经创建好的动画生成幻灯片。

1）右键单击【保存的视点】对话框中的空白区域，在弹出的快捷菜单中选择【添加动画】选项，将动画重命名为【幻灯片】。

图　6-27

图　6-28

2）展开【过渡】文件夹，按 <Ctrl> 键的同时选中所有视点，单击鼠标右键，在弹出的快捷菜单中选择【添加副本】选项。将创建的所有副本文件拖曳至【幻灯片】文件中。

3）右键单击【幻灯片】动画中的【Start of street（1）】视点，选择【添加剪辑】选项。使用相同的方式，为每个视点都添加剪切（见图6-30），这样能防止插入过渡的幻灯片。

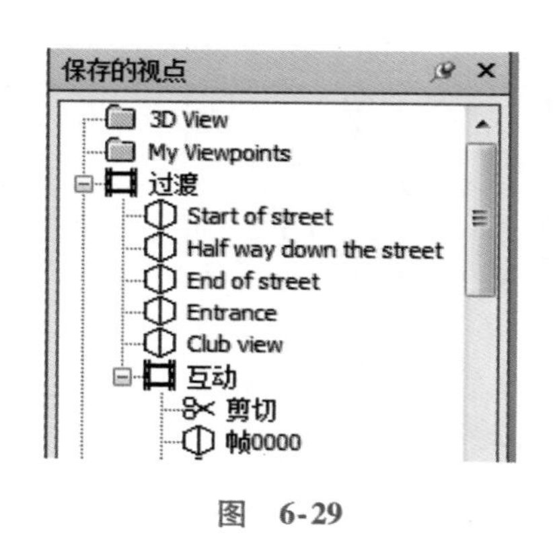

图　6-29

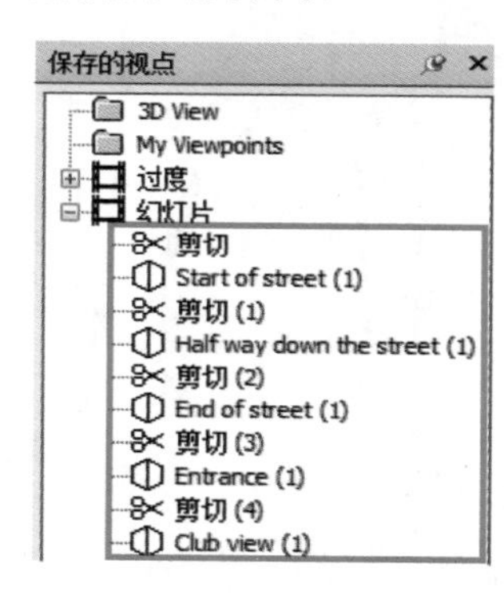

图　6-30

4）在【动画】选项卡的【回放】面板中确认已经选择了【幻灯片】选项，单击【播放】按钮，查看幻灯片。

5）可以在【导出动画】对话框中将【幻灯片】输出为 Windows 位图或 JPEG 格式和 PNG 格式的文件。

单元 7

对象动画与交互性

单元概述

本单元主要介绍 Animator 工具和 Scripter 工具，讲解如何利用 Animator 工具生成动画，并使用 Scripter 工具为动画增加交互性，最终可综合利用两种工具，生成具有视觉冲击力的动画。

单元目标

1）了解 Animator 工具的功能。
2）掌握使用 Animator 工具创建动画的方法。
3）了解 Scripter 工具的功能。
4）掌握使用 Scripter 工具添加交互性的方法。

7.1 创建对象动画

7.1.1 Animator 介绍

【Animator】（见图 7-1）的作用是把一个模型里的对象制成动画，是一种有效的信息传递方式，利用该工具可以呈现临时工程是如何搭建或拆除的，起重机如何在工地活动以及设备是如何组装的等。

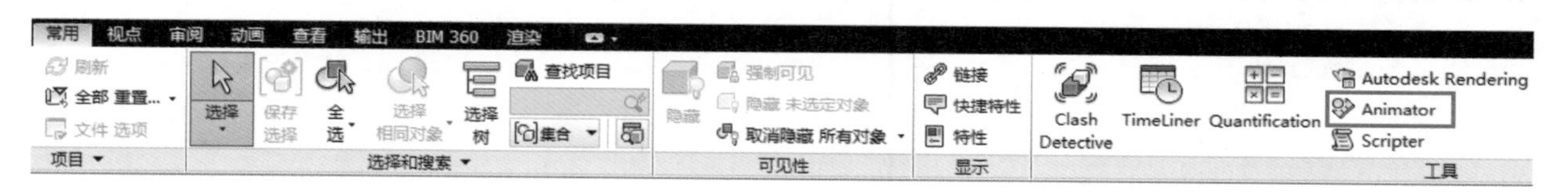

图　7-1

可以创建一个交互脚本，把动画链接到指定的事件上，如模型中有人接近，门就会自动打开。这样的动画可以发挥很大的作用，一旦创建成功，就可以播放这些动画，并在 Navisworks 中查看。将动画和 Autodesk 的渲染工具相结合，将大大增加 AVI 视频的真实性。Autodesk 的渲染工具将在单元 8 中详细讲解。

现在越来越多的视频都是为投标阶段准备的，在这个阶段动画常常描绘的是从建造地基到竣工的整个施工流程。投标方一般会把视频和文本一起交给客户，这是一种非常有力的呈现方式，是投标方对项目全面细致了解的体现，显示投标方考虑施工过程中所有将面临的问题。

将施工模拟和动画联系到一起可以促进对象运动的触发和进度安排，对象运动一般基于工程的开工时间和持续时间，二者结合对于工作空间和流程规划十分有用，这个知识点将在单元 9 中详细讲解。

将碰撞检查和对象动画联系到一起可以检查动态对象和动态对象之间或动态对象和静态对象之间的碰撞情况，这个知识点将在单元 10 中详细讲解。

最后，值得指出的是，碰撞检查、施工模拟和对象动画可以连接起来，为全部动态化的施工模拟明细表做碰撞检测。例如，为了确保一个移动的起重机不会干扰到另一个建筑对象，这时不用再检查施工模拟顺序，只用做一次碰撞检查即可，后面几个单元会对这一点进行详细讲解。

7.1.2 【Animator】窗口

在【常用】选项卡的【工具】面板中单击【Animator】动画制作工具按钮，打开动画制作工具窗口，如图 7-2 所示。【Animator】窗口中主要有 4 个区域。

1. 树视图（图 7-2 中的①号位置）

该视图用树状结构列出了所有场景和动画集，主要用来创建动画所需的场景。一个场景可能包含

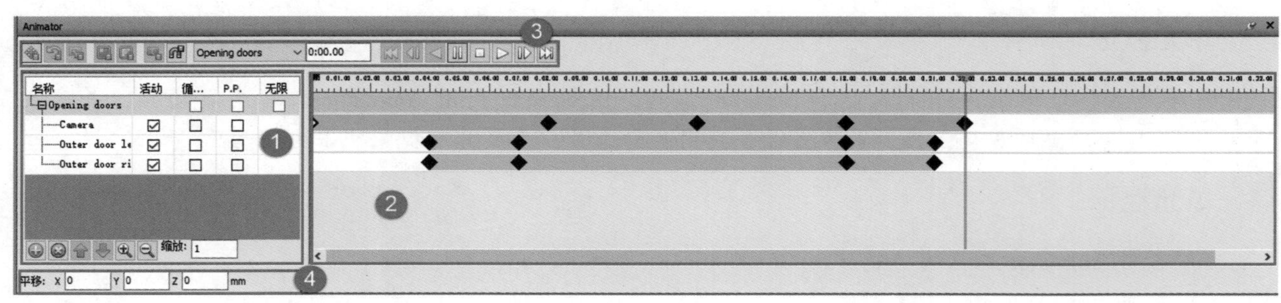

图 7-2

动画集、视点的相机布景或剖面视图的剖面布景，这些构件会按层次罗列。要运用树视图中的一个项目，必须先选定该项目。选定树视图里的某个场景时，该场景里包含的所有图元也是被选定状态，换句话说，选定了树视图里的某个动画集，也就选定了这个动画集里所包含的所有几何图形对象。

树视图中的项目可以被复制和移动。按住鼠标右键，即可将项目拖动到指定位置，当鼠标指针变成箭头后，松开右键，即可将其移动到其他位置；右键单击某一项目，可在弹出的菜单中进行复制。

树视图中的按钮及选项见表 7-1。

表 7-1 树视图中的按钮及选项

图标按钮	介 绍
	打开快捷菜单，添加新项目到树视图，如添加场景和添加相机等
	删除当前选定的树视图中的项目
	在树视图中上移选定项目
	在树视图中下移选定项目
和	放大和缩小时间轴，便于常看进度
活动	这个复选框仅适用于场景动画，勾选则将让动画在场景中保持激活状态，只有激活状态的动画才能播放
循环	这个复选框适用于场景和场景动画，控制回放模式，勾选则将启动循环模式，动画结束之后又将重置到开始键，再次播放
P. P.	这个复选框适用于场景和场景动画，控制回放模式，勾选则启动 P. P. 模式。动画结束后将倒播回去，除非选定循环模式，否则 P. P. 模式只运行一个周期
无限	这个复选框仅适用于场景。勾选后场景将无限播放（除非选择停止）。如果没有勾选此复选框，则场景将从开始播放至终点 注意，当场景设置成无限模式后，循环和 p. p. 模式将不再可用

2. 时间轴视图（图 7-2 中的②号位置）

时间轴视图显示的是带有每个动画集、相机和剖面关键帧的时间轴，作为视觉辅助工具编辑动画，构成时间轴视图的几个部分分别介绍如下：

（1）时间刻度条　时间刻度条（见图 7-3）处于时间轴视图的顶部，以 s 为单位表示。所有的时间轴的起始点都为 0，用鼠标右键单击时间刻度条会打开快捷菜单。将光标悬停在刻度条上，滚动鼠标滚轮（或使用树视图底部的【放大】和【缩小】工具）可以对时间刻度条进行放大和缩小，默认时间刻度在标准屏幕分辨率上显示大约 10s 的动画，放大和缩小操作的效果是使可见区域变为原来的两倍或 1/2。例如，放大会显示大约 5s 的动画，而缩小会显示大约 20s 的动画。更改时间刻度的另一种方法是使用【缩放】文本框（见图 7-4），例如，输入【0. 25】并按键盘上的 <Enter> 键将使可见区域缩小为原来的1/4。放大时，输入的值将减小为原来的1/2；缩小时，输入的值将为原来的两倍。可以通过删除【缩放】文本框中的值并按键盘上的< Enter >键返回到默认时间刻度。

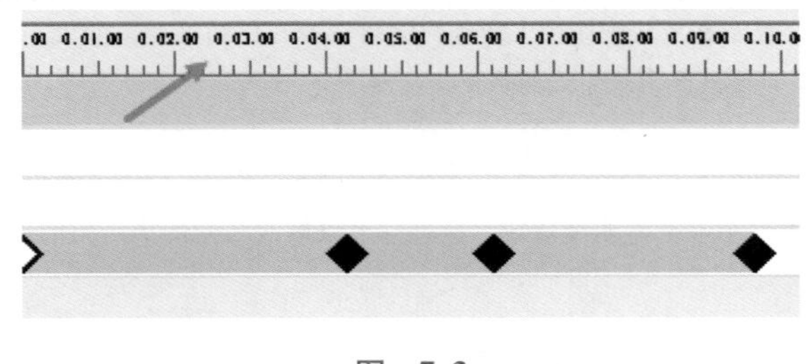

图 7-3

图 7-4

（2）关键帧　关键帧（见图7-5）在时间轴中显示为黑色菱形。可以通过在时间轴视图中向左或向右拖动黑色菱形来更改关键帧出现的时间。随着关键帧的拖动，其颜色会从黑变为浅灰。单击关键帧，会将时间滑块移动到该位置。在关键帧上单击鼠标右键会打开快捷菜单。

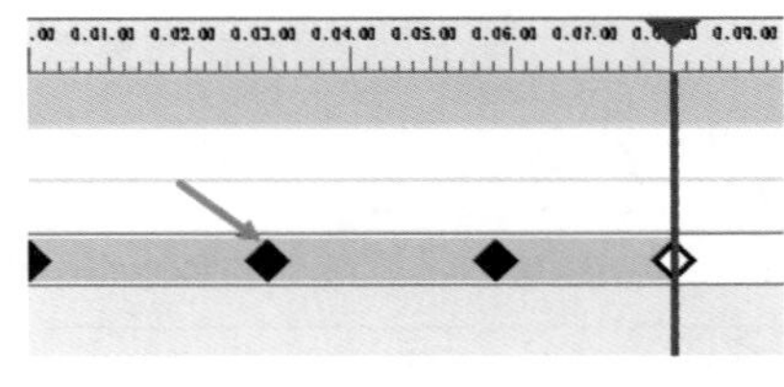

图 7-5

（3）动画条

动画条（见图7-6）用于在时间轴中显示关键帧，并且无法编辑。每个动画类型都用不同颜色显示，场景动画条为灰色。通常情况下，动画条以最后一个关键帧结尾。如果动画条在最后一个关键帧之后逐渐褪色，则表示动画将无限（或循环）播放。

（4）滑块

时间轴视图上有两个时间滑块（见图7-7）。时间滑块是黑色的竖线，表示当前播放位置。结束滑块是红色的竖线，表示当前活动场景的结束点，根据默认设置，结束滑块设定在场景的最后一帧，且不可移动。

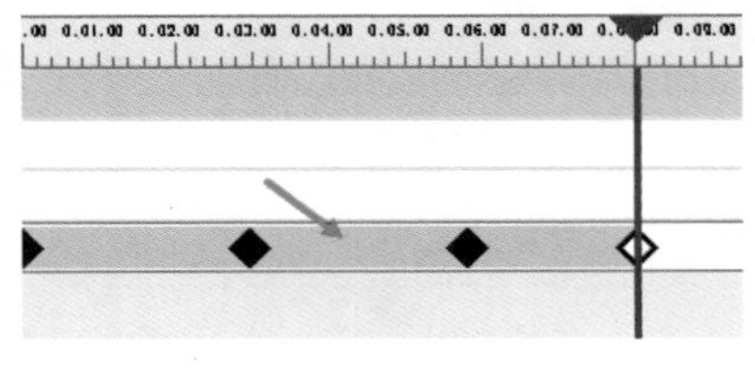

图 7-6

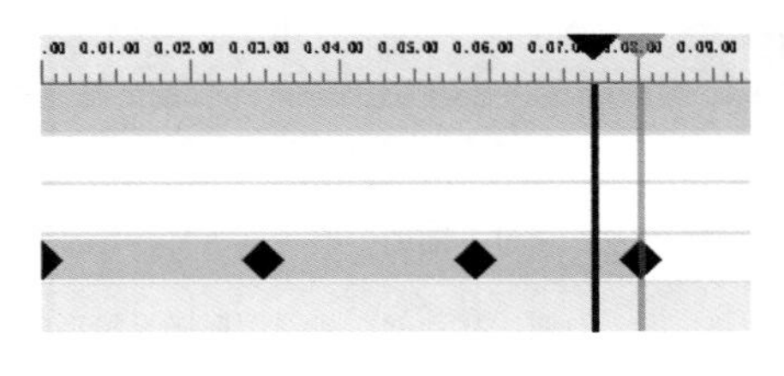

图 7-7

（5）关联菜单

右键单击时间刻度条，在弹出的快捷菜单中可以调整滑块，菜单上的命令有【在此处移动时间】和【手动定位终端】。右键单击关键帧也会弹出快捷菜单，其中的命令用来编辑关键帧。

3. 工具栏（图7-2中的③号位置）

工具栏位于【Animator】窗口上方，工具栏的作用是创建、编辑、播放动画。工具栏中的相关控件用途见表7-2。

表7-2　工具栏中的相关控件用途

控　件	用　途
	使动画集处于平移模式。【平移】控件会显示在场景视图中，使用户能够修改几何图形对象的位置。在从工具栏中选择其他对象操作模式之前，该模式一直处于活动状态
	使动画集处于旋转模式。【旋转】控件会显示在场景视图中，使用户能够修改几何图形对象的旋转。在从工具栏中选择其他对象操作模式之前，该模式一直处于活动状态

（续）

控　件	用　途
	使动画集处于缩放模式。【缩放】控件会显示在场景视图中，使用户能够修改几何图形对象的大小。在从工具栏中选择其他对象操作模式之前，该模式一直处于活动状态
	使动画集处于颜色模式。手动输入栏中显示一个调色板，通过它可以修改几何图形对象的颜色
	使动画集处于透明度模式。手动输入栏中显示一个透明度滑块，通过它可以修改几何图形对象的透明度
	为当前对模型所做的更改创建快照，并将其作为时间轴视图中的新关键帧
	启用/禁用捕捉。仅当通过拖动场景视图中的控件来移动对象时，捕捉才会产生效果，并且不会对数字输入或键盘控制产生任何效果
场景 1	选择活动场景
0：04.00	控制时间轴视图上时间滑块的位置

4. 手动输入栏（图 7-2 中的④号位置）

可选的手动输入栏位于【Animator】窗口的底部，可以在该栏中输入数字值而不必使用场景视图中的控件（移动、旋转等）来处理几何图形对象。根据上次从工具栏中选择的按钮，手动输入栏的内容会有所变化。可以通过单击【选项编辑器】→【工具】→【Animator】夹打开和关闭手动输入栏。

7.1.3 创建动画

动画是一个经过准备的模型更改序列。可以在 Navisworks 中做出的更改见表 7-3。

表 7-3　Navisworks 中可做出的更改

术　语	介　绍
动画集	通过改变位置、旋转角度、大小和外观（颜色和透明度）来操纵几何图形对象
相机	通过不同的导航工具（如漫游或飞行），或使用现有的视点动画操纵视点
剖面	通过移动剖面或剖面框操纵模型的剖面

1. 场景

场景就像对象动画的容器，每个场景可以包含以下组件（见图 7-8）：

1）一个或多个动画集。

2）一个相机动画。

3）一个剖面集动画。

可以把场景和场景组件分组到不同的文件夹，除了可以轻松打开或关闭文件夹的内容以节省时间外，对播放不会产生任何效果。有两种类型的文件夹（见图 7-9）：

1）添加场景文件夹，用来存放场景和其他场景文件夹。

2）添加文件夹，用来存放场景组件和其他文件夹。

2. 动画集

动画集包含需制成动画的对象列表，以及描述对象如何成为动画的关键帧。场景可以包含所需数量的动画集，还可以在同一场景的不同动画集中包含相同的几何图形对象。场景中动画集的顺序很重要，当在多个动画集中使用同一对象时，可以使用该顺序控制最终对象的位置。

（1）添加动画集　动画集可以基于场景视图中的当前选择，也可以基于当前选择集或当前搜索集。

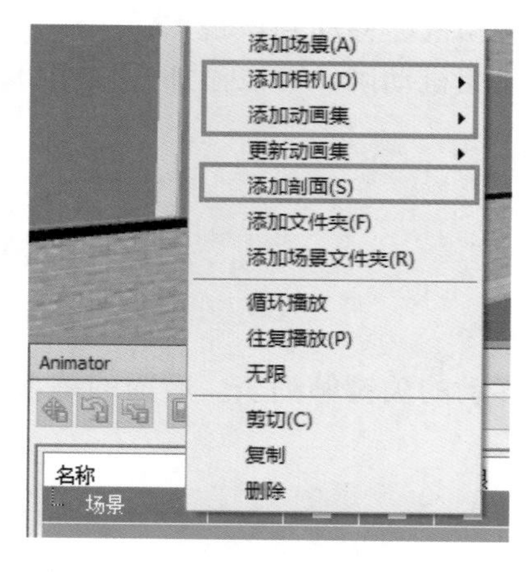

图　7-8

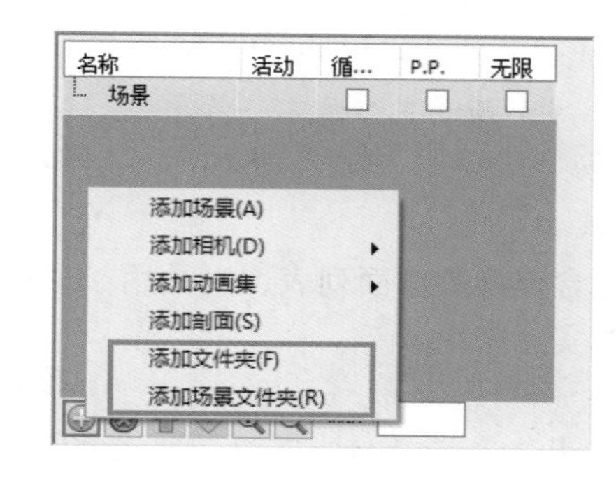

图　7-9

当添加基于选择集的动画集时，动画集的内容会随着源选择集的内容更改而自动更新。当添加基于搜索集的动画集时，动画集的内容会随着模型更改而更新，以包含搜索集中的所有内容。

注意：动画播放过程中对搜索集/选择集所做的任何更改都将被忽略。

如果模型更改，使得特定动画中的对象丢失，则在重新保存相应的 NWD 或 NWF 文件时，这些对象将从动画集中自动删除。最后，如果选择集或搜索集已被删除而非丢失，则相应的动画集会变成基于上次包含内容的静态选择对象。

（2）更新动画集　更新动画集的方式有两种：

1）手动更新动画集。

2）在场景视图或当前选择集/搜索集中修改当前选择，并更改动画集的内容以反映此修改。

注意：此操作不影响关键帧。

（3）操纵几何图形对象　可以改变动画集中几何图形对象的位置、旋转角度、大小、外观（颜色和透明度），并捕捉关键帧（见图 7-10）以保存这些修改。在树视图中选定动画集后，场景视图中相应的图元也会高亮显示。如果需要更改高亮显示的颜色和方式，可以在【选项编辑器】对话框中调整当前选择对象的【高亮显示】选项，如图 7-11 所示。

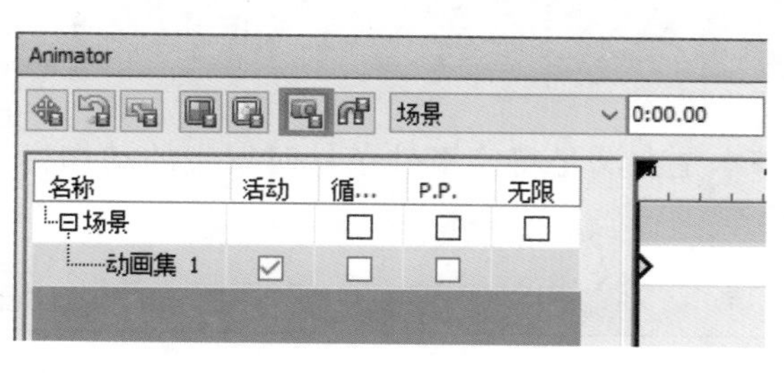

图　7-10

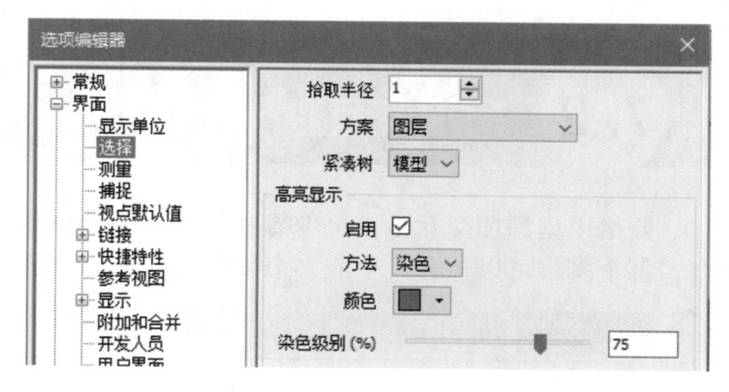

图　7-11

3. 相机

相机包含视点列表，以及描述视点移动方式的关键帧可选列表。如果未义相机关键帧，则该场景

会使用当前场景视图中的视图。如果定义了单个关键帧，则相机会移动到该视点，然后在场景中始终保持静态。最后，如果定义了多个关键帧，则将相应地创建相机动画。可以添加空白相机，然后操作视点，也可以将现有的视点动画直接复制到相机中。

注意：每个场景里只能有一个相机。

4. 剖面集

剖面集包含模型的剖面列表，以及用于描述剖面如何移动的关键帧列表。后面的练习中将提到更多关于剖面的实际应用。

注意：每一个场景只能有一个剖面集。

5. 关键帧

关键帧用于定义对模型所做更改的位置和特性。

（1）捕捉关键帧　单击工具栏上的【捕捉关键帧】按钮，可以新建关键帧。每单击一次该按钮，都会在黑色时间滑块的当前位置添加当前选定动画集、相机或剖面集的关键帧，如图 7-12 所示。

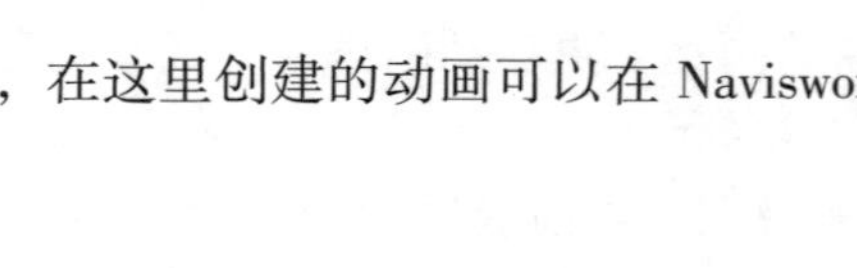

图　7-12

（2）编辑关键帧　在动画集、相机、剖面集里，用鼠标右键单击关键帧，可在弹出的快捷菜单中进行编辑，如图 7-13 所示。

6. 播放动画场景

工具栏中包含一系列的动画播放控件（见图 7-14），在这里创建的动画可以在 Navisworks 所有的产品里播放，包括 Freedom 版本。

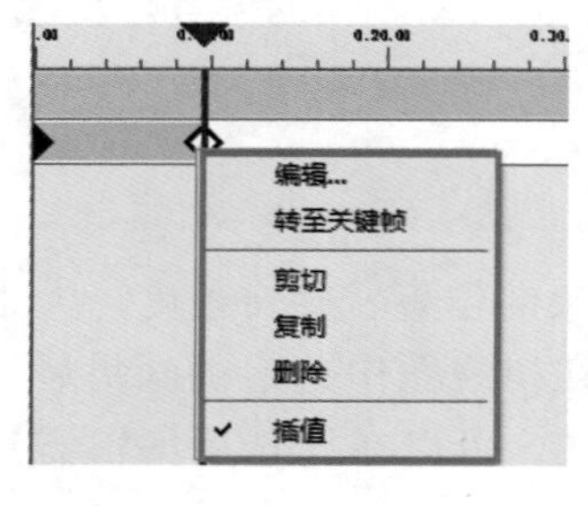

图　7-13

图　7-14

7.2 添加交互性

要给模型添加交互性，至少需要创建一个动画脚本。脚本是在满足特定事件条件时发生的动作集合，每个脚本可以包含一个或多个事件，以及一个或多个动作。

7.2.1 Scripter 介绍

Scripter（见图 7-15）的作用是为模型里的动画对象添加交互性。要创建交互性，先要添加脚本，然后再向脚本里添加事件和动作。脚本添加完毕后，便可与用 Animator 制作出来的动画相结合。

通过结合脚本和动画，脚本里的事件和动作可以触发动画。例如，有人接近（脚本），模型里的门就会打开（动画）。

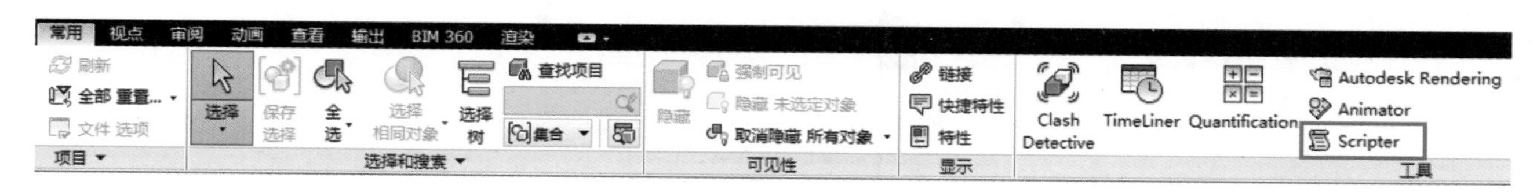

图 7-15

在【动画】选项卡的【脚本】面板中可以启动（禁用）脚本，当单击【启用脚本】后，项目里所有的脚本都为启动状态，而且不能在【Scripter】窗口里编辑或添加脚本。单击【脚本】面板中的【Scripter】按钮将启动【Scripter】窗口。

7.2.2 【Scripter】窗口

单击【常用】选项卡【工具】面板中的【Scripter】按钮，打开【Scripter】窗口，如图7-16所示。【Scripter】窗口主要由4个区域组成。

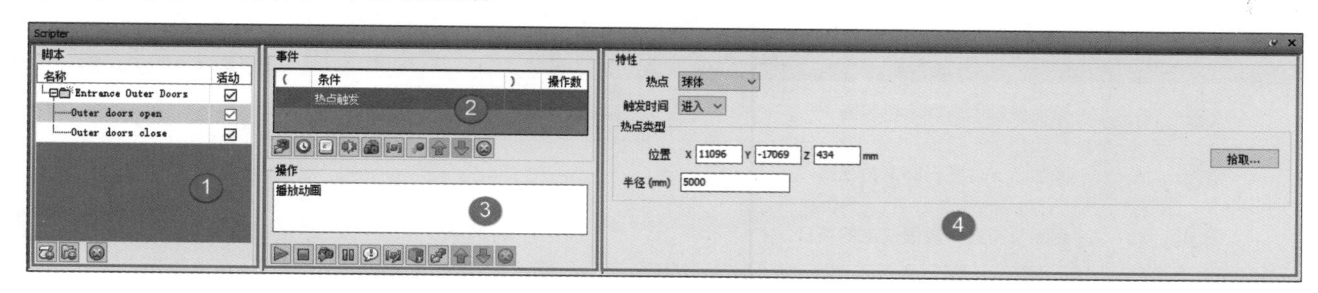

图 7-16

1. 树视图（图7-16中的①号位置）

该视图按树状结构分层列出所有可用脚本，在该视图中可以创建和管理动画脚本。脚本可以放进文件夹，而且不会影响脚本在程序中的执行方式。要利用树视图里的脚本，必须先选定脚本，一旦在树视图里选定后，脚本将显示相关的事件、操作和特性，如图7-17所示。

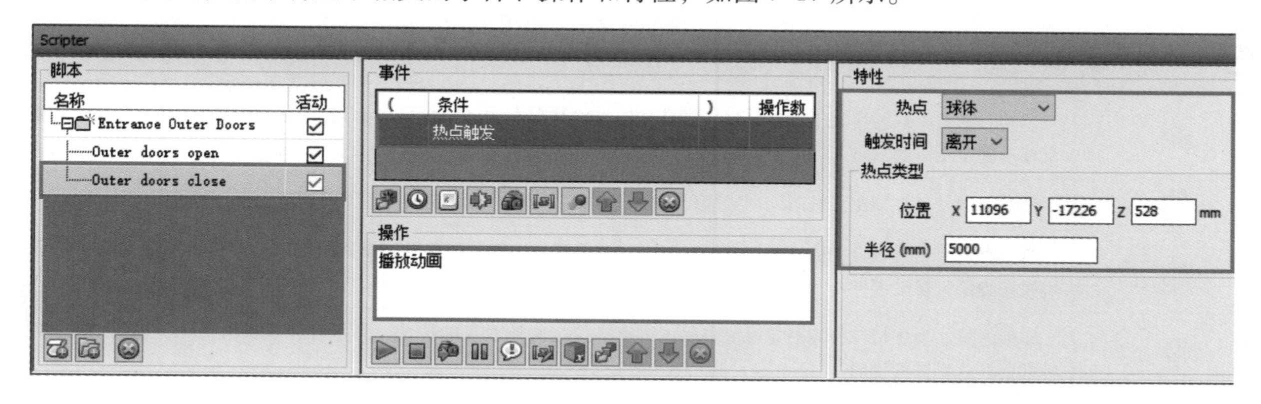

图 7-17

树视图中的项目可以进行复制和移动。按住鼠标右键，将项目拖动到指定位置，当鼠标指针变成箭头后，松开右键，在弹出的快捷菜单中选择【在此处移动】或【在此处复制】选项，如图7-18所示。

【活动】复选框，具体说明要运用哪些脚本，只有处于活跃状态下的脚本才能执行。可以通过顶级文件夹上的复选框激活或禁用放进文件夹的脚本。

树视图中的相关按钮见表7-4。

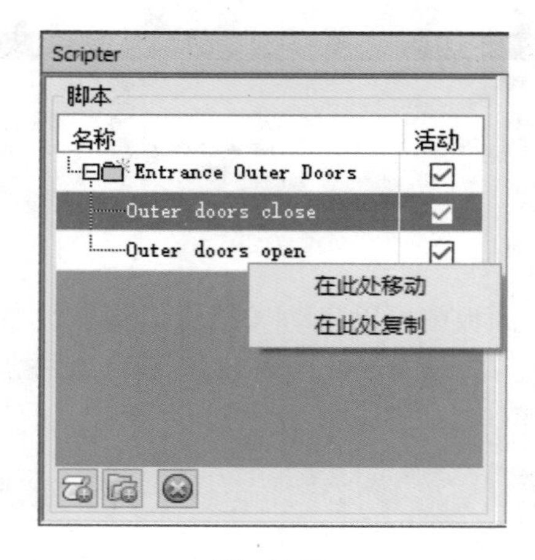

图 7-18

表 7-4 树视图中的相关按钮

图标按钮	介 绍
	添加新脚本到脚本树视图
	添加新文件夹到脚本树视图
	删除目前在树视图选定的项目

2. 事件视图（图 7-16 中的②号位置）

事件视图显示了所有和当前选定脚本相关的事件，其用途是定义、管理并测试事件。事件是指发生的操作或情况（如单击鼠标、按键或碰撞），可确定脚本是否运行。一个脚本可包含多个事件，在脚本中组合所有事件条件的方式很重要，也就是说必须确保布尔逻辑有意义、括号正确匹配成对等。

事件视图中的相关按钮见表 7-5。

表 7-5 事件视图中的相关按钮

图标按钮	介 绍
	启动时触发。只要启用了脚本，事件就会触发。这对脚本的初始条件很有用，如向变量启动初始值，或将相机移动到定义的起点
	计时器触发。在预定义的时间间隔事件将触发脚本，间隔时间和规则性都要在这里进行具体说明
	按键触发。通过键盘上的特定按键触发脚本，这里要为按键设置特性，设置按键以后，释放按键、长按按键、短按按键都可触发事件
	碰撞触发。当相机与特定对象碰撞将触发脚本，设定碰撞对象的特性、显示碰撞对象的特性、包括中立效果等都要在这里详细说明
	热点触发。当相机位于热点的特定范围时，事件将触发脚本。在这里可以设置特性，如热点类型、事件触发方式（进入还是离开热点范围）、热点位置（拾取热点位置）以及热点半径
	变量触发。当变量满足预定义条件时，事件将触发脚本。要具体说明按字母顺序排列的一系列变量、数值或者将要使用的计算类型，计算类型仅限于选择【等于】或【不等于】
	动画触发。当特定的动画开始或停止时，事件将触发脚本。在此要选择触发事件的动画以及触发事件的开始及结束
	上移。移动选定场景，在事件视图中上移

（续）

图标按钮	介 绍
	下移。移动选定场景，在事件视图中下移
	删除事件。删除当前选定事件视图上的事件

3. 动作视图（图7-16中的③号位置）

动作视图显示了所有和当前选定脚本相关的动作，其用途是定义、管理并测试这些动作。动作的发生要靠事件的触发，一个脚本可包含多个动作，动作逐个执行，因此动作的排序很重要，脚本要等一个动作完成以后才会执行下一个动作。

动作视图中的相关按钮见表7-6。

表7-6 动作视图中的相关按钮

图标按钮	介 绍
	播放动画。具体说明要在触发脚本时播放哪个动画的动作
	停止动画。具体说明在触发脚本时停止哪个正在播放动画的动作
	显示视点。具体说明要在触发脚本时使用哪个视点的动作
	暂停。具体说明在触发脚本时暂停哪个正在播放动画的动作
	发送消息。在触发脚本时向文本文件中写入消息
	设置变量。在触发脚本时指定、增大或减小变量值的动作
	存储特性。在触发脚本时将对象特性存储在变量中的动作里
	载入模型。在触发脚本时打开载入文件动作
	上移。移动选定场景，在动作视图中上移
	下移。移动选定场景，在动作视图中下移
	删除操作。删除当前选定动作视图上的事件

4. 特性视图（图7-16中的④号位置）

显示当前选定的事件和动作的特性，也显示用来设定动作和特性的选项。

7.3 单元练习

本单元练习主要由两部分组成，通过实例对Animator和Scripter工具的运用进行练习，学会创建对象动画，并为一个动画添加交互性。

7.3.1 创建对象动画

练习的第一部分介绍动画制作的基础知识，首先把场景添加到动画制作器，在场景里添加一个相机，然后为开门场景里每一扇外门设置一个动画。接着讲解动态剖面平面的例子，最后回顾动画播放选项。

首先在模型里添加一个场景、一个相机以及一个动画集。

1）打开起始文件【WFP-NVS2015-07-Animation1. nwd】。

2）单击【常用】选项卡【工具】面板中的【Animator】按钮。

3）单击左下角的加号，选择【添加场景】命令，如图 7-19 所示。单击【场景 1】，重命名为【开门】。

4）选择开门场景，单击鼠标右键，在弹出的快捷菜单中选择【添加相机】→【空白相机】选项，如图 7-20 所示。

图 7-19

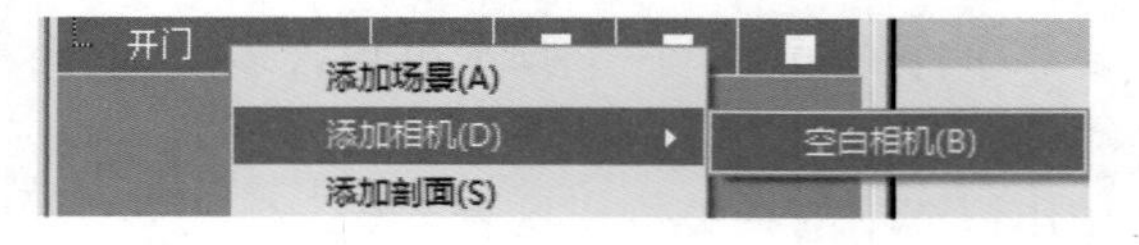

图 7-20

5）打开【保存的视点】窗口，选择【Entrance1】，将其作为起始点及第一个关键帧。

6）选择【相机】，在【Animator】窗口右侧的动画制作工具栏中单击【捕捉关键帧】按钮，如图 7-21所示。

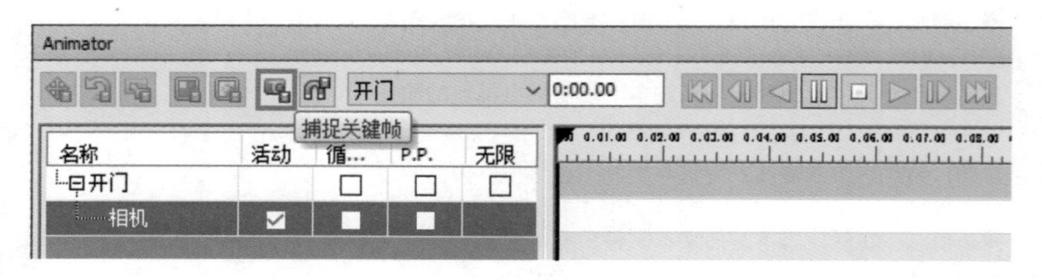

图 7-21

注意：关键帧要放在动画制作工具时间轴的开端。

设置好场景和相机后，下面给门添加动画。

1）在【Entrance1】视点中，用【选择】工具在场景视图里选择靠左边的门和把手。

2）在动画制作工具树中选择【开门】场景。

3）单击左下角的加号，选择【添加动画集】→【从当前选择】选项，如图 7-22 所示。

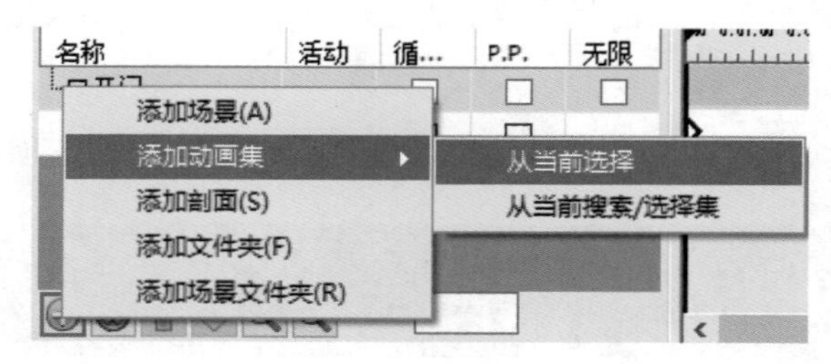

图 7-22

4）将【动画集 1】重命名为【靠左外门】。

5）在场景视图中选取靠右边的门和把手，并添加动画集。将【动画集 2】重命名为【靠右外门】，完成后如图 7-23 所示。

6）取消对门的选择。

接下来将用已有的相机和关键帧创建动画，在开门视图场景里漫游时，在更多的视点捕捉关键帧。

1）在【保存的视点】窗口中选择【Entrance1】，并在【常用】选项卡的【工具】面板上选择【Animator】。

2）选择动画制作工具树上的【相机】，这时动画制作工具栏中的关键帧符号将会在起始点标出，将时间滑块拖曳至8s位置，如图7-24所示。

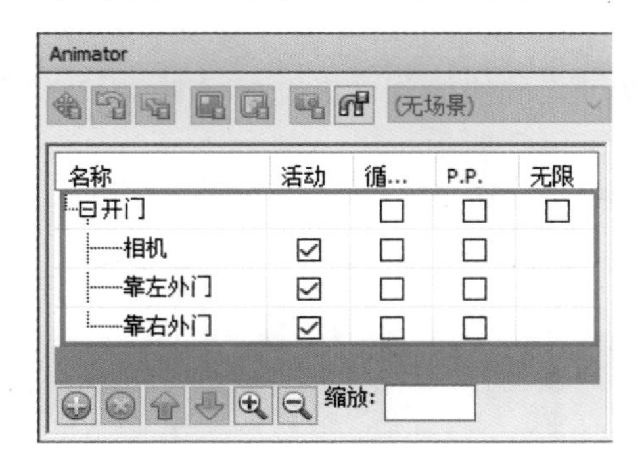

图　7-23

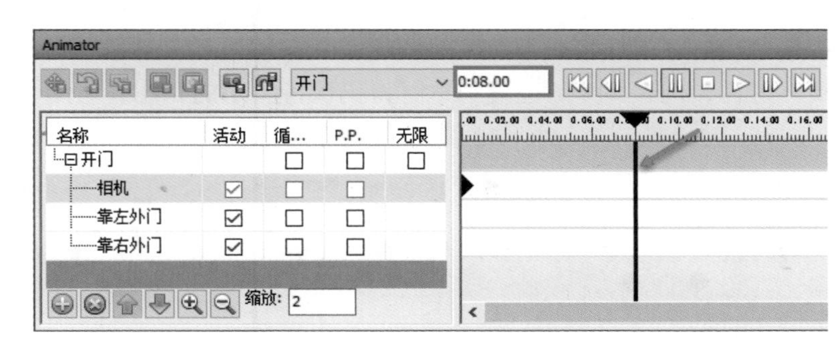

图　7-24

3）选择【视点】选项卡【导航】面板中的【漫游】工具，在场景视图中进行漫游，穿过入口的两扇门，进入接待区后停止。

4）在【Animator】窗口中单击【捕捉关键帧】按钮。

注意：在第二次捕捉关键帧后，伴随黑色垂直线会同时出现一个红色垂直线。黑色垂直线是表示当前播放位置的时间滑块；红色垂直线是表示当前活动场景结束点的结束滑块。

5）将黑色的时间滑块拖曳至13s的位置。

6）选择【视点】选项卡【导航】面板中的【漫游】工具，在场景视图中漫游至楼梯底部。

7）在【Animator】窗口中单击【捕捉关键帧】按钮。

8）在时间轴上将黑色的时间滑块拖曳至18s的位置。

9）选择【导航】面板中的【环视】工具，在场景视图里不改变位置，旋转视图至正对着门的位置。

10）在【Animator】窗口中单击【捕捉关键帧】按钮。

11）将黑色的时间滑块拖曳至22s的位置。

12）选择【导航】面板中的【漫游】工具，在场景视图中向后漫游一段距离。

13）在【Animator】窗口中单击【捕捉关键帧】按钮。

14）在动画制作工具栏中单击【停止】和【播放】按钮（见图7-25），查看完成的动画。

接下来将为对象操纵添加进已有的动画集，让门在有人靠近时自动打开，人后退时自动关上。

1）在【保存的视点】窗口中选择【Entrance1】。

2）在【Animator】窗口中选择【开门】场景，选择动画制作工具树中的【靠左外门】动画集，将垂直的黑色滑块拖至4s的位置，捕捉关键帧。

3）将垂直的黑色滑块拖曳至7s的位置。

4）单击动画制作工具栏中的【平移动画集】（见图7-26），启动坐标，有必要选择相应的工具，放大定位坐标。

图　7-25

图　7-26

5）将鼠标悬停在绿色手柄（箭头）上，手柄变为黄色后拖动门至打开的位置，捕捉关键帧。

6）在时间轴中，用鼠标右键单击刚创建的关键帧，在弹出的快捷菜单中选择【复制】选项。将黑色的时间滑块拖曳至 18s 的位置，用鼠标右键单击该滑块，选择【粘贴】命令。这样，门在 18s 的位置到达时将仍保持打开的状态。

7）在时间轴中，用鼠标右键单击 4s 位置处的关键帧，在弹出的快捷菜单中选择【复制】选项。将黑色的时间滑块拖曳至 21s 的位置，用鼠标右键单击该滑块，在弹出的快捷菜单中选择【粘贴】选项。这样，门在 21s 的位置到达时将仍保持关闭的状态，时间轴如图 7-27 所示。

8）对【靠右外门】动画集进行同样操作，完成后的时间轴如图 7-28 所示。

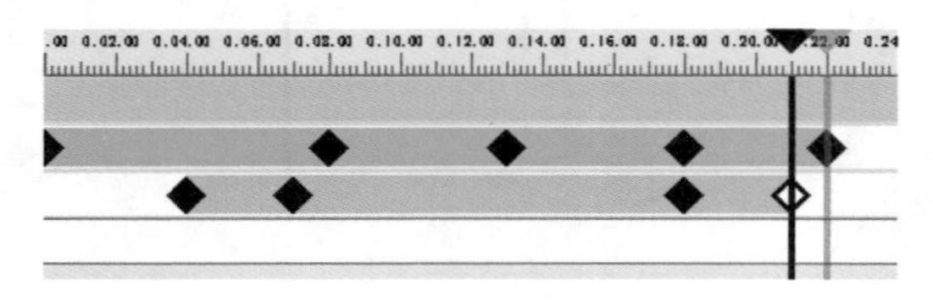

图 7-27

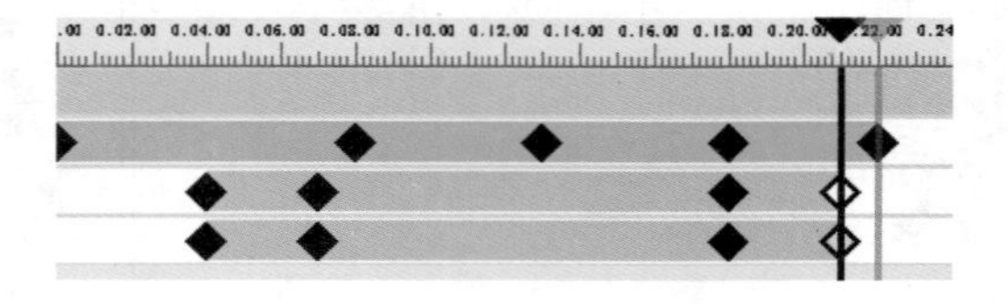

图 7-28

9）取消对门的选择。

10）在动画制作工具栏中单击【停止】和【播放】按钮，查看创建的动画。

11）将文件另存到合适的位置。

接下来，在剖面平面布景和捕捉的剖面视图里创建动画。

1）打开起始文件【WFP-NVS2015-07-Animation2.nwd】。

2）在【保存的视点】窗口中选择【Section】。

3）选择【常用】选项卡【工具】面板上的【Animator】工具。在打开的面板中添加场景，将默认的【场景 1】重命名为【剖面视图】。

4）右键单击【剖面视图】场景，在弹出的快捷菜单中选择【添加剖面】选项，并捕捉一个关键帧。

5）在时间轴上将黑色的时间滑块拖曳至 5s 的位置。在【视点】选项卡的【剖分】面板中选择【启动剖分】。

6）在【剖分工具】上下文选项卡的【平面设置】面板中选择【当前：平面 1】和【对齐：右侧】。单击【平面设置】面板上的箭头，打开【剖面设置】对话，勾选【1：右侧】复选框，确认向右侧对齐后关闭对话框，如图 7-29 所示。

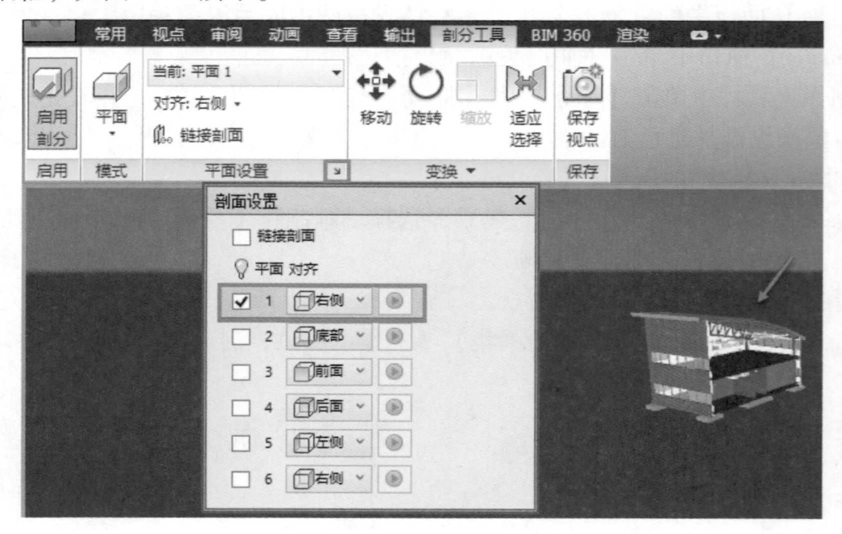

图 7-29

7）在【变换】面板中选择【移动】，这时在场景视图中会出现一个坐标，拖动蓝色箭头，露出整个模型，如图7-30所示。然后捕捉关键帧。

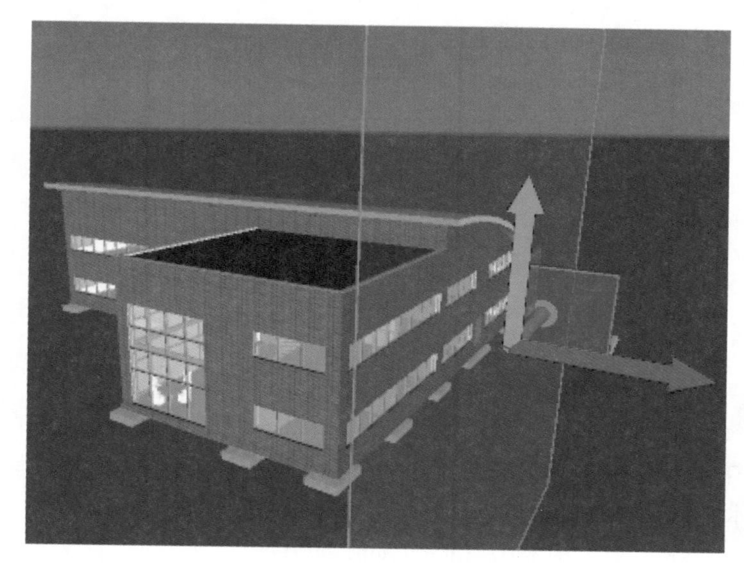

图　7-30

8）在时间轴上将黑色的时间滑块拖曳至10s的位置。在场景视图中拖动剖面，查看楼梯，如图7-31所示。然后捕捉关键帧。

9）在时间轴上将黑色的时间滑块拖曳至15s的位置。继续在场景视图中拖动剖面，查看大楼较狭窄的部分，如图7-32所示。然后捕捉关键帧。

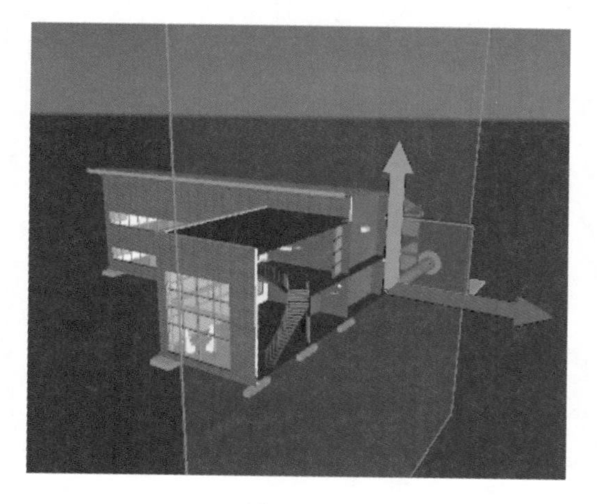

图　7-31

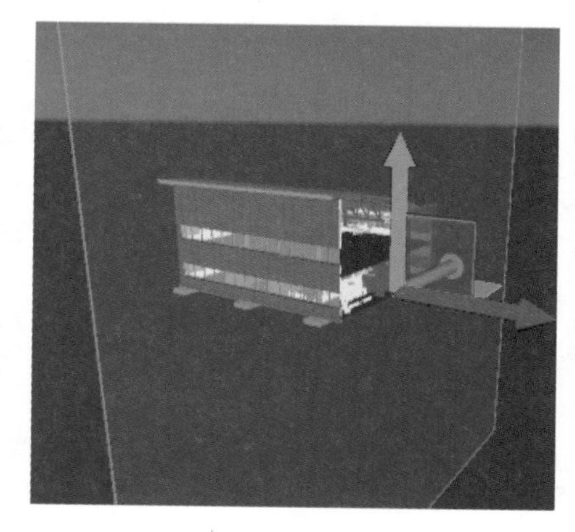

图　7-32

10）在动画制作工具栏上单击【停止】和【播放】按钮，查看大楼剖面的动画。

下面将修改前面生成的动画的回放设置。

在【Animator】窗口中选择【剖面视图】场景，勾选【P. P. 】模式，这将在模型剖面动画播完后，再进行倒着播放，回到起始点后停止；勾选【循环播放】模式，动画将在循环模式下重复播放，如图7-33所示。

注意：只有处于活跃状态下的动画能够播放，勾选【无限】复选框后就禁用了【循环播放】和【P. P. 】模式，场景将一直播放，直到按下停止键为止。

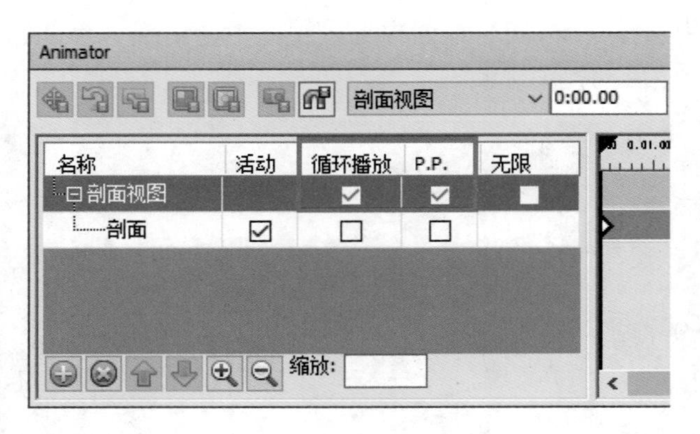

图 7-33

7.3.2 添加交互性

在第二部分的练习中，将为模型动画添加交互性，本小节练习的前半部分强调在创建和设置事项之前要创建和组织脚本，后半部分讲解创建和设置动作。

1）打开起始文件【WFP-NVS2015-07-Interaction1.nwd】。

2）在【常用】选项卡的【工具】面板中选择【Scripter】（脚本）工具。

3）在打开的对话框中单击【添加新脚本】按钮，将默认生成的【新脚本 1】重命名为【打开外门】；再创建一个名称为【关闭外门】的新脚本，如图 7-34 所示。

4）在【脚本】选项区中单击【添加新文件夹】按钮，将其重命名为【外门入口】，如图 7-35 所示。

图 7-34

图 7-35

5）在【打开外门】脚本上单击并下拉，将其拖曳至【外门入口】文件夹内，出现箭头后松开鼠标左键；使用相同的方法，将【关闭外门】脚本移至同一个文件夹。

现在为外门入口添加一个热点事件，将创建一个事件启动动作。

1）在【保存的视点】窗口中选择【Entrance1】，在【脚本】选项区中选择【打开外门】。

2）在【事件】选项区中单击【热点触发】按钮，在【特性】选项区中进行设置，具体如图 7-36 所示。单击【位置】后的【拾取】按钮，并选择左侧的外门，同时门的坐标会自动识别出来。

3）在【脚本】选项区中选择【关闭外门】。

4）在【事件】选项区中单击【热点触发】按钮，在【特性】选项区中进行设置，具体如图 7-37 所示。此处还是要对左侧外门进行位置的拾取。

这样就在外门关闭脚本里添加了热点事件，外门在开、关时都有脚本。

最后要为外门脚本里的热点事件添加并设置一个动作。

1）在【脚本】选项区中展开【外门入口】的文件夹，选择【打开外门】脚本。

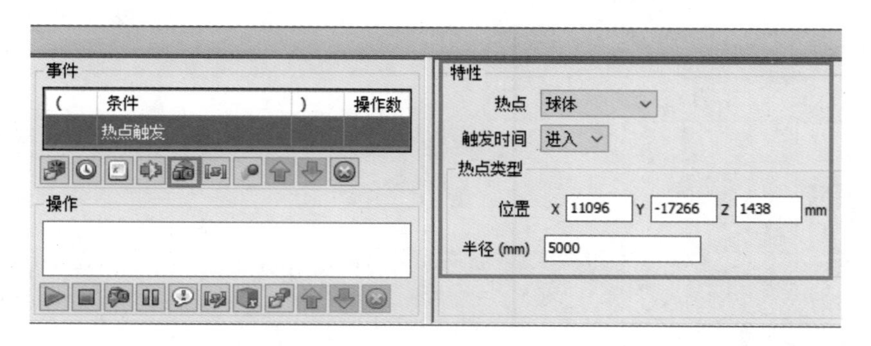

图 7-36

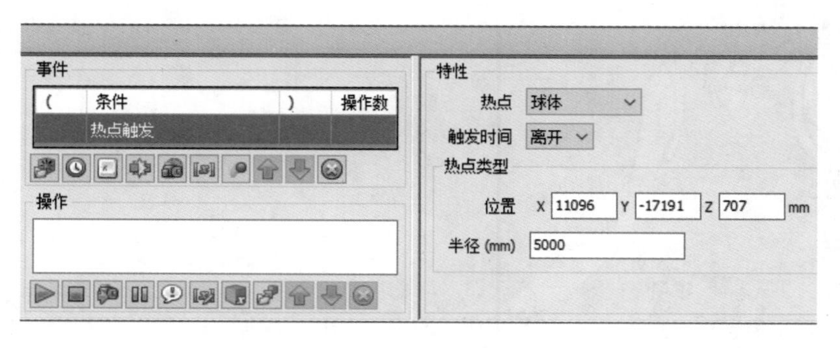

图 7-37

2）单击【操作】选项区中的【播放动画】按钮，这样就添加了播放动画的动作，如图7-38所示。在【特性】选项区中进行设置，具体如图7-39所示。对【脚本】选项区中的【关闭外门】脚本进行特性的编辑。

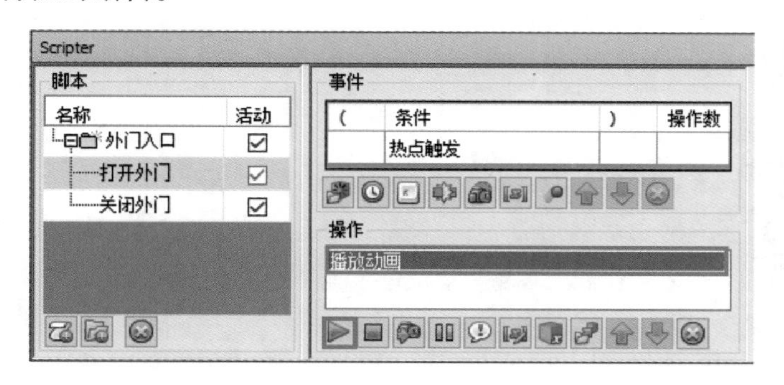

图 7-38

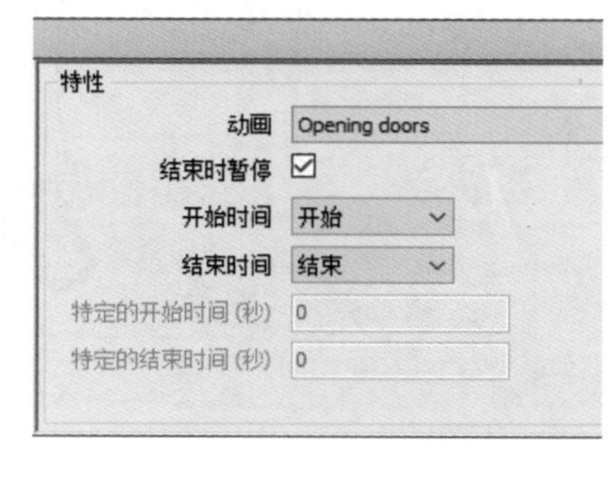

图 7-39

3）动作添加完毕后即可体验交互性动画了。关闭【Scripter】对话框，在【动画】选项卡的【脚本】面板中选择【启动脚本】。在【Entrance1】视点使用【漫游】工具从入口处的外门导航至楼梯底部，在大楼里转身，等着大门关闭，然后从同一扇门里走出去。

4）将文件另存到合适的位置。

单元 8
渲染表现

单元概述

本单元主要介绍渲染工具的使用，在对光源和环境进行设置之前将材质应用于模型之中，从而使得模型渲染效果更高质、更逼真，并学习渲染的方法，最终导出渲染图像。

单元目标

1）了解模型外观渲染的几种方法。
2）掌握 Autodesk Rendering 材质库的使用方法。
3）掌握将材质应用到模型图元的方法。
4）学会使用人造和天然光源。
5）学会对太阳和天空的环境进行设置。
6）学会设置渲染质量。

8.1 Autodesk Rendering 介绍

Autodesk Rendering（见图 8-1）被用于应用材质、光源和环境效果到模型中，目的是创建一个更加逼真的图像，提高视觉效果。

图　8-1

在传统的二维 CAD 软件中，表面显示为色彩明亮的平面，通过 Autodesk Rendering 可以在物体表面赋予一个材质，且该材质与实际中的材质极为相像，如建筑中有一面砖墙，那么就可以为模型中的墙体添加一种砖头材质的表面。

Autodesk Rendering 包含了一个强大的库，库中包含材质、人工和天然光源以及大量太阳和天空的集合，其中大部分都可安装且可自定义。可以以自定义光源的形式添加特殊光源到物体或整个模型中，以表现日出、正午或者午夜的光源特点。

渲染模型外观主要有以下 3 种方法：

1. 定义渲染样式

在模型已被赋予材质的情况下，定义模型中的光源和渲染模式（见图 8-2），查看场景视图。若选择【完全渲染】的渲染模式，则将呈现出带有实际材质的模型。渲染出的视图可以保存或导出为图像。

图　8-2

2. Autodesk 360 渲染

通过 Autodesk 固定期限的使用许可，用户可以使用 Autodesk 360（包含精选 Autodesk 产品）（见

图 8-3）中的渲染，以从任何计算机中创建真实照片级的图像和全景。从联机渲染库中，可以访问渲染的多个版本、将图像渲染为全景、更改渲染质量，以及将背景环境应用于渲染场景。

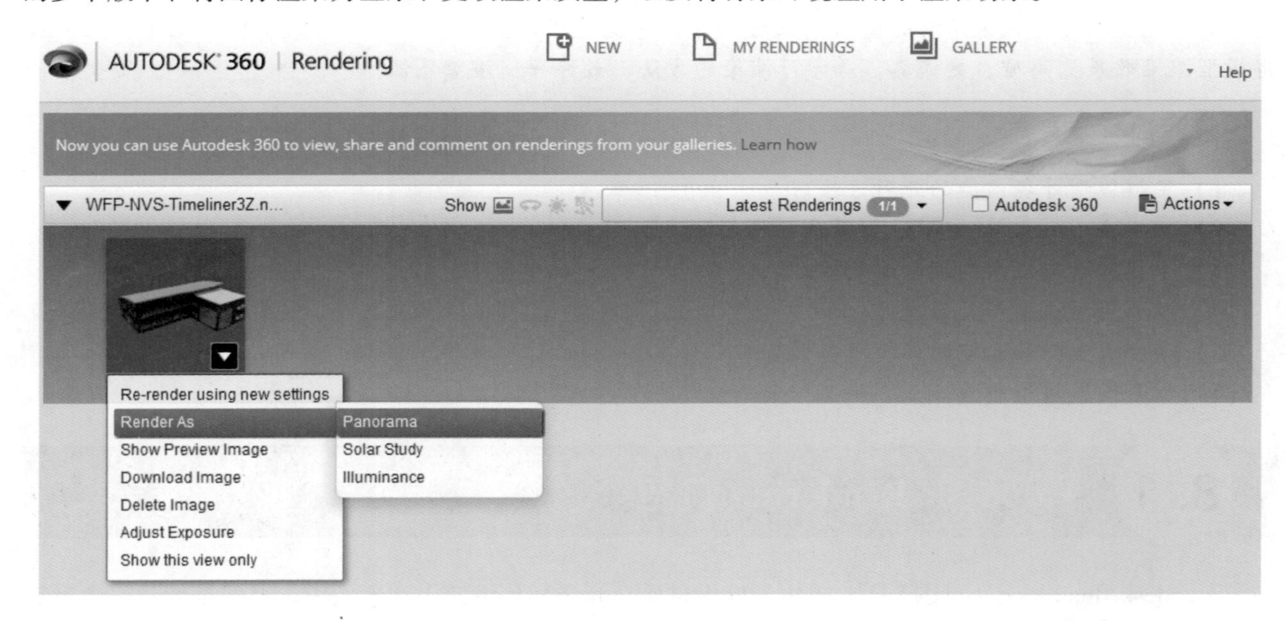

图 8-3

3. 使用光线跟踪

使用光线跟踪可以创建高质量图像的场景视图。在【渲染】选项卡【交互式光线跟踪】面板的【光线跟踪】下拉菜单中可以选择渲染的质量等级，如图 8-4 所示。

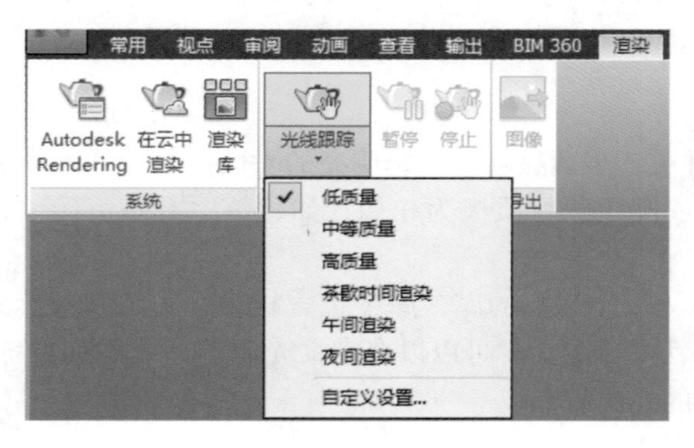

图 8-4

8.2 渲染设置

本节将进一步学习 Autodesk Rendering，在创建真实性较强的场景时可对其窗口中的选项进行任意组合。类似于 Revit 的产品同样使用 Autodesk 材质库，而且它们和模型物体一起输入，其他不那么精细的产品没有该能力。这是 Navisworks 的关键优势：可以附加一系列本地模型的组合，并且应用材质到模型物体，从而生成逼真的视觉图像。

接下来介绍创建、选择和应用基本材质到模型，使用光源生成效果以及太阳和天空集合以增强视觉效果的内容将一并在之后进行讲解，最后的讲解内容是渲染完成模型。

在【常用】选项卡的【工具】面板中打开【Autodesk Rendering】窗口（见图 8-5），这是一个可固定窗口，用于设置场景中的材质和光源，以及环境设置和渲染质量及速度。其中主要包含两个区域：①工具栏；②选项卡。每个选项卡中都包含了一系列可设置的选项，可以定义材质、光源和环境，这些都会在渲染中体现。

图 8-5

8.2.1 材质设置

1. 【材质】选项卡

【Autodesk Rendering】窗口中的【Autodesk 库】包含了 700 多种材质和 1000 多种纹理。虽然用户不能修改这些材质，但是可以用这些材质来编辑和创建自己的材质，然后保存到自己的库中。这个窗口中有一个非常实用的搜索框，即可以通过材质名称进行搜索。

（1）文档材质　【文档材质】选项区（见图 8-6）中显示了与打开的文件一起保存的材质。

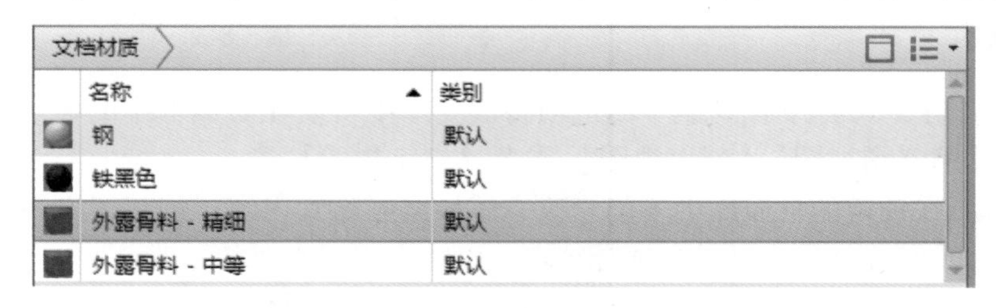

图 8-6

（2）Autodesk 库　在【Autodesk 库】（见图 8-7）中会列出材质库中当前可用的类别，类别中的可选材质将显示在右侧。当光标悬停在材质样例上方时，用于应用或编辑材质的按钮会变为可用状态。

（3）用户库　该类型的库包含用户所创建的以及能够与其他模型或用户通过网络分享的材质。该种类型的库可以在本地或者在网络上创建，并且储存在一个单独的文件夹里。用户库可以被复制、移动、重命名或删除。但是，用户库中的材质所使用的任何自定义纹理文件必须通过手动方式与用户库捆绑。

1）创建用户库。单击窗口左下角的按钮，在下拉列表中选择【创建新库】选项（见图 8-8）。当

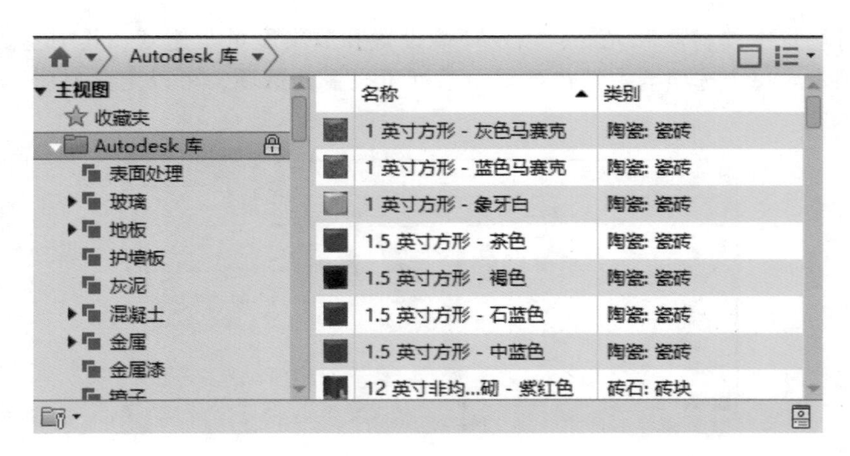

图 8-7

用户创建一个新库时，系统会提示用户定位到一个地址，输入库的名称并且保存，然后就可以在库中添加材质了。用鼠标右键单击材质，在弹出的快捷菜单中选择【添加到】→【用户库】选项，（见图 8-9），就可以将材质添加到自定义的用户库中。

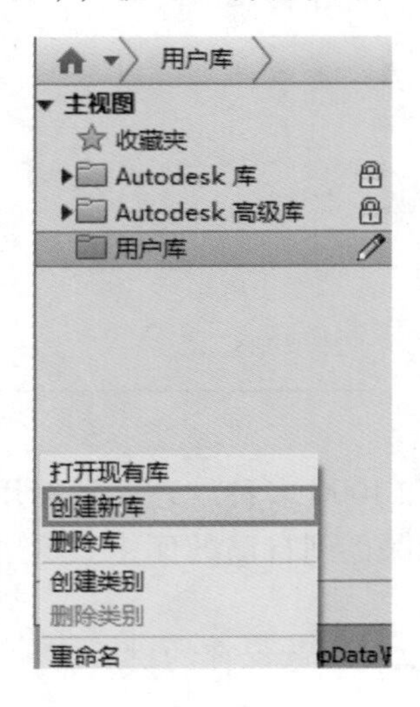

图 8-8

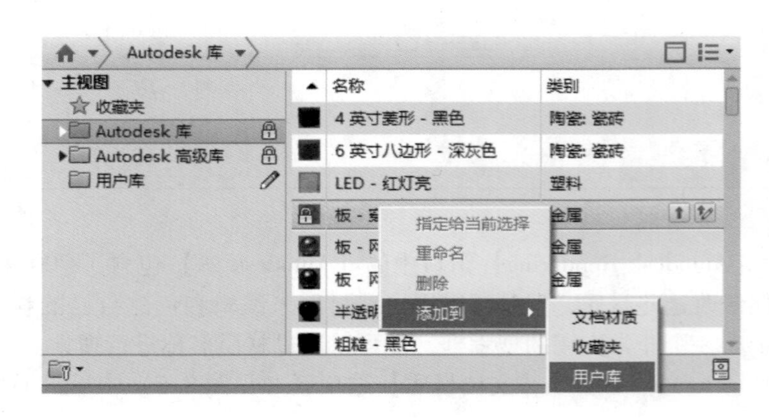

图 8-9

【更改视图】（见图 8-10）下拉列表中的选项将改变库中材质在对话框中的显示方式，例如，它们的视图可以更改为【缩略图视图】【列表视图】或者【文字视图】等。

2）锁定用户库。在锁定的材质库中不能修改、添加或删除其内容。创建了供一个项目团队中的数个构件使用的标准材质库后，就可以对它进行锁定，以防出现不必要的更改。

锁定材质库的方法与创建只读文件相似。首先要知道材质库在计算机中的位置，当光标悬停在 Autodesk 库上时会出现一个提示，显示材质库的位置，如图 8-11 所示。所有的材质库文件名都有 .adsklib 的扩展名，然后将文件设置为【只读】即可。

2. 使用材质库

【Autodesk 库】是被锁定的，由右边锁的图标显示。虽然不能在 Autodesk 库中编辑，但是可以使用这些材质作为自定义材质的基础，自定义材质可以保存到用户库中。

Autodesk 材质库代表了实际材质，可以应用于模型物体表面，创建一个真实的外观，表现出反射率、透明度和材质。材质由多种特性定义，虽然不能修改 Autodesk 材质库，但是用户能够在这些材质的基础上编辑和创建自己的新材质。

注意：只可以对【文档材质】列表中现有的材质进行编辑。

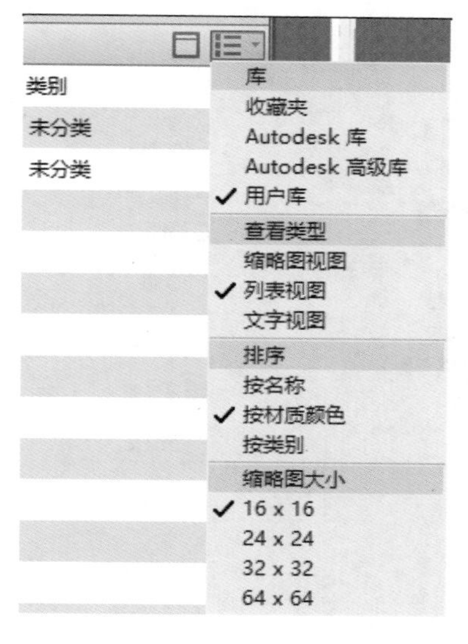

图 8-10

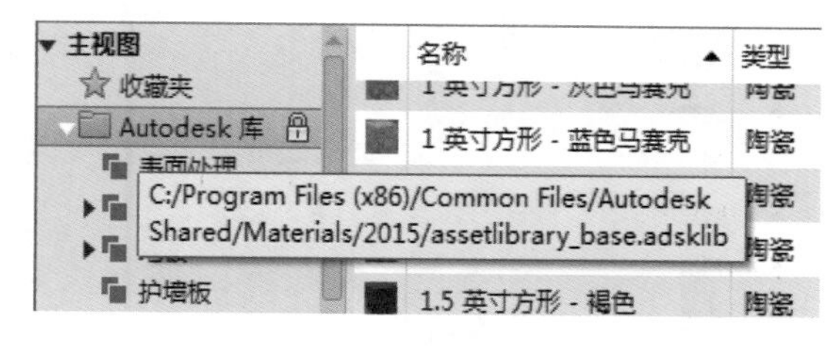

图 8-11

在模型上赋予材质有以下两种方法：

1）将材质直接拖曳至模型中的物体上。

2）在模型中选中要附着材质的几何图形，用鼠标右键单击材质，在弹出的快捷菜单中选择【指定给当前选择】选项。已选材质会自动出现在上方的【文档材质】选项区中。向上的箭头（见图 8-12）也允许用户直接从【Autodesk 库】中添加材质到【文档材质】中，但是该操作不会将材质应用到模型中。

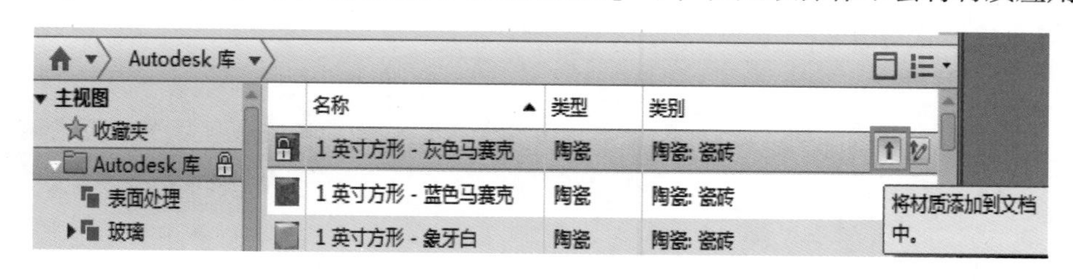

图 8-12

用鼠标右键单击【文档材质】选项区中的材质，在弹出的快捷菜单中选择【编辑】选项（或双击【文档材质】选项区中的材质），可以打开【材质编辑器】对话框（见图 8-13）。该对话框的内容会随着所选材质的不同而改变。

【外观】选项卡中包含了以下用于编辑材质特性的选项：

（1）材质预览　在缩略图中可以预览已选材质，下拉列表框中有可以更改渲染质量和缩略图形状的选项，如图 8-14 所示。

（2）【常规】选项区（见图 8-15）　默认通用材质具有以下特性：

1）颜色。尤其是在光滑的球型表面，材质的颜色会随着光源位置的变化而变化。例如，如果要查看一个有颜色的表面，那么距离光源远的那一面颜色会更深，距离光源近的那一面会几乎变白。可以指定颜色或自定义纹理，纹理可以是图像，也可以是程序纹理。

2）图像。控制着材质的基本漫射颜色贴图，漫射颜色是物体受直射日光或者人造光源照射所反射的颜色。

通过【图像】可以将纹理指定给材质的颜色（见图 8-16）。每个纹理类型都具有一组特有的控件

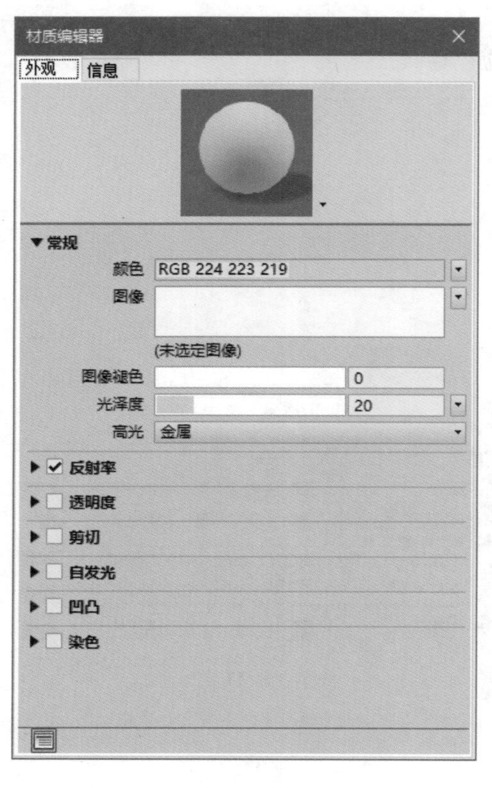

图 8-13

图 8-14

或通道，能够用于调整诸如反射率、透明度和自发光等特性。在这些通道中，可以指定、隐藏或删除纹理。将纹理指定给材质颜色后，纹理颜色将替换材质的漫射颜色。应用纹理后，可以通过调整材质贴图重新将它与面或形状对齐。

图 8-15

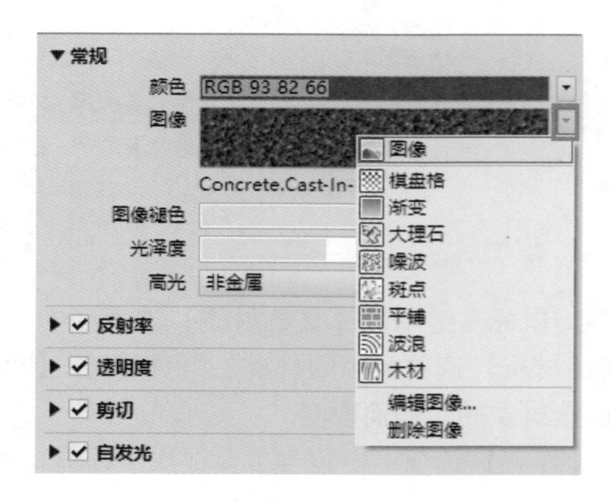

图 8-16

纹理有两种类型，即图像纹理和程序纹理。图像纹理使用图像来表示纹理。例如，可以使用木材、混凝土砾岩、金属、地毯或篮筐的图像。程序纹理是由数学算法生成的，用于表示重复纹理（如砖块或木材）。可以通过调整纹理特性以获得想要的效果。例如，调整大理石的纹理宽度和高度，或调整木材的噪波和颗粒密度，如图 8-17 所示。

3）图像褪色。用于控制基础颜色和漫射图像的组合，该特性仅可在使用图像时才能进行编辑。

4）光泽度。材质的反射质量定义了其光泽度或消光度。若要模拟有光泽的曲面，则材质应具有较小的高光区域，并且其高光颜色较浅，甚至可能是白色。光泽度较低的材质具有较大的高光区域，并

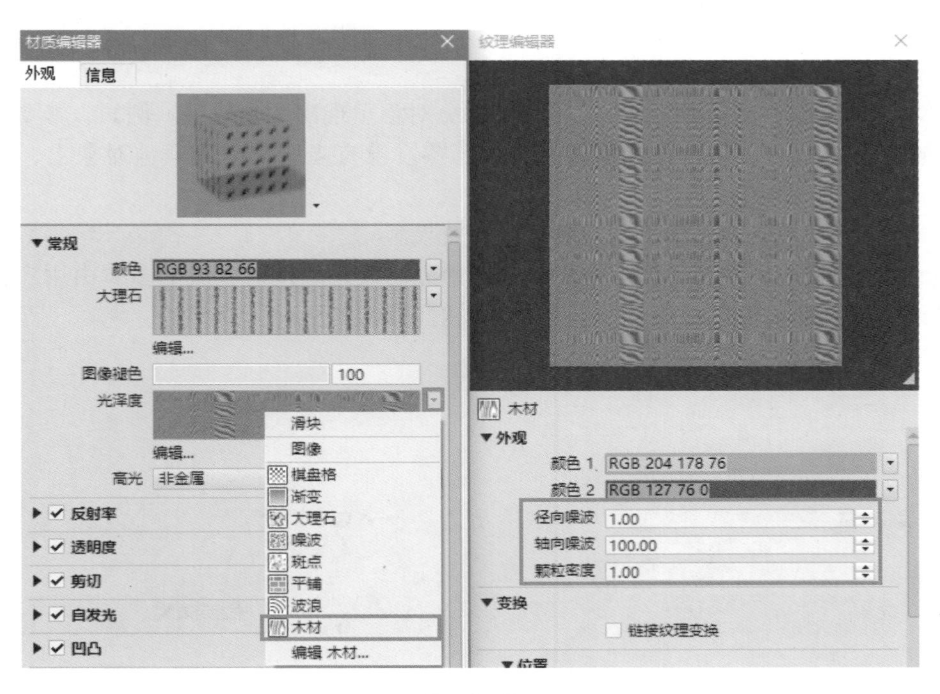

图　8-17

且高光区域的颜色更接近材质的主色。

5）高光。控制材质的反射高光的获取方式。金属设置将根据光源照射在对象上的角度发散光线（各向异性）。【金属高光】是指材质的颜色；【非金属高光】是指光线接触材质时所显现出的颜色。

> 注意：下面介绍的选项都用于生成特殊效果。虽然没有必要提到这些高级用户才会用到的工具，但是此处有大量选项，而且通过使用它们可以获得更加显著的效果。下面简要介绍每个选项。

（3）【反射率】选项区（见图 8-18）　模拟有光泽物体表面上反射的场景，如一块光滑的地砖，如图 8-19 所示。为了使反射映射更好地渲染，必须使用有光泽的材质，而且反射图像本身应该是高像素的（至少为 512px × 480px）。【直接】和【倾斜】参数控制表面上的反射级别及反射高光的强度。

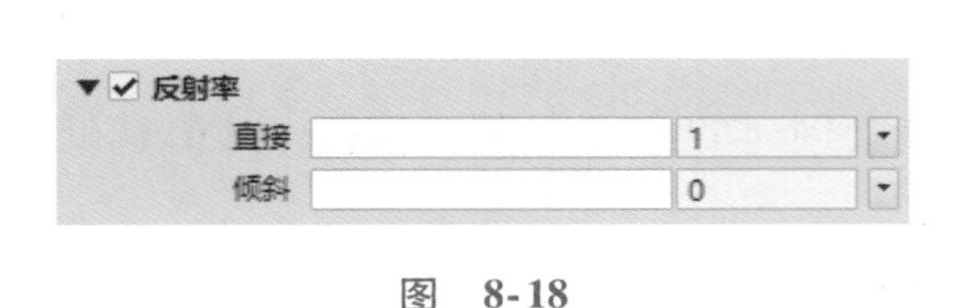

图　8-18

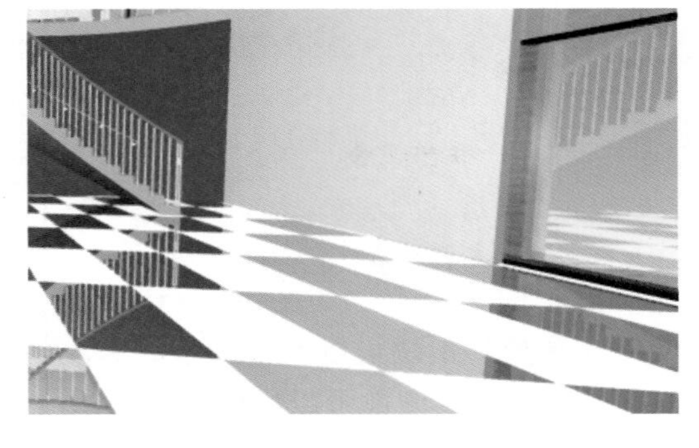

图　8-19

（4）【透明度】选项区（见图 8-20）　完全透明的对象允许光源穿过对象。当透明度为 1.0 时，材质是完全透明的；当透明度为 0.0 时，材质是完全不透明的。透明度的效果最好在有布局的背景下进行预览。

(5)【剪切】选项区（见图 8-21） 可以使材质部分透明，从而提供基于纹理灰度转换的穿孔效果。可以选择一个图像文件进行剪切。

(6)【自发光】选项区（见图 8-22） 可以使部分对象呈现出发光效果。例如，若要在不使用光源的情况下模拟霓虹灯，就可以将自发光值设置为大于零。没有光线投射到其他对象上，且自发光对象不接收阴影。

1）过滤颜色：会在发光的表面上创建颜色过滤效果。

2）亮度：可以让材质模拟在光度控制光源中被照亮的效果。发射光线的多少由用户在该字段中选择的值确定。该值以光度单位进行测量。没有光线投射到其他对象上。

3）色温：可以设置自发光的颜色。

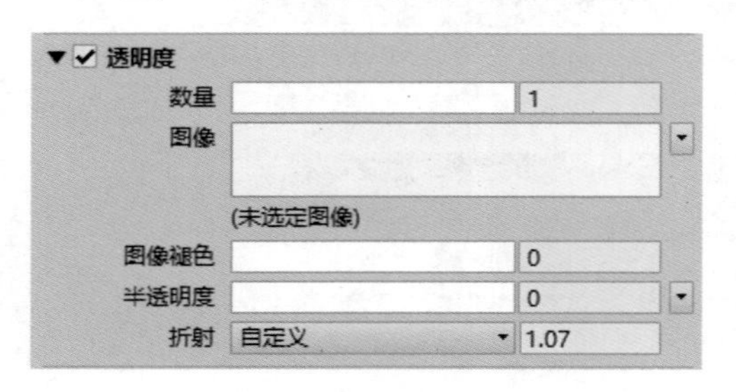

图 8-20

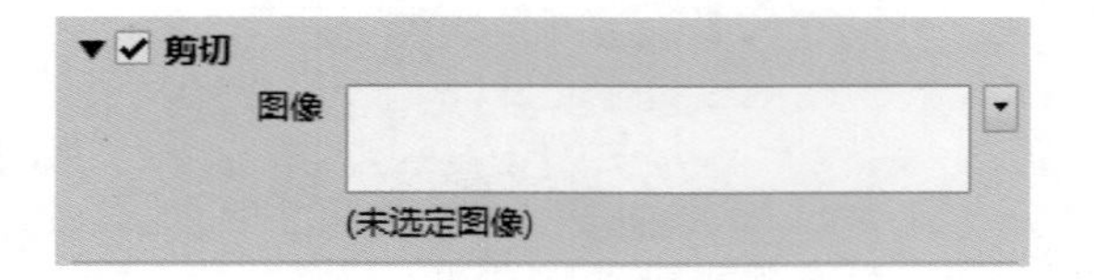

图 8-21

图 8-22

(7)【凹凸】选项区（见图 8-23） 可以选择一个图像文件或者程序贴图用于贴图。凹凸贴图使得物体呈现出起伏或者不规则的表面，如图 8-24 所示。当用凹凸贴图渲染物体时，浅色（偏白）区域就会呈现高一点的样子，而深色（偏黑）区域就是呈现低一点的样子。凹凸贴图滑块可以调整凸起的程度。

图 8-23

图 8-24

使用【数量】滑块可以调整凹凸的高度。其值越高，渲染创建的凸出高度就越高；其值越低，则凸出高度越低。灰度图像可以生成有效的凹凸贴图。

(8)【染色】选项区 设置与白色混合的颜色的色调和饱和度值。

3. 【材质贴图】选项卡

在选择几何图形之前，这个选项卡是空的；选择几何图形之后，将显示为所选物体的材质贴图类型。通常只向熟悉该软件的高级用户推荐此功能。

贴图的方式有以下5种（见图8-25）。

1）平面：简单的贴图，就好像被映射到一个二维平面。

2）长方体：长方体贴图会根据法线方向进行不同的平面投影。

3）圆柱：圆柱贴图类似于长方体贴图，但需要假设放置圆柱体来包围对象。

4）球形：假设放置一个球体来包围某对象。

5）显式：需要物体有清晰的UV坐标作为其几何图形的一部分。

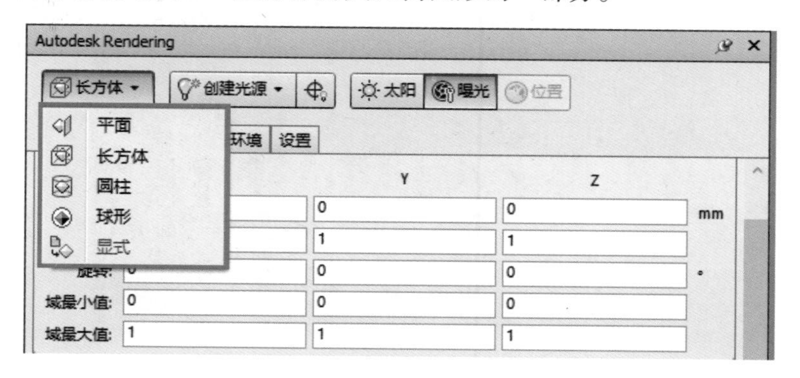

图　8-25

8.2.2 照明设置

为了使外观更加真实，需要添加光源到模型中。在【创建光源】下拉列表中包含了一系列光源类型，它们是：点、聚光灯、平行光和光域网灯光（见图8-26）。选择一种光源类型并在场景视图中放置后，将会打开【照明】选项卡，可以在【照明】选项卡中定义光源的物理特性，如图8-27所示。

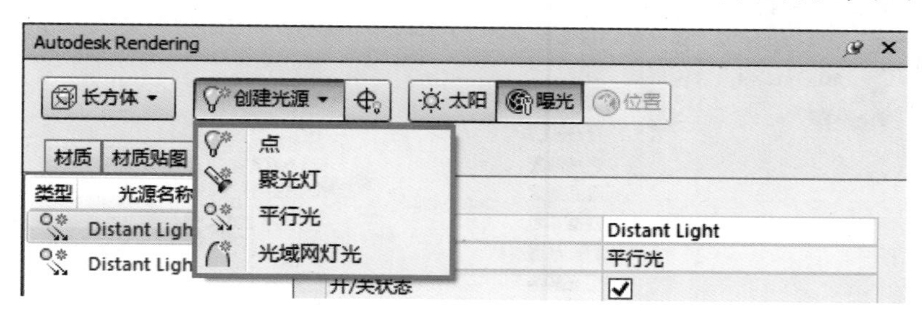

图　8-26

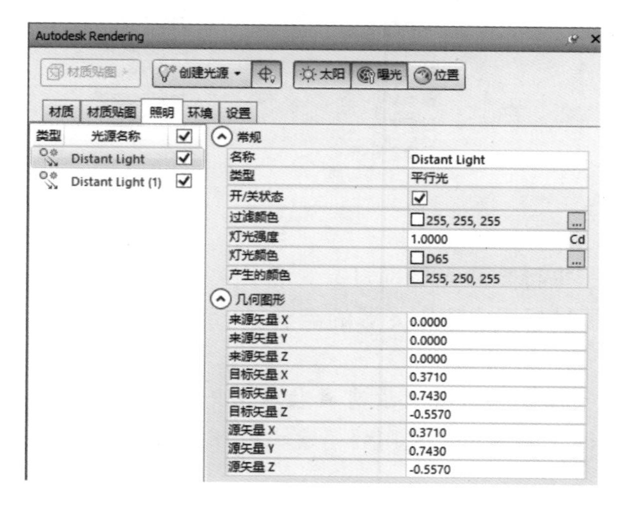

图　8-27

光源可以使用【曝光】来帮助放置场景视图。单击黄色的点（见图 8-28）可以控制光的离散，并可以通过坐标移动、旋转光源。

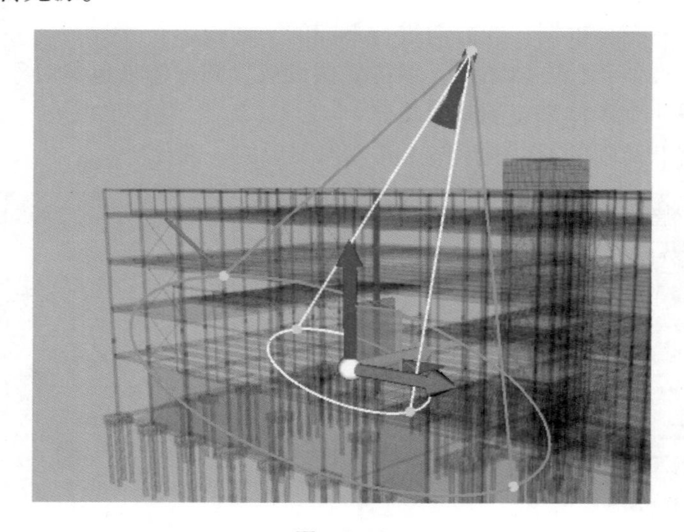

图　8-28

在【照明】选项卡中，可以通过勾选光源来设置光源的开关，同时也用于改变光源的特性，如颜色和强度，如图 8-29 所示。改变的效果可以在场景视图中进行实时查看。

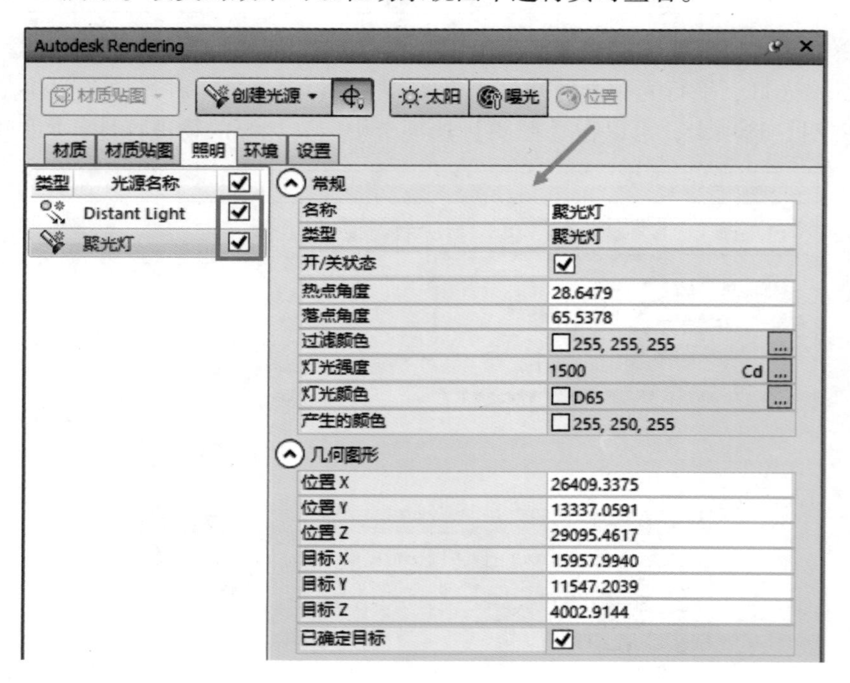

图　8-29

每个光源（点、聚光灯、平行光和光域网灯光）都由一个不同的光源图标表示，并且每个光源都有一个独特的形状，便于在场景视图中辨别光源的类别。

> 注意：工具栏中的【太阳】在放置时没有离散点，并且会对整个视图产生影响，它不能由光源代表。太阳是一个非常遥远的光源，太阳的角度由地理位置、时间和日期决定。

8.2.3 环境设置

单击【太阳】或【曝光】按钮（见图8-30），将打开【环境】选项卡，可以设置太阳、天空和曝光的属性，当字段被选中时，就会显示勾选符号，如图8-31所示。

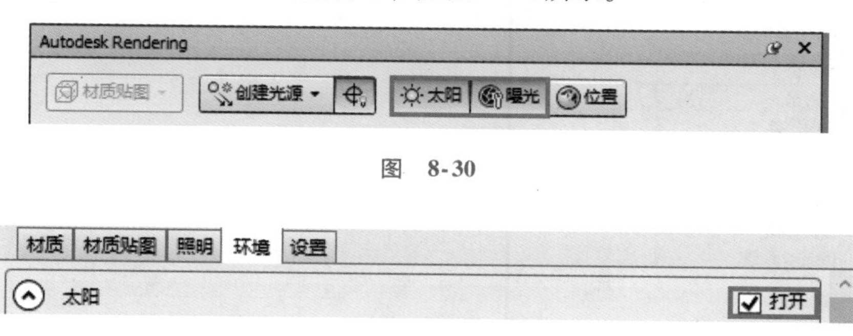

图 8-30

图 8-31

【环境】选项卡中包含了大量模拟自然光源以及太阳和天空照明效果的选项，这些选项可以定义即将应用于场景视图和保存为独立文件的环境因素。阳光的角度可以由【方位角】和【海拔】设定。

如果选中【地理】选项，可以输入实际的地理位置、时间（使用当地时区）和日期，并自动计算太阳的方位角和海拔。单击【地理】选项中的【设置】按钮（或单击工具栏中的【位置】按钮），将打开【地理位置】对话框（见图8-32）。

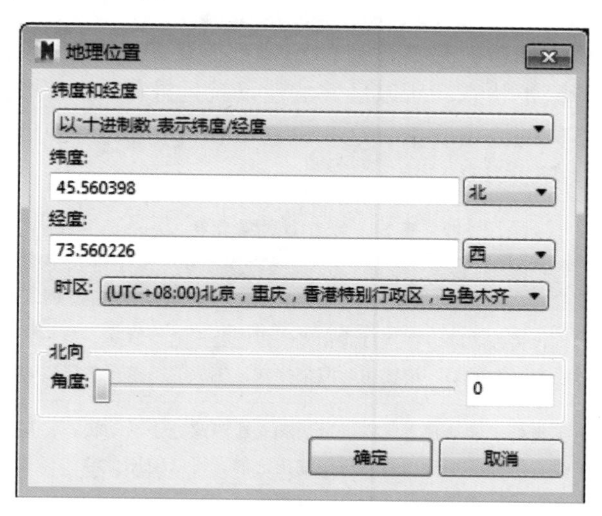

图 8-32

位置更改完成的同时，就可以在场景视图中立即看到效果。设置会跟模型一并保存下来，下次打开文件时，就会使用相同的位置。

注意：太阳和天空的效果仅仅只在开启曝光的情况下使用。否则，场景视图中的背景会变白。

8.2.4 渲染质量设置

【Autodesk Rendering】窗口中的【设置】选项卡提供了6个【渲染预设】选项和一个【自定义设置】选项（见图8-33），以控制渲染的质量和速度。

图 8-33

成功渲染的关键就是实现所需视觉样式和渲染速度上的平衡，换而言之就是渲染速度决定着所需的时间。不论计算机的运行能力如何，最高质量的图像都需要最多的时间来渲染。渲染包含大量复杂的计算，使计算机长时间保持繁忙状态，所以最好的建议就是进行高效工作。

以下内容详细地介绍了不同的渲染质量，这些也可以在【渲染】选项卡【交互式光线跟踪】面板的【光线跟踪】下拉列表中选择，具体见表 8-1。

表 8-1　渲染质量介绍

渲染样式	介　绍
低质量	抗锯齿将被忽略，样例过滤和光线跟踪处于活动状态，着色质量低。如果要快速看到应用于场景的材质和光源效果，请使用此渲染样式。生成的图像存在细微的不准确性和不完美（瑕疵）之处
中等质量	抗锯齿处于活动状态。样例过滤和光线跟踪处于活动状态，且与“低质量”渲染样式相比，反射深度设置增加。在导出最终渲染输出之前，可以使用此渲染样式执行场景的最终预览。生成的图像将具有令人满意的质量，但有少许瑕疵
高质量	抗锯齿、样例过滤和光线跟踪处于活动状态。图像质量很高，且包括边、反射和阴影的所有反射、透明度和抗锯齿效果。此渲染质量所需的生成时间最长。将此渲染样式用于渲染输出的最终导出。生成的图像具有高保真度，并且最大限度地减少了瑕疵
茶歇时间渲染（用时较短）	设置为 10min 的渲染时间，进行简单照明计算，数值精确度达标准
午间渲染（用时中等）	设置 60min 的渲染时间，进行高级照明计算，数值精确度达标准
夜间渲染（用时较长）	设置 720min 的渲染时间，进行高级照明计算，数值精确度达高标准
自定义设置	为渲染成果自定义基本和高级的渲染设置

8.2.5 保存和导出已渲染图像

完成想要的渲染后（见图 8-34），可以在【渲染】选项卡的【导出】面板中选择【图像】（图 8-35）。

在菜单中选择要保存的文件类型，命名并保存图像至合适的位置。

图 8-34

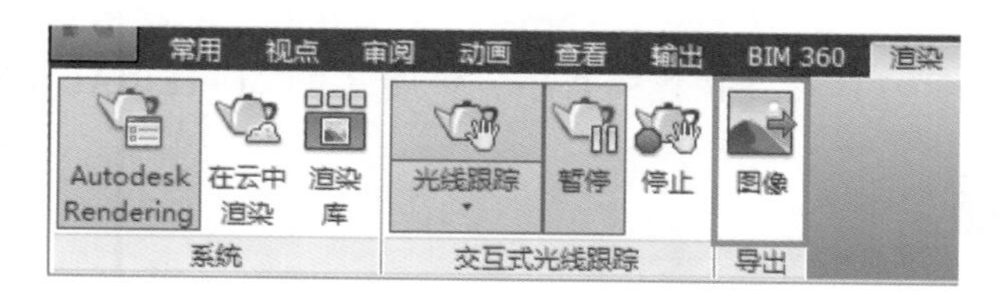

图 8-35

8.3 单元练习

本单元练习通过使用渲染的实际案例来进行操作，练习主要包括以下3部分：

1）使用 Autodesk Rendering 工具应用标准材质到一个 IFC 模型上。

2）使用【渲染】选项卡中提供的部分扩展特性修改材质和光源修改材质。

3）学会使用 Autodesk Rendering 创建和导出渲染图像及动画。

注意：Navisworks 软件版本不同，材质和渲染后的视觉效果可能存在差异。

8.3.1 添加材质

在练习的第一部分，将学习使用 Autodesk Rendering（渲染）工具应用材质。打开一个在 Tekla Structures 中创建的 IFC 文件，找到模型，然后使用透明度曝光钢制加固，再从 Autodesk Rendering 标准材质库中添加材质。

1）打开起始文件【WFP-NVS2015-08-Render1. nwd】。

2）在【保存的视点】窗口中选择【Footing】（基脚）。在场景视图中选择桩帽、桩和条形基础，如图8-36所示。

3）单击鼠标右键，在弹出的快捷菜单中选择【替代项目】→【替代透明度】选项。在打开的对话框中将滑块拖曳到中间位置，选择50%的透明度（见图8-37），然后单击【确定】按钮。

图 8-36

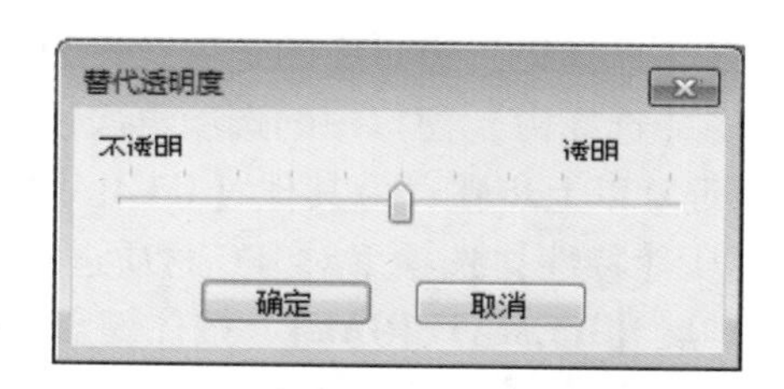

图 8-37

4）单击场景视图，放大桩帽，查看桩帽上的钢筋。

5）在【保存的视点】窗口中打开【3D model（3D 模型）】。

6）在【常用】选项卡的【选择和搜索】面板中选择【选择树】，将选项设置为【特性】，如图 8-38 所示。

注意：使用【标准】选项时，物体会同时在【选择树】和场景视图的模型中高亮显示；使用【特性】选项后，【选择树】将不通过这样的方式运作。【选择树】中已选的项目可以在场景视图中高亮显示，反之则不可以。

7）在【选择树】中，扩展【IFCMATERIAL】→【NAME】，选择【/A36】，如图 8-39 所示。

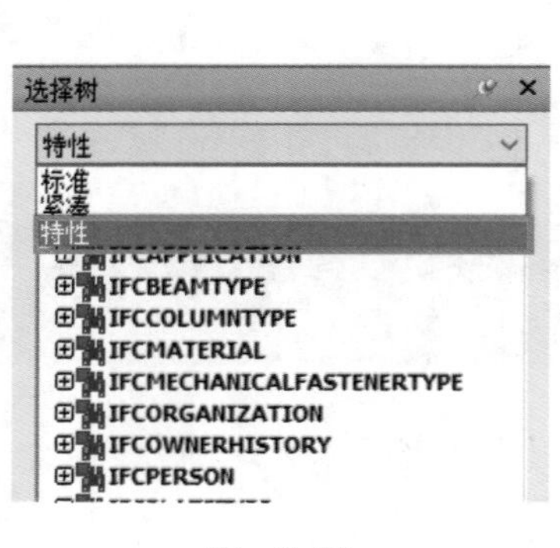

图 8-38

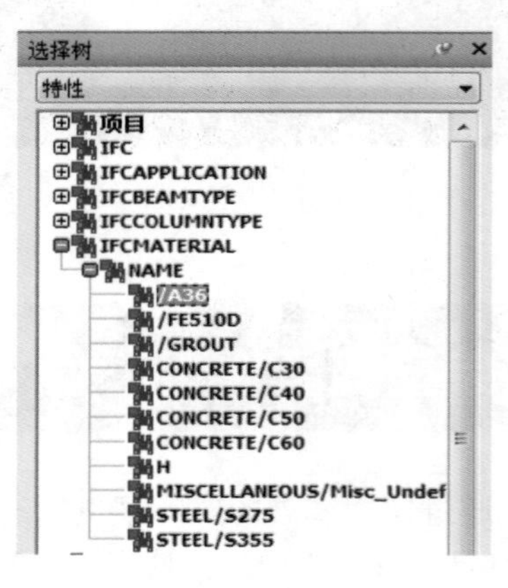

图 8-39

8）在【常用】选项卡的【可见性】面板中选择【隐藏未选定对象】，显示出所有使用 IFC/A36 材质的地脚螺栓。

9）在同一个面板中选择【取消隐藏所有对象】或【显示所有】，将视图中所有的图元显示出来。

接下来为这些地脚螺栓创建一个搜索集。

1）在【选择和搜索】面板的【集合】下拉菜单中选择【管理集合】（见图 8-40）。在【集合】窗口中单击【保存搜索】按钮，并且命名为【地脚螺栓】，如图 8-41 所示。

图 8-40

图 8-41

2）将【选择树】窗口中的选项设置为【集合】，这样就完成了搜索集合的操作。

3）将【选择树】窗口中的选项再次设置为【特性】。关闭【集合】窗口。

可以重复以上步骤，为其他【IFCMATERIAL】层级中的内容创建集合，使其被用于材质的应用；或者直接从【特性】选项下对 IFC 材质进行应用。

1）扩展【IFCMATERIAL】，按住键盘上的 <Ctrl> 键，多选【/A36】【/FE510D】【STEEL/S275】【STEEL/S355】和【IFCMECHANICALFASTENERTYPE】，如图 8-42 所示。

2）在【工具】面板中选择【Autodesk Rendering】。在材质库中，先从 Autodesk 库中选择【金属】，然后选择【钢-金属：钢】，如图 8-43 所示。

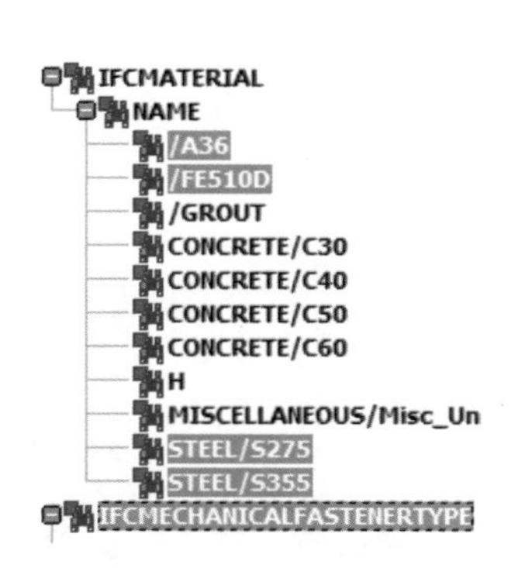

图 8-42

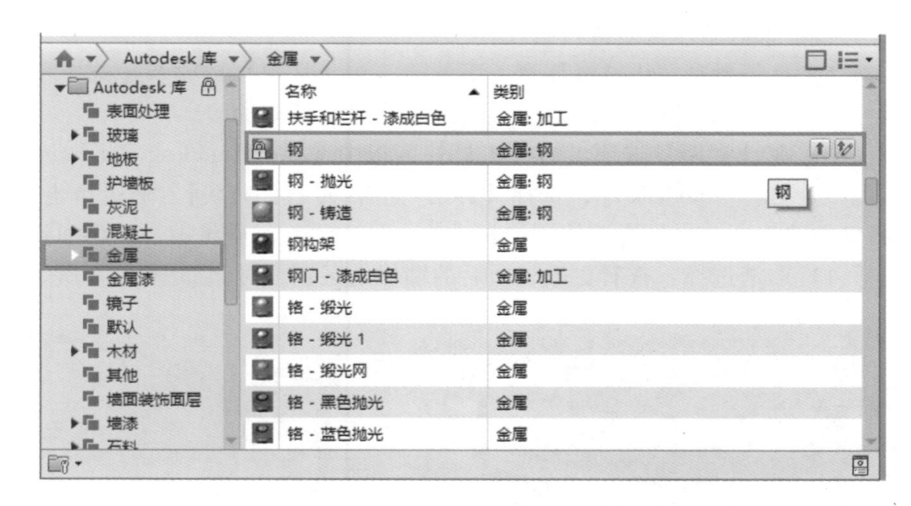

图 8-43

3）单击鼠标右键，在弹出的快捷菜单中选择【指定给当前选择】选项。

4）重复上述步骤，为【IFC MATERIAL】层级中的以下集合应用材质：

①/GROUT（砂浆）：混凝土-外露骨料-精细。

②CONCRETE（混凝土）/C30，C40，C50 和 C60：混凝土-外露骨科-中等。

③H：金属-铁黑色-金属。

为了方便整理模型，下面将隐藏所有不需要的图元。

1）选择【MISCELLANEOUS/Misc_Undefined】，在【可见性】面板中选择【隐藏】。

2）在场景中缩放视图，查看地基区域，选择其中一根白线，如图 8-44 所示。

3）在【选择和搜索】面板的【选择相同对象】下拉菜单中选择【同名】。突出显示所有线条，在【可见性】面板中选择【隐藏】。

通过以上步骤，已经将 Autodesk 库中的材质应用到模型上，如图 8-45 所示。

图 8-44

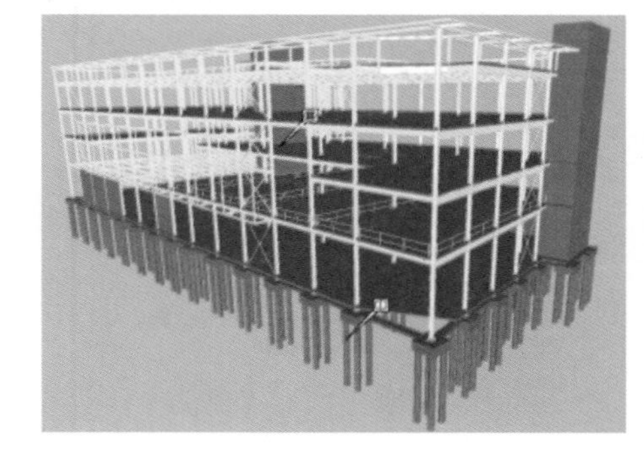

图 8-45

4）将文件另存到合适位置。

8.3.2 使用渲染工具

练习的第二部分中，要修改之前在 Revit 中创建的材质，然后使用光线跟踪渲染模型，查看所做的更改，并且对光源和渲染样式进行不同的设置。

首先在 Revit 中修改已经应用于模型物体的外墙材质。

1）打开起始文件【WFP-NVS2015-08-Render2. nwd】。

2）在【保存的视点】窗口中选择【View 1】。

接下来对墙体材质进行修改。

1）在场景视图中选择任意一面外墙。在【常用】选项卡【选择和搜索】面板的【选择相同对象】下拉菜单中选择【选择相同的材质】，突出显示所有的墙。

2）在【常用】选项卡的【工具】面板中选择【Autodesk Rendering】。

3）打开 Autodesk 库，选择【砖石-面砖-砖石：砖块】。通过单击选择并拖曳该材质到场景视图中凸显的墙上，这也是为墙体添加材质的一种方法。材质将被自动添加到材质文档中。

4）取消选择，查看更改材质后的墙体的区别，对比如图 8-46 所示。

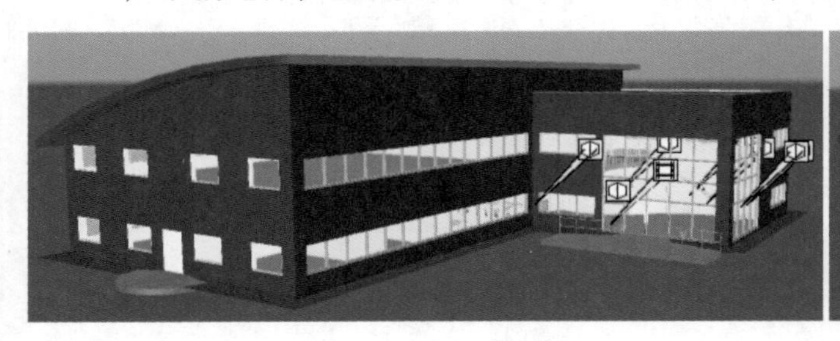
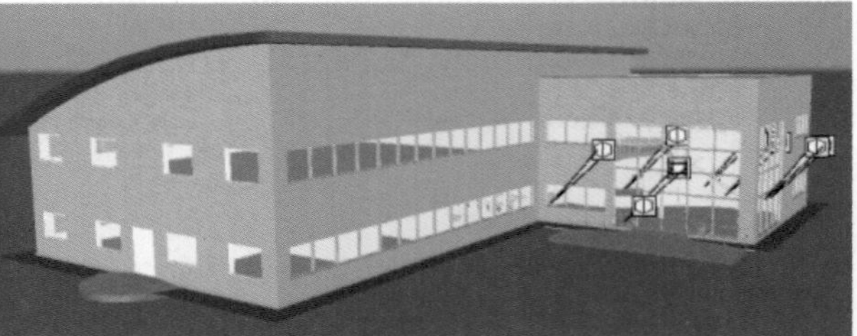

图　8-46

> 注意：虽然材质本身已经发生更改，也在场景视图中可见，但是其指定到原始原件的物理特性并没有改变，材质特性还保持在 Revit 中指定的特性，要想改变材质，要回到最初的软件进行修改。

5）在场景视图中选择其中的一面墙，然后在【常用】选项卡的【显示】面板中选择【特性】。在【特性】对话框中，切换到【Autodesk 材质】选项卡，确认最初的【Masonry-Brick，New（1）】材质没有改变，如图 8-47 所示。关闭【特性】对话框。

为了进一步提高视觉外观效果，下面要更改建筑周边的散水材质。

1）在场景视图中选择建筑周边的散水（见图 8-48），现在它的材质是【Gravel-Compact】。

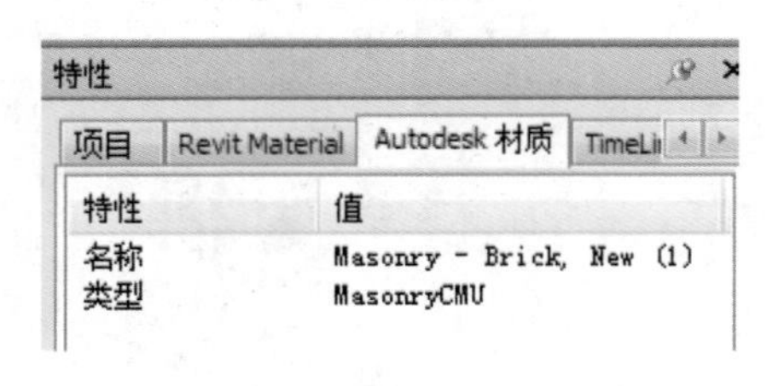

图　8-47

图　8-48

2）在 Autodesk 库中选择【现场工作，鹅卵石-蓝灰色】，然后将该材质拖曳到场景视图中的散水上。

接下来将使用光线跟踪渲染模型，查看目前在场景视图中所应用的材质。

> 注意：渲染场景所需要的时间取决于光线跟踪中所选的集合以及练习时所使用计算机的处理能力。

1）关闭【Autodesk Rendering】窗口。

2）在【保存的视点】窗口中选择【View 2】。

3）在【渲染】选项卡【交互式光线跟踪】面板的【光线跟踪】下拉菜单中选择【低质量】。

4）单击光线跟踪上半部分的渲染按钮（见图8-49），开始渲染。完成后的视图如图8-50所示。再次单击【渲染】按钮，取消对视图的渲染。

图　8-49

图　8-50

注意：选择了以后，场景视图的左上角会显示光线跟踪正在运行或者完成，完成百分比中提供更多信息；左下角显示了渲染等级和所需时间。一旦更改场景视图，甚至进行缩放，当前的渲染效果就会发生改变。

接下来将练习使用光源效果和渲染样式，然后将修改其中一个光源来观察其在模型中的效果。

1）继续使用打开的模型。在【保存的视点】窗口中选择【 view 3】。

2）在【常用】选项卡的【工具】面板中选择【Autodesk Rendering】，打开窗口。

3）切换到【照明】选项卡，查看视图中现有的光源（见图8-51），激活【光源图示符】会在视图中显示出光源的具体位置，如图8-52所示。

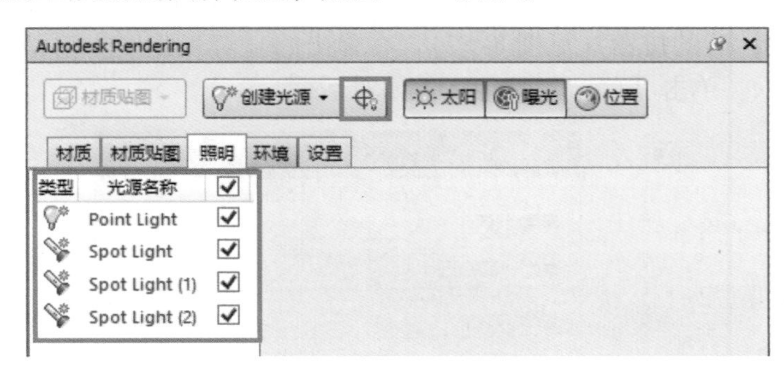

图　8-51

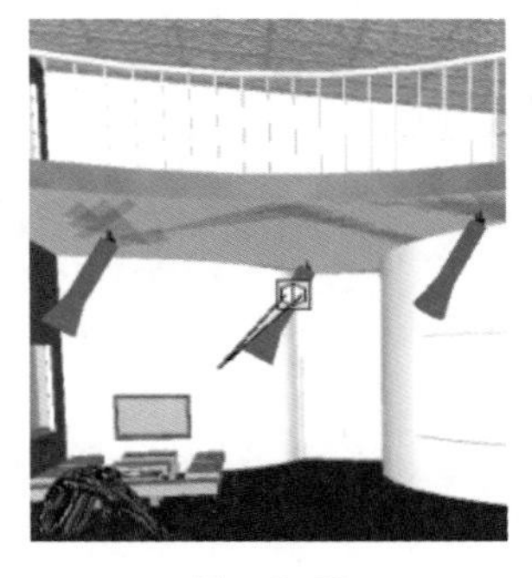

图　8-52

4）先查看渲染样式和光源结合之后的效果。在【视点】选项卡【渲染样式】面板的【光源】下拉菜单中选择【场景光源】，查看效果，如图8-53所示。

5）改变光源为【全光源】，查看效果，如图8-54所示。

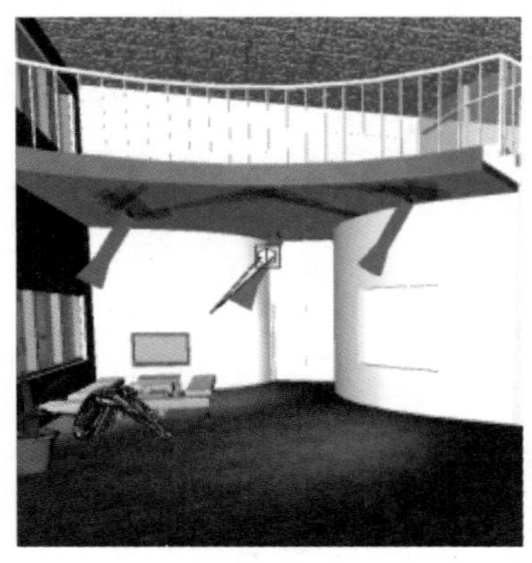

图　8-53

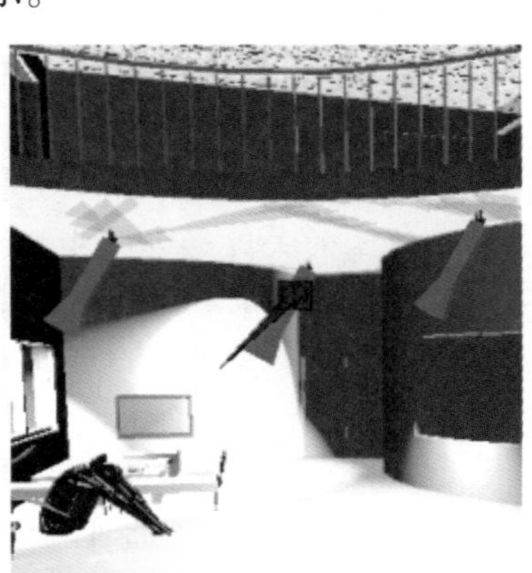

图　8-54

6）在【Autodesk Rendering】窗口的工具栏中取消选择【太阳】。产生的视图可以突出场景中聚光灯（Spot Light）光源的效果。

7）接下来将修改其中一个光源的集合。在【Autodesk Rendering】窗口中，确保已经选择【照明】选项卡。

8）在左侧面板中取消勾选【Spot Light（2）】，再次勾选【Spot Light（2）】，这时可以在视图中看到光源的移动工具，如图 8-55 所示。使用红色、蓝色和绿色箭头可以修改光源位置。内部和外部圆圈决定了光源的扩散范围。

9）单击外部的绿色圆圈，当出现红色箭头时（见图 8-56），通过向内或向外拖曳箭头来增强目标区域中地板的光源。

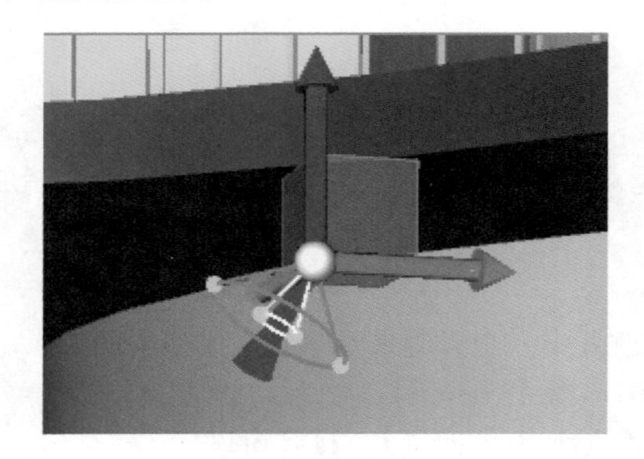

图　8-55

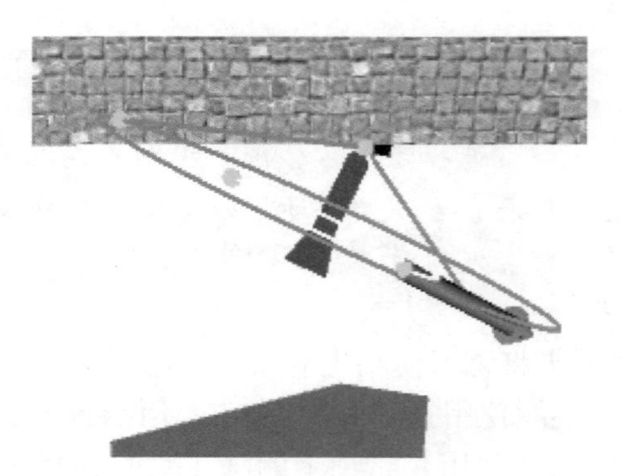

图　8-56

10）在左侧面板中取消勾选【Spot Light】和【Spot Light（1）】，并勾选【Spot Light（2）】，在右侧面板的【常规】选项中单击【灯光强度】后的按钮（见图 8-57）。在弹出的【灯光强度】对话框中将【亮度】修改为【100】，如图 8-58 所示。单击【确定】按钮，关闭对话框。

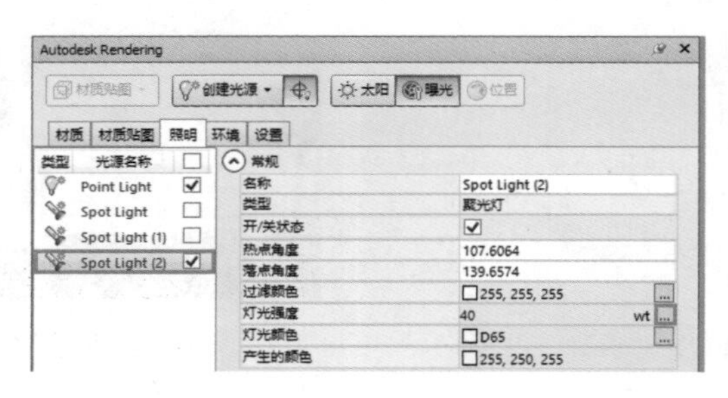

图　8-57

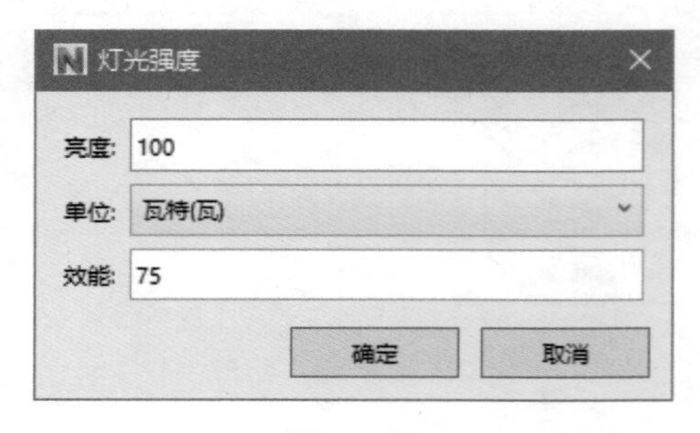

图　8-58

11）取消选择【光源图示符】按钮。

12）在【渲染】选项卡的【交互式光线跟踪】面板中单击【光线跟踪渲染】，效果如图 8-59 所示。

13）从【视点】选项卡【渲染样式】面板的【光源】下拉菜单中选择【场景光源】。

注意：【Autodesk Rendering】窗口的【环境】选项卡中包含了大量的变量，每个都对渲染图像产生直接影响。这里的关键是所耗时间和渲染质量之间的平衡。短的渲染时间意味着低质量的渲染品质；高品质的渲染就需要更长的渲染时间。在实际应用中，高质量的渲染通常只会为利益相关者生成用于最终展示的图像，内部使用通常不用高质量渲染。

为了完成关于光源的练习，接下来要将聚光灯添加到楼梯上的场景中。

1）选择【保存的视点】窗口中的【 View 5 】。

2）在【Autodesk Rendering】窗口的【照明】选项卡中，取消勾选所有的光源。

3）从【创建光源】下拉菜单中选择【聚光灯】，如图8-60所示。

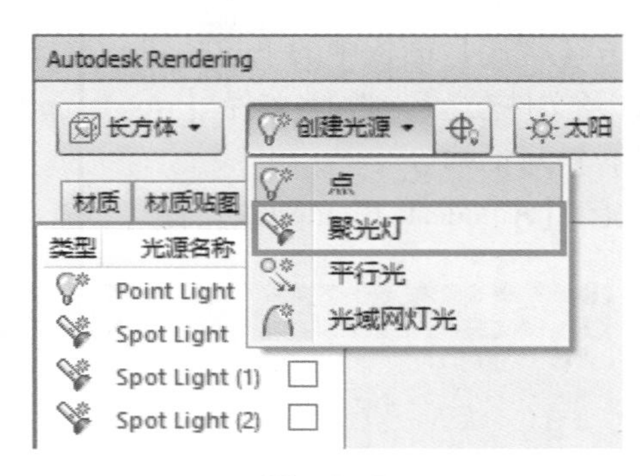

图　8-59

图　8-60

4）移动场景视图中的光源，将光源放置到合适位置，并通过拖曳内部白圈上、黄色点和中心的黄色图标来定义光源的方向，如图8-61所示。

5）在【视点】选项卡的【渲染样式】面板中将光源设置为【全光源】。

6）按照图8-62所示调整光源。

7）在【Autodesk Rendering】窗口中勾选所有光源，然后取消选中光源图示符。

接下来为地板添加一个表面材质，将其从未完成的状态改变为一个光滑的有光泽的装饰品，然后载入一个图像来为门的表面赋予木制材质。

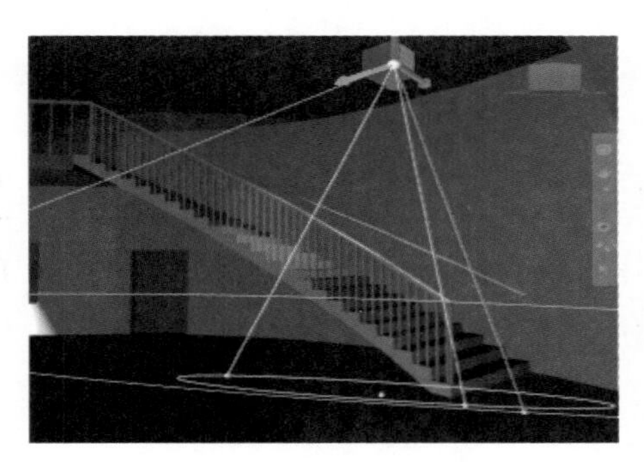

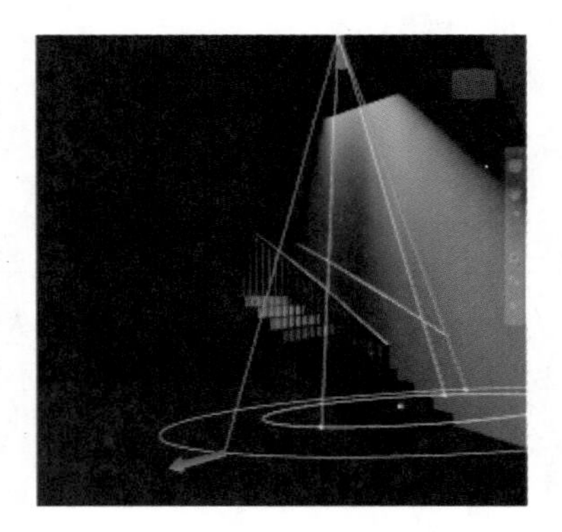

图　8-61

图　8-62

1）在【保存的视点】窗口中选择【View 4】。

2）在【视点】选项卡【渲染样式】面板的【光源】下拉菜单中选择【场景光源】。

3）在【Autodesk Rendering】窗口【材质】选项卡的【Autodesk库】选项区中选择【地板-巴西柚木：天然】，单击鼠标右键，在弹出的快捷菜单中选择【编辑】选项，打开【材质编辑器】对话框。

4）将【饰面】设置为【有光泽的清漆】，如图8-63所示。查看场景视图中的地板效果。

5）在【保存的视点】窗口中选择【View 3】。

6）选择楼梯下方的门，在【文档材质】选项区中可以看到当前门的材质为【AEC_ Concept-White】。在场景视图中将门放大。

7）在【Autodesk库】选项区中选择【木材-英国橡

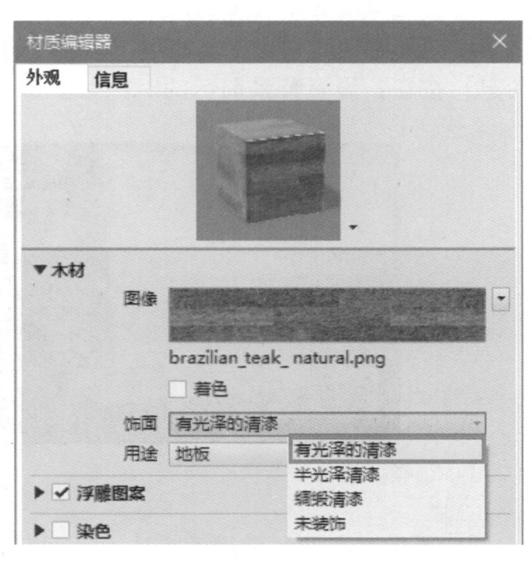

图　8-63

木】，将该材质拖曳至门上。

8）打开该材质的【材质编辑器】，将显示结果由【立方体】修改为【平面】，如图 8-64 所示。

9）单击【常规】面板中的下拉按钮，选择【图像】，如图 8-65 所示。

10）打开文件位置，选择文件【wood. jpg】替代现有图像，将【光泽度】调整为【50】。关闭【材质编辑器】对话框。

11）关闭【Autodesk Rendering】窗口，查看门的材质。

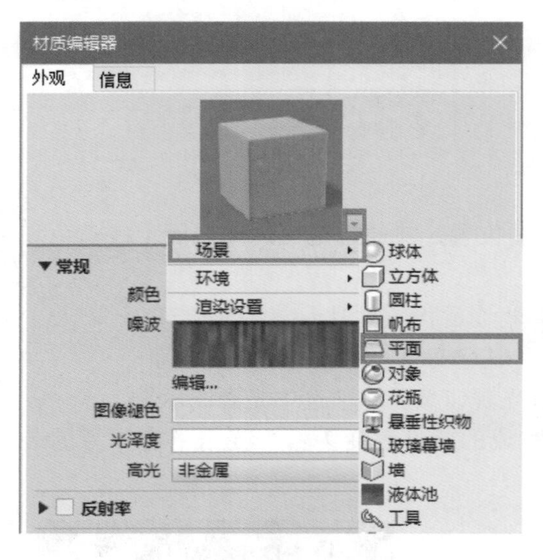

图 8-64

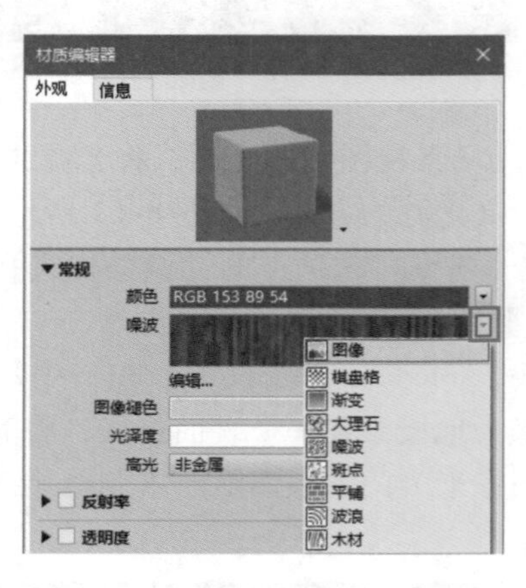

图 8-65

8.3.3 导出渲染图像和动画

到目前为止，我们已在练习中应用了大量标准库材质，修改了部分基本光源，添加了光源效果，然后改变了材质的外观。练习的第三部分，将对渲染图像和动画进行导出。

1）不要关闭之前打开的模型。

2）在【保存的视点】窗口中选择【View 2】，关闭场景视图中的所有面板。

3）在【视点】选项卡【渲染样式】面板的【光源】下拉菜单中选择【头光源】。

4）右键单击场景视图中的黑色背景区域，从弹出的快捷菜单中选择【背景】选项。

5）在弹出的对话框中，将【背景模式】设置为【地平线】，使用默认的颜色，单击【应用】和【确定】按钮，设置背景前后的对比如图 8-66 所示。

图 8-66

创建图像时有两种常用的方法，下面对这两种导出方法进行练习。

（1）方法1

1）在【输出】选项卡的【视觉效果】面板中选择【图像】。

2）在打开的【导出图像】对话框中进行选项设置，具体如图8-67所示。

3）单击【确定】按钮，关闭对话框。

4）将图片命名为【08-Render1. png】并保存到合适位置，单击【确定】按钮，开始渲染图像。

5）渲染完成后，查看导出的PNG文件，如图8-68所示。关闭图像。

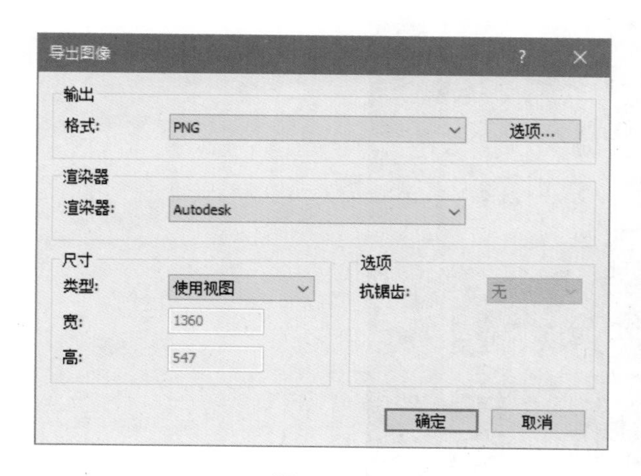

图 8-67

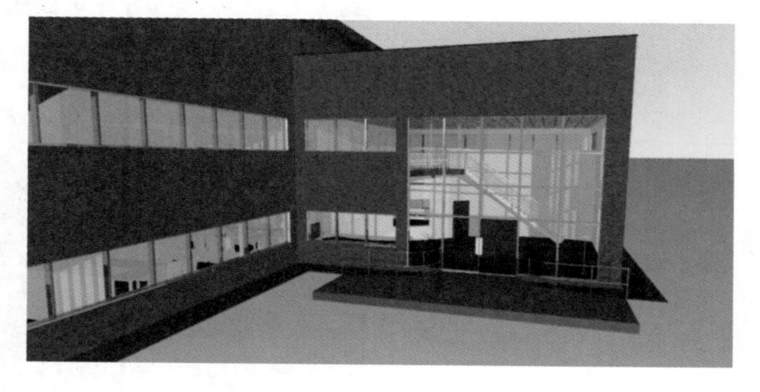

图 8-68

（2）方法2

1）在【渲染】选项卡的【交互式光线跟踪】面板中确保【光线跟踪】的程度为【低质量】。

2）启动光线跟踪，对当前视图进行渲染。

3）渲染完成后，在【导出】面板中选择【图像】。

4）在弹出的【另存为】对话框中为图像选择合适的位置，将【保存类型】设置为【PNG】，将其命名为【08-Render2. png】，单击【确定】按钮。

5）查看导出的图像。

接下来将练习将动画导出为AVI格式视频。

1）不要关闭之前打开的模型。在【交互式光线跟踪】面板中选择【停止】，结束渲染。

2）打开【保存的视点】窗口并选择动画【Walkthrough】。

3）在【动画】选项卡的【导出】面板中选择【导出动画】。

4）在弹出的【导出动画】对话框中进行设置，具体设置如图8-69所示。单击【确定】按钮。

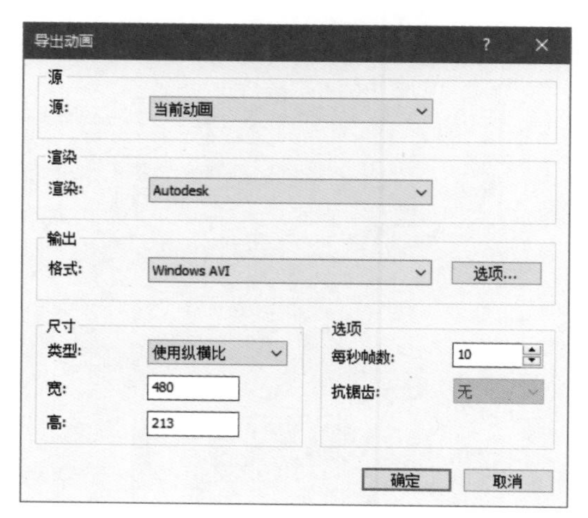

图 8-69

5）将动画命名为【WFP-NVS2015-08-Walkthrough. avi】，并保存到合适的位置。

注意：渲染图像并生成 AVI 格式的视频可能会需要一些时间。

6）渲染完成后，找到并打开 AVI 文件，查看已渲染的动画，如图 8-70 所示。

7）查看后关闭视频播放器。

图 8-70

单元 9
TimeLiner 工具

单元概述

本单元主要讲解 TimeLiner 工具如何将 3D 模型与施工进度计划相关联以创建视觉 4D 模拟，或称 4D 动画。

首先概述 TimeLiner 及其操作窗口，然后介绍其操作窗口中 4 个主要的用于集合信息的选项卡。在读者对选项卡配置和工具有清晰的了解之后，将继续讲解任务和成本的使用，以及链接外部的项目文件，运行模拟，最后导出 TimeLiner 信息。

通过实例练习，让读者在使用 TimeLiner 的基础上，掌握如何应用任务于模型对象，为它们分配施工时间，导入和导出数据到其他软件项目中，如微软项目管理软件，最后情境模拟并创建施工模拟视频。

单元目标

1）熟悉【TimeLiner】窗口中的选项。

2）学会创建任务的方法，并管理开始和结束日期来制定甘特图。

3）掌握将动画添加进 TimeLiner 的方法。

9.1 TimeLiner 概述

【TimeLiner】工具（位于【常用】选项卡的【工具】面板中）被用来创建四维施工模拟。

施工顺序或任务包括选择定义开始和结束日期的模型对象、任务或手动直接增加到 TimeLiner 任务窗格或从外部调度软件导入作为链接。任务与模型中的对象在计划中相互关联，这种关系被用来创建模拟。

使用 TimeLiner 工具能够模拟施工顺序并将效果可视化，有助于预先发现建筑在建设中可能发生的问题，并避免这些问题。有了新的成本工具，可以预先沟通设计的成本影响和调度决策，项目成员可以做出更优化的决定。能够快速比较计划日期和实际日期的各种情景和假设情景，帮助改善施工团队协作和项目协调，而更加协调的项目建筑成本效益也更高。由于现在可以将成本分配到任务，因此使得跟踪整个施工进度的项目成本成为可能。

TimeLiner 的一个优势是能够直接从模型层次结构中自动生成施工模拟任务，也允许通过搜索集、选择集创建施工进度表。

将 TimeLiner 与碰撞检测链接起来能够运行基于时间的碰撞检查，这在第 10 单元会更详细地讲解。将 TimeLiner 与对象动画和碰撞检测链接起来能够运行基于时间的动态碰撞检测，使大量同时运动的对象可视化，而不是目测检查。

> 注意：虽然创建模拟的能力仅限于那些能访问 TimeLiner 功能的人，但是一旦模拟被创建或导出为动画，任何人就都可以观看模拟。

9.2 【TimeLiner】窗口

【TimeLiner】窗口是可固定窗口，用于附加模型中的项目到项目任务，任务包含开始和结束日期，所有这些数据信息相结合，就可以模拟一个项目的进度计划。窗口中包含 4 个选项卡（见图 9-1），通过了解它们不同的功能及其各自在模拟过程中起到的不同作用，能让读者更好地了解 TimeLiner 的特征并掌握该工具的使用。

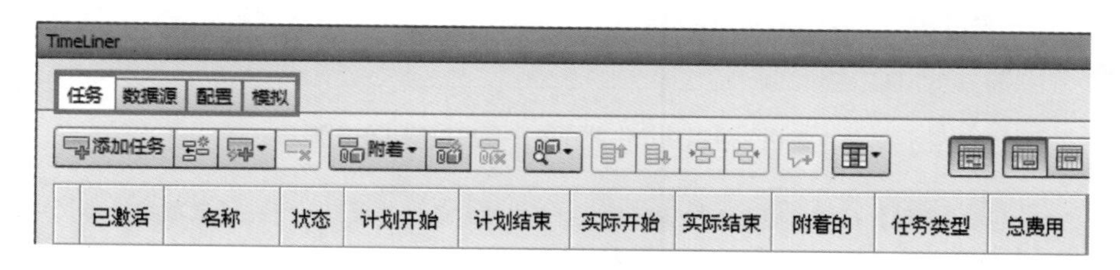

图 9-1

9.2.1 【任务】选项卡

单击【任务】选项卡，如图 9-2 所示，这个选项卡中包括工具栏和两个窗格。左侧窗格被称为任务视图，右侧窗格被称为甘特图视图。通过该选项卡可以创建和管理项目任务。

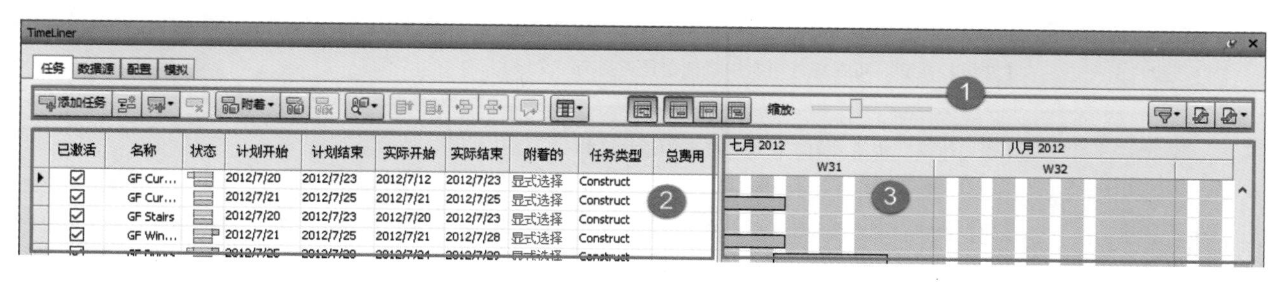

图 9-2

1. 工具栏（图 9-2 中的①号位置）

工具栏中包含许多按钮，这些按钮提供快速访问一些工具的功能，见表 9-1。

表 9-1 工具栏中的按钮

图标按钮	描述
添加任务	【添加任务】按钮，单击该按钮会在任务列表的底部添加一个新任务
	【插入任务】按钮，单击该按钮会将一个新的任务插入到任务列表当前选中的任务的前面
	【自动添加任务】按钮，该按钮的下拉列表中包含以下添加任务的方式： 1）针对每个最上面的图层； 2）针对每个最上面的项目； 3）针对每个集合
	【删除任务】按钮，用来删除任务视图中当前选中的任务。
附着	【附着】按钮，能够将模型中的几何图形附着到任务中。该按钮的下拉列表中包含以下选项。 1）附着当前选择：在场景中将当前选中的项目附着到选中的任务； 2）附着当前搜索：将当前搜索选择的所有项目附着到选中的任务； 3）附加当前选择：将场景中当前选中的项目附加到已附着所选任务的项目

（续）

图标按钮	描　述
	【使用规则自动附着】按钮，单击按钮后能够打开【TimeLiner 规则】对话框，进行规则的创建、编辑和应用
	【清除附加对象】按钮，可以从选中的任务中分离模型几何图形
	【查找项目】按钮，用来查找基于下拉列表中搜索条件的项目。可在【选项编辑器】对话框的【TimeLiner】选项中对【启用查找】选择启用或禁止该功能
	【上移】按钮，将选中任务在任务视图中上移，任务只能在其当前的层次级别中移动
	【下移】按钮，将选中任务在任务视图中下移，任务只能在其当前的层次级别中移动
	【降级】按钮，可在任务层次中将选定任务降低一个级别
	【升级】按钮，可在任务层次中将选定任务提高一个级别
	【添加注释】按钮，用于在选中任务中添加注释
	【列】按钮，通过该按钮，可以从 3 种预定义列集合（基本、标准或扩展）中选择一种显示在任务视图中。也可以在【选择 TimeLiner 列】对话框中创建自定义列集合，方法是单击【选择列】，在设置首选列集合后将自动显示选择为【自定义】
	【显示或隐藏甘特图】按钮，用于显示或隐藏甘特图
	【显示计划日期】按钮，用于显示甘特图中的计划日期
	【显示实际日期】按钮，用于显示甘特图中的实际日期
	【显示计划与实际日期】按钮，用于显示甘特图中的计划日期和实际日期
Zoom:	【缩放】滑块，用于调整甘特图显示的分辨率
	【按状态过滤】按钮，基于状态进行任务过滤。过滤的任务会在任务视图和甘特图视图中暂时隐藏，但不会对基础数据结构进行任何更改
	【导出为选择集】按钮，从当前的 TimeLiner 层次中创建选择集
	【导出计划】按钮，可将 TimeLiner 进度导出为 CSV 或 Microsoft Project XML 文件

2. 任务视图（图 9-2 中的②号位置）

任务视图是【TimeLiner】窗口的主要组成部分，在该视图中可以创建和管理项目任务。项目进度表中的所有任务均以多列表格的格式呈现（见图 9-3），表格包含以下内容：

（1）已激活　用来打开或关闭任务。如果任务已关闭，则模拟中将不再显示此任务。对于分层任务而言，关闭上级任务会使所有下级任务都自动关闭。

已激活	名称	状态	计划开始	计划结束	实际开始	实际结束	任务类型	附着的	总费用
☑	GF Floors		2012/7/14	2012/7/18	2012/7/14	2012/7/19	Construct	显式选择	
☑	GF Cur…		2012/7/20	2012/7/23	2012/7/12	2012/7/23	Construct	显式选择	

图　9-3

（2）名称　从数据源（如 Microsoft Project MPX）导入时，TimeLiner 支持分层任务结构。单击任务左侧的加号或减号可以展开或收拢层次结构，如图 9-4 所示。

（3）状态　每个活动任务的状态显示为彩色的图标（见图 9-5），且可利用计划和实际日期进行模拟。状态栏提供了一个关于计划和实际日期之间是否有任何差异的视觉体现。颜色用来区分任务的各个部分：提早（蓝色）、准时（绿色）、延后（红色）和原计划（灰色），虚线表示计划的开始和结束日期。将鼠标光标停留在某一状态时，将提示任务的当前状态，如【早开始，晚完成】、【按时开始，按时完成】，如图 9-6 所示。

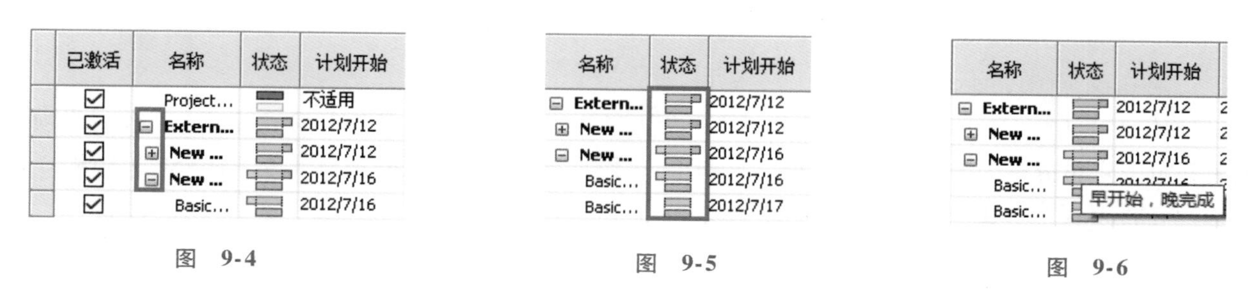

图　9-4　　　　图　9-5　　　　图　9-6

（4）计划和实际日期　指的是日期字段，可手动编辑或从外部数据源导入填充，在甘特图视图中可放大或缩小日期条。

（5）任务类型　下拉列表中包含 3 个默认类别：构造、拆除和临时。选择一个类别申请任务。一个任务需要输入才能用于模拟。

1）构造：在默认情况下，任务开始时模拟中强调的对象用绿色突出显示，任务结束时重置模型外观。

2）拆除：在默认情况下，任务开始时模拟中强调的对象用红色突出显示，任务结束时隐藏。

3）临时：在默认情况下，任务开始时模拟中强调的对象用黄色突出显示，任务结束时隐藏。

以上颜色是可修改的。以上操作均在【配置】选项卡中完成，如图 9-7 所示。

任务　数据源　配置　模拟

添加　删除　　外观定义…

名称	开始外观	结束外观	提前外观	延后外观	模拟开始外观
Construct	Red (90% Transparent)	模型外观	隐藏	隐藏	无
Demolish	Green (90% Transparent)	隐藏	无	无	模型外观
Temporary	Yellow (90% Transparent)	隐藏	无	无	无

图　9-7

（6）附着的　显式选择的来源，通常包括【附着当前选择】【附着当前搜索】【附着集合】和【附加当前选择】，如图 9-8 所示。单击该栏链接能够在场景视图中查看附着的内容，如图 9-9 所示。

（7）总费用　允许跟踪整个计划内项目的成本。默认情况下只显示【总费用】列，在【列】下拉列表中选择【选择列】选项（见图 9-10），可自定义列的内容。

可用成本字段有：材料费、人工费、机械费、分包商费用和总费用。总费用是所有成本的总和且不能修改。任务开始时总费用显示为零，任务完成时显示全部金额。

图 9-8

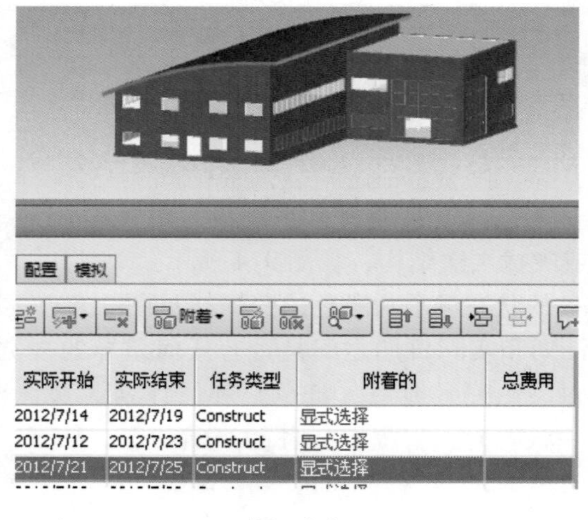

图 9-9

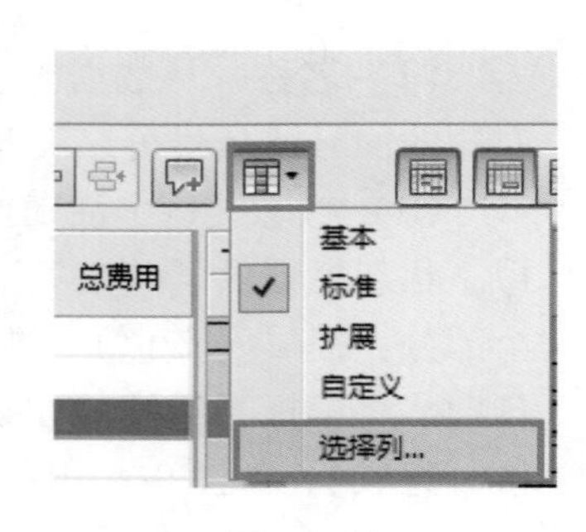

图 9-10

3. 甘特图视图（图 9-2 中的③号位置）

甘特图（见图 9-11）显示一个说明项目状态的彩色条形图。每个任务占据一行。水平轴表示项目的时间范围（可分解为增量，如天、周、月和年），而垂直轴表示对应的项目任务。任务可以按顺序运行（以并行方式或重叠方式）。

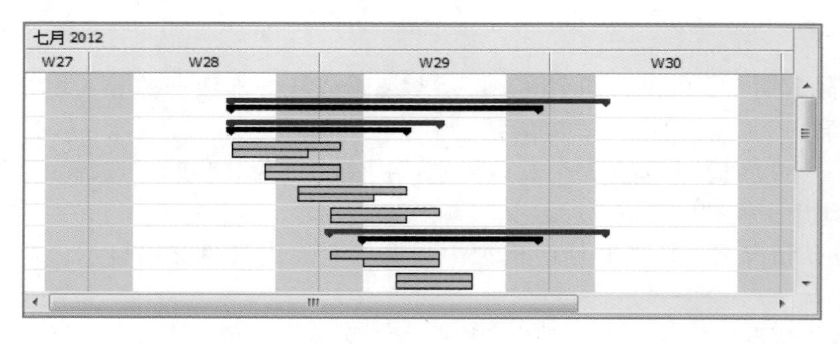

图 9-11

在该视图中，任务可被拖放到不同的日期下，或者通过单击并拖曳任务的两端来延长或缩短任务的持续时间。任何变化都会在任务视图中自动更新，同样，修改任务视图的一个场景，甘特图中相应的场景也会发生改变。甘特表也可以在【模拟】选项卡中显示。

4. TimeLiner 规则

手动附加任务可能需要很长时间。一个好的方法是使用与【选择树】结构中相对应的任务名称，或创建与这些任务名称相对应的选择集和搜索集。在这种情况下，可以应用预定义规则和自定义规则以便将任务快速附加到模型中的对象。从【任务】选项卡的工具栏中打开【TimeLiner 规则】对话框（见图 9-12），可创建和编辑 TimeLiner 规则。该对话框中有 3 个默认的规则：

1）从列名称对应到项目。勾选此规则会将模型中的每个几何图形项目附加到指定列中的每个同名任务。

2）从列名称对应到选择集。勾选此规则会将模型中的每个选择集和搜索集附加到指定列中的每个同名任务。

3）从列名称对应到层。勾选此规则会将模型中的每个层附加到指定列中的每个同名任务。

通过【导入/导出附加对象规则】按钮，可以将规则文件以 XML 格式导入或导出。导入的规则将覆盖已经存在的相同名称的规则。

如果勾选【替代当前选择】复选框，则在应用规则时，所勾选的规则将替换现有的任何附加项目。

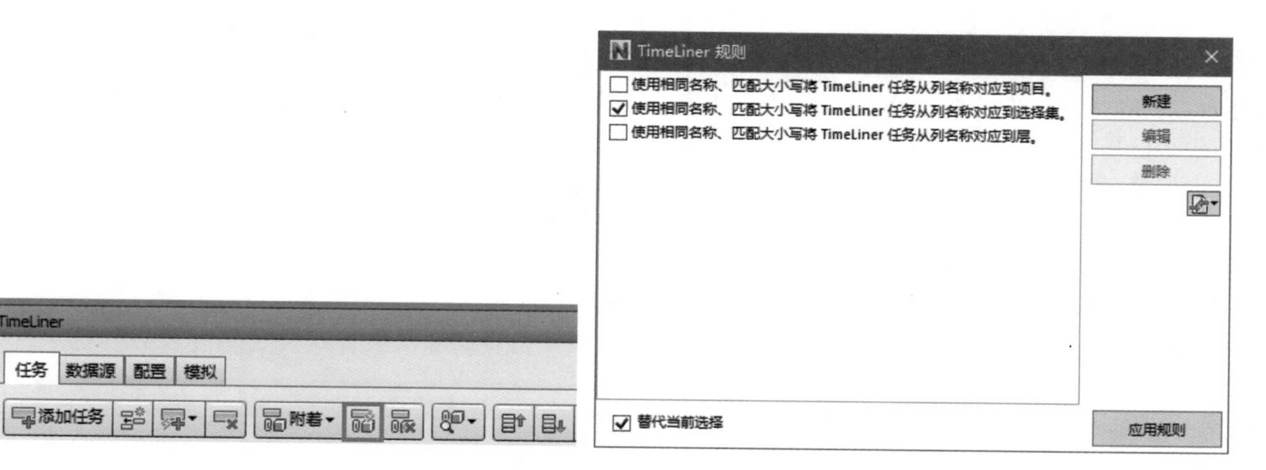

图 9-12

否则，这些规则就会将项目附加到没有附加项目的相关任务中。

9.2.2 【数据源】选项卡

【数据源】选项卡由一个工具栏和数据源视图组成（见图 9-13）。该选项卡可从第三方进度安排软件（如 Microsoft Project、ASTA 和 Primavera）中导入任务。

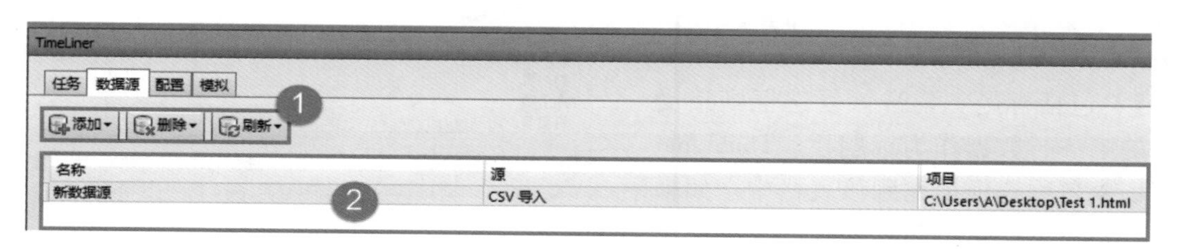

图 9-13

1. 工具栏（图 9-13 中的①号位置）

工具栏中包含一些按钮，见表 9-2。

表 9-2 工具栏中的按钮

图标按钮	介绍
添加	添加以下外部项目文件，创建一个新的连接： 1）Microsoft Project 2007-2010； 2）Primavera Project Management 6-8； 3）Microsoft Project MPX； 4）Primavera P6（Web 服务）； 5）Primavera P6 V7（Web 服务）； 6）Primavera P6 V8.2（Web 服务）； 7）CSV 文件
删除	删除目前已经选择的数据源。如果在将数据源删除之前刷新了数据源，则从该数据源读取的所有任务和数据都将保留在【任务】选项卡中
刷新	刷新选中的数据源

2. 数据源视图（图 9-13 中的②号位置）

数据源视图将数据源显示在多列表格中，这些列会显示名称（如项目名称）、源（如 Microsoft Project）和项目（文件位置如\\. mpx）。任何其他列（可能没有）标识外部进度中的字段，这些字段指定了每个已导入任务的任务类型、唯一 ID、开始日期和结束日期。

用鼠标右键单击数据源视图将打开快捷菜单，通过这个菜单可以管理数据源。

1）重建任务层次。从选定数据源中读取所有任务和关联数据（如在【字段选择器】对话框中所定义的），并将其添加到【任务】选项卡。选择此选项还会在新任务添加到选定项目文件后与该项目文件同步。此操作将在 TimeLiner 中重建包含所有最新任务和数据的任务层次结构。

2）同步。使用选定数据源中的最新关联数据（如开始日期和结束日期）更新【任务】选项卡中的所有现有任务。

3）编辑。用于编辑选定数据源。选择此选项将显示【字段选择器】对话框，从中可以定义新字段或重新定义现有字段。

这里以导入时最常见的两种文件格式（MPX 和 CSV）为例，介绍每种文件格式的【字段选择器】对话框。针对不同的数据源，其选项可能不同，但这些例子可提供适宜的指示。

导入 CSV 数据时，【字段选择器】对话框如图 9-14 所示。

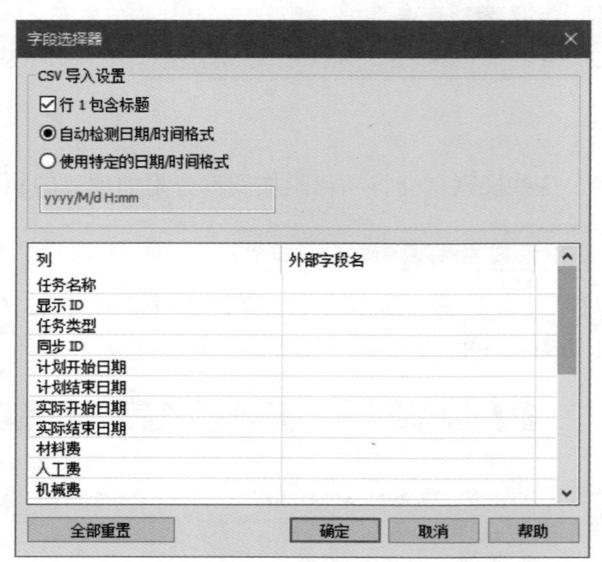

图 9-14

1）行 1 包括标题。勾选该复选框则接受 CSV 文件的第一行数据作为标题栏。TimeLiner 将把外部场景名称选项填充到该表格中。如果 CSV 文件的第一行数据不包括列标题，则不用勾选该复选框。

2）自动检测日期/时间格式。如果想要 TimeLiner 尝试确定在 CSV 文件中使用的日期时间格式，可以选中【自动检测日期/时间格式】单选按钮。首先，TimeLiner 应用一组规则以尝试建立文档中使用的日期/时间格式；如果无法建立，则将使用系统上的本地设置。

3）使用特定的日期/时间格式。该选项可手动设置使用的日期/时间格式。选中此单选按钮后，可以在提供的框中输入所需的格式。

> 注意：如果发现在一个或多个基于日期/时间的列包含的字段中，无法使用手动指定的格式将其数据映射到有效的日期/时间值，则 TimeLiner 将【后退】并尝试使用自动的日期/时间格式。

4）场景匹配表格。场景匹配表格左侧包括来自 TimeLiner 进度的所有列，右侧列中提供了多个下拉菜单，通过这些菜单可以将传入的字段匹配到 TimeLiner 列。

> 注意：如果勾选【行 1 包含标题】复选框，则当从 CSV 文件中导入数据时，轴网的【外部字段名】列将显示 CSV 文件第一行中的数据。否则，它将默认为【列 A】、【列 B】等。

Microsoft Project MPX 是一种常见的文件格式，使用这种文件格式不需要安装任何特定的进度安排软件。除了没有初始导入设置外，导入 MPX 格式的文件时的场景匹配表格与 CSV 文件的对话框十分相似。

9.2.3 【配置】选项卡

【配置】选项卡由一个工具栏和一个配置视图组成，如图 9-15 所示。该选项卡用于设置任务参数，如任务类型、任务相关模型在模拟进程中的外观变化等。

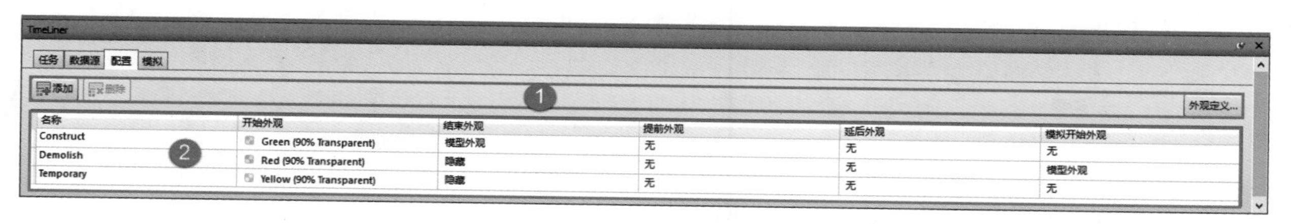

图 9-15

1. 工具栏（图 9-15 中的①号位置）

工具栏中包含一些按钮，见表 9-3。

表 9-3 工具栏中的按钮

图标按钮	介绍
添加	用于添加新的任务类型，默认类型有 3 个： 1）建造。适用于要在其中构建附加项目的任务。默认情况下，在模拟过程中，对象将在任务开始时以绿色高亮显示并在任务结束时重置为模型外观； 2）拆除。适用于要在其中拆除附加项目的任务。默认情况下，在模拟过程中，对象将在任务开始时以红色高亮显示并在任务结束时隐藏； 3）临时。适用于其中的附加项目仅为临时的任务。默认情况下，在模拟过程中，对象将在任务开始时以黄色高亮显示并在任务结束时隐藏
删除	用于删除选中的任务类型
外观定义...	单击该按钮则打开【外观定义】对话框，可以设置和更改定义
	外观定义 名称 | 颜色 | 透明度 White 0 Grey 0 Red 0 Red (90% Transparent) 90 Green 0 Green (90% Transparent) 90 Yellow 0 Yellow (90% Transparent) 90

2. 配置视图（图 9-15 中的②号位置）

将模拟中可视部分相关的规则展示为表格的形式。这些场景配置后代表在模拟的不同阶段中需要的可视化展示，内容包括项目如何出现、展示时的颜色和透明度，以及项目何时消失。颜色和透明度的设置在【外观定义】对话框中。

3. 外观

所有的任务都附加到进度安排表后可进行模拟。还有多个工具可以进一步提高该模拟的外观和可

视化的展示。在默认情况下，模拟的播放持续时间不受任务的持续时间影响，均设置为 20s。简单调整模拟的持续时间并使用数个其他的播放选项可以提高 4D 模拟的效果。

每个任务都有一个与之相关的任务类型，任务类型指定了模拟过程中如何在任务的开头和结尾处理（和显示）附加到任务的项目。可用选项包括以下 3 种（见图 9-16）。

结束外观	提前外观	延后外观
隐藏	模型外观	无
隐藏	无	无

图 9-16

1）无：附加在任务上的项目不会发生变化。

2）隐藏：附加在任务上的项目将被隐藏。

3）模型外观：附加在任务上的项目将以模型中的定义进行展示。这甚至可能是原来的 CAD 颜色，如果在 Navisworks 中应用了颜色和透明度替换，则将显示它们。

此外，【外观定义】用于从【外观定义】列表中进行选择，包括 10 个预定义的外观和已添加的任何自定义外观。

9.2.4 【模拟】选项卡

【模拟】选项卡由一个工具栏、左侧的模拟视图和右侧的甘特图视图组成，如图 9-17 所示。通过该选项卡可以在项目进度的整个持续时间内模拟 TimeLiner 序列。

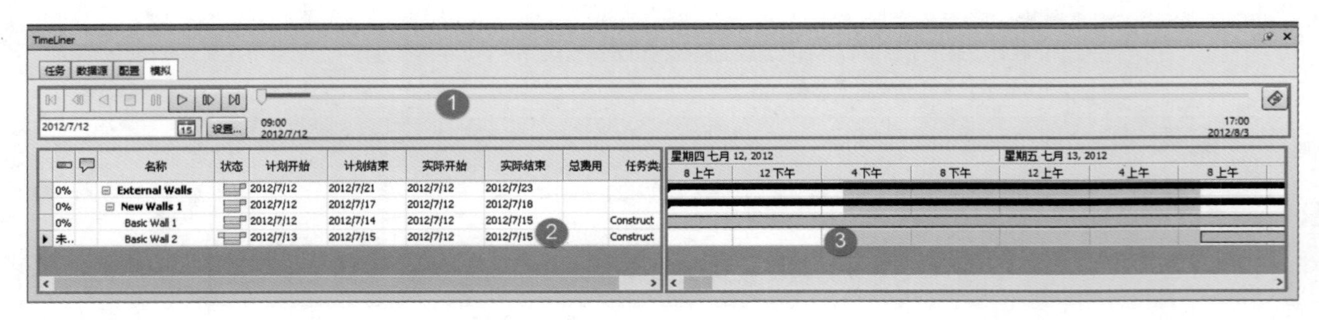

图 9-17

1. 工具栏（图 9-17 中的①号位置）

工具栏中包含一些按钮，见表 9-4。

表 9-4 工具栏中的按钮

图标按钮	介绍
	播放控件。通过单击这些按钮进行模拟的播放、前进或后退
	模拟位置滑块。在模拟中拖动该滑块可快速调节播放的前进或后退，或者暂停至某特定的时间或日期
16/07/2012	日期框。在模拟中指示时间点，单击日期右侧的图标将显示日历，选中一个日期可切换至该日期
设置...	设置。单击该按钮可打开【模拟设置】对话框，从这些设置中可定义模拟方式
	动画导出。单击该按钮则打开【导出动画】对话框，可将动画以 AVI 格式或按序排列的图像文件的格式导出

2. 模拟视图（图 9-17 中的②号位置）

模拟视图（见图 9-18）提供每个激活任务的当前模拟时间的信息以及模拟完成的剩余进度，该进度在第一列以百分比的形式显示。同时，每个激活任务的状态会以一个彩色的图标显示。对于包括计划日期和实际日期的模拟，该状态条还可以显示计划和实际的日期是否存在差异。

		名称	状态	计划开始	计划结束	实际开始	实际结束	总费用	任务类型
0%		⊟ External Walls		2012/7/12	2012/7/21	2012/7/12	2012/7/23		
0%		⊟ New Walls 1		2012/7/12	2012/7/17	2012/7/12	2012/7/18		
0%		Basic Wall 1		2012/7/12	2012/7/14	2012/7/12	2012/7/15		Construct
未…		Basic Wall 2		2012/7/13	2012/7/15	2012/7/12	2012/7/15		Construct

图 9-18

3. 甘特图视图（图 9-17 中的③号位置）

【模拟】选项卡中甘特图视图的使用与【任务】选项卡中的一样。

4.【模拟设置】对话框

单击【模拟】选项卡上的【设置】按钮可打开【模拟配置】对话框（见图 9-19），通过对话框中的选项能够进行模拟的自定义设置。

（1）开始/结束日期　勾选【替代开始/结束日期】复选框，可以从中选择开始日期和结束日期。否则该模拟将在第一个任务开始之日开始，在最后一个任务结束之日结束。日期将显示在【模拟】选项卡中，这些日期也将在导出动画时使用。

（2）时间间隔大小　可以定义要在使用播放控件播放模拟时使用的时间间隔大小。时间间隔大小既可以设置为整个模拟持续时间的百分比，也可以设置为绝对的天数或周数等，如图 9-20 所示。

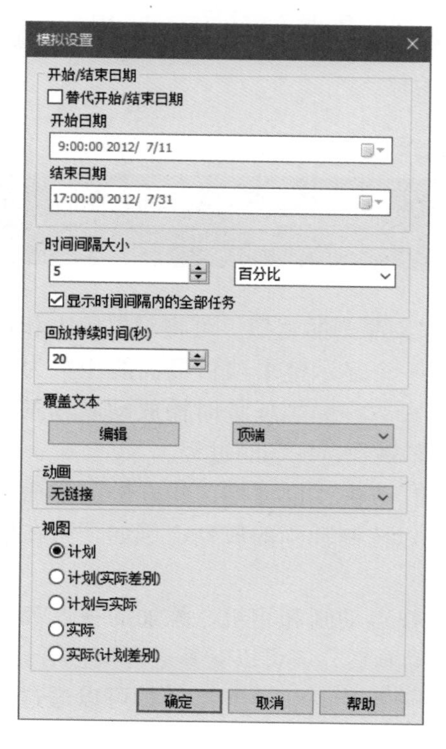

图 9-19

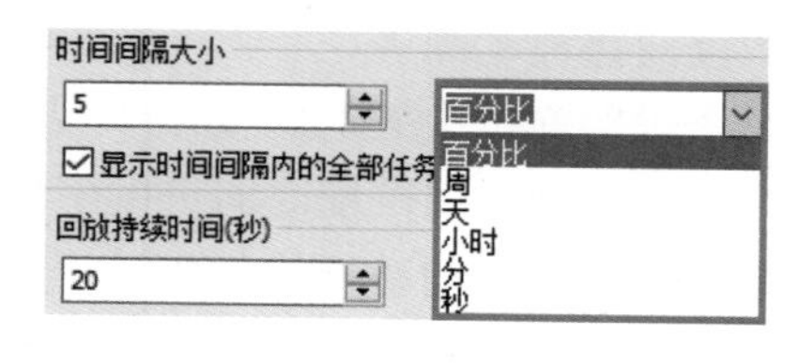

图 9-20

勾选【显示时间间隔内的全部任务】复选框将高亮显示在此间隔中正在处理的所有任务。

【回放持续时间】可以定义整个模拟的总体回放时间（从模拟开始一直播放到模拟结束所需的时间）。设置数值框中的值可以增加或减少持续时间（以 s 为单位）。还可以直接在此字段中输入持续时间。

（3）覆盖文本　在该选项区中，可定义是否在场景视图中覆盖当前模拟日期。使用【编辑】按钮可以设置和选择屏幕中的定位。

播放模拟时，覆盖文本在场景视图中可见，该对话框是一个有用的可视化的指示器，可表明特定时间进度安排的位置。这一对话框提供可由客户设定的场景，文本可被配置显示一系列的信息，如时间、日期、天及周等。

应当注意该场景视图背景中使用的文本大小和风格，如若默认背景是黑色，则使用黑色文本将无法完成覆盖。

【覆盖文本】对话框（见图9-21）提供了多个设置可帮助定义适合的字体和风格。

在默认情况下，日期和时间将以【控制面板】内【区域设置】中指定的格式显示。可以通过在文本框中输入文本来指定要使用的确切格式。

前缀有【%】或【$】字符的词语用作关键字并被各个值替换，除此以外的大多数文本将显示为输入时的状态。【日期/时间】和【费用】按钮可用于选择和插入所有可能的关键字。【颜色】按钮可用于定义覆盖文字的颜色。可通过一个视频格式的文件进行实验和审查，进而调整个人展示的要求。

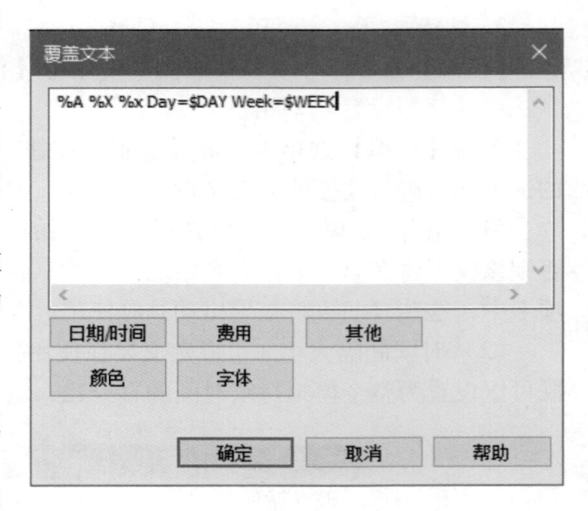

图　9-21

（4）动画　可以向整个进度中添加动画，以便在【TimeLiner】序列播放过程中，Navisworks 还会播放指定的视点动画或相机。在【动画】选项区中可以选择下列选项。

1）无链接：不会播放视点动画或相机动画。

2）保存的视点动画：将该进度安排和当前选择的视点与视点动画连接。

（5）视图　从计划和实际的日期中，选择需要的播放内容。

9.3 将动画添加至 TimeLiner

向 TimeLiner 进度安排中添加动画可以产生令人印象深刻的模拟。可将对象动画和视点动画连接到建筑进度中，以提高模拟的质量。例如，模拟可以以一个显示整个项目概况的相机为开端，在模拟任务时，可放大特定区域，以获得模型的详细视图；还可以在模拟任务时播放动画场景，例如，可以为材料库存积累和消耗以及车辆移动创建动画，并查看车辆到达现场的过程。

可以将动画添加到整个进度安排及进度中的单个任务中；也可将这些方法组合在一起来实现所需的效果；还可以向进度中的任务添加脚本，这样便可以控制动画的属性。例如，可在模拟任务时播放不同的动画片段或反向播放动画等。

可以添加到整个进度安排中的动画仅限于视点、视点动画和相机。添加的视点和相机动画将自动进行缩放，以便与播放持续时间匹配。向进度中添加动画后，就可以对其进行模拟了。

默认的设置是，任何添加的动画均被缩放至适应任务的时长。但是仍然可以通过一个选项，将其起始或结束点与任务相匹配，将动画按照正常（录制的）速度播放。

> 注意：动画的关键帧可能包括透明度和颜色覆盖。在 TimeLiner 模拟的过程中，透明度和颜色不覆盖 Animator 的数据。

当脚本添加至 TimeLiner 的任务中时，脚本事件被忽略，脚本动作不受这些事件影响。启用脚本之后，可以选择动画播放的方式（前进、回放、片段和上/下一帧）。脚本也可以被用于更改个人任务中相机的视角，或者同时播放多个动画。

注意：在模拟该进度安排前，请确保文件中的动画脚本已经被启用，如图 9-22 所示。

图 9-22

9.4 单元练习

本单元通过一些【TimeLiner】工具的实例进行练习，练习包括 5 个部分：

1）运行一个基本的 TimeLiner 模拟。

2）手动和自动运行 TimeLiner 任务。

3）在 TimeLiner 进度中链接外部项目文件。

4）自定义用于进行模拟的设置，并导出动画。

5）将塔式起重机动画添加到 TimeLiner 施工模拟中。

9.4.1 运行 TimeLiner 模拟

练习的第一部分是运行一个使用预设任务和时间的基本 TimeLiner 模拟。

1）打开起始文件【WFP-NVS2015-09-Timeliner1. nwd】。

2）在【常用】选项卡的【工具】面板中选择【TimeLiner】。

3）在【保存的视点】窗口中选择【View 1】，关闭窗口。

4）单击【TimeLiner】窗口中的【任务】选项卡，显示现有的任务列表，如图 9-23 所示。

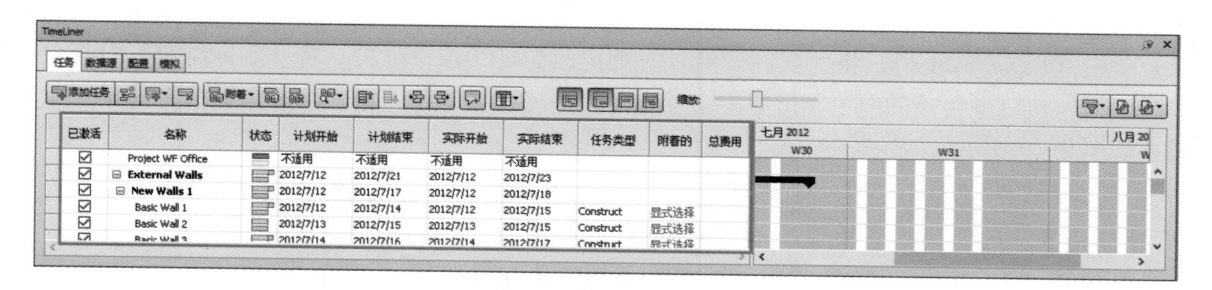

图 9-23

注意：每一个任务都有计划开始、计划结束、实际开始和实际结束选项。任务类型设置为【Construct】（构造）（选项还包括拆除和临时），并且每个任务可以明确选择附加的模型项目，以及一个总成本的场景。当前任务状态以彩色的进度条显示，并且所有的任务都已被激活。

5）切换至【模拟】选项卡，场景视图和【TimeLiner】窗口中的内容将会发生变化。

6）从播放控件中单击【播放】按钮，该模拟会播放 20s，场景按照任务视图中安排的任务和时间，模拟建筑被构造的过程，如图 9-24 所示。

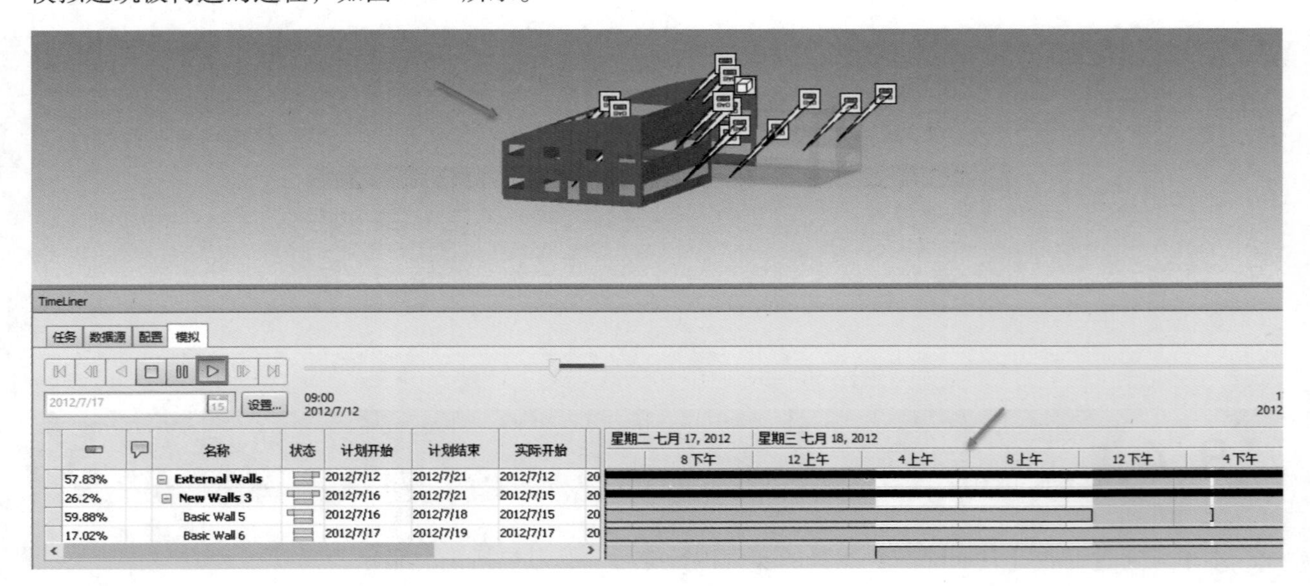

图 9-24

该案例中包括建设时的计划和实际开始及结束日期，状态以彩色显示。甘特图的信息可以发生变化，以比较计划和实际日期的信息。接下来将修改几个日期来对这些任务进行调整。

1）切换至【任务】选项卡，将光标放在【New Walls 1】扩展目录中【Basic Wall 2】对应的【状态】位置上，会显示【按时开始，按时完成】，这表示该任务的计划开始时间和结束时间与实际情况完全相符，如图 9-25 所示。

	已激活	名称	状态	计划开始	计划结束	实际开始	实际结束
	☑	⊟ New Walls 1		2012/7/12	2012/7/17	2012/7/12	2012/7/18
	☑	Basic Wall 1		2012/7/12	2012/7/14	2012/7/12	2012/7/15
▶	☑	Basic Wall 2		2012/7/13	2012/7/15	2012/7/13	2012/7/15
	☑	Basic Wall 3		2012/7/14	2012/7/16	2012/7/14	2012/7/17
	☑	Basic Wall 4	按时开始，按时完成		7/17	2012/7/15	2012/7/18

图 9-25

2）单击【Basic Wall 2】，将【实际开始】日期更改为【2012/7/12】、将【实际结束】日期更改为【2012/7/16】，这时颜色条的颜色和形状将会发生变化，将光标放在该颜色条上，显示为【早开始，晚完成】，如图 9-26 所示。

	已激活	名称	状态	计划开始	计划结束	实际开始	实际结束
	☑	⊟ New Walls 1		2012/7/12	2012/7/17	2012/7/12	2012/7/18
	☑	Basic Wall 1		2012/7/12	2012/7/14	2012/7/12	2012/7/15
▶	☑	Basic Wall 2		2012/7/13	2012/7/15	2012/7/12	2012/7/16
	☑	Basic Wall 3		2012/7/14	2012/7/16	2012/7/14	2012/7/17
	☑	Basic Wall 4	早开始，晚完成		012/7/17	2012/7/15	2012/7/18

图 9-26

3）在工具栏中将当前甘特图的显示设置从【显示计划日期】更改为【显示计划日期和实际日期】。

4）在甘特图中选择【Basic Wall 2】对应的上方横条，将光标移至上方横条的右侧，出现手柄（见图 9-27）后进行拖曳，将实际结束日期与计划结束日期对齐，如图 9-28 所示。

图 9-27

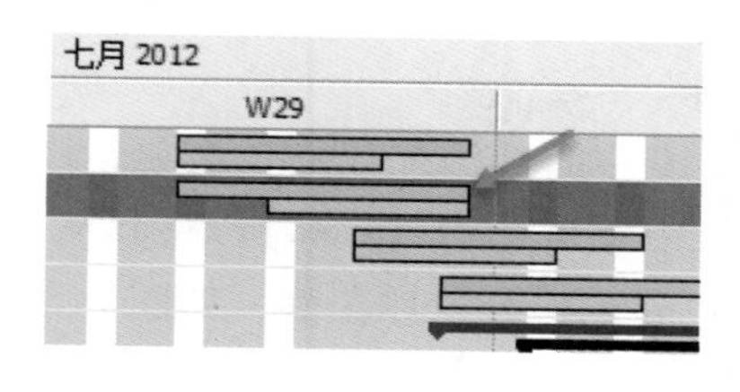

图 9-28

5）在不保存的情况下关闭该文件。

9.4.2 TimeLiner 任务

在练习的第二部分中，将利用【选择树】自动和手动创建任务，并在播放模拟前，进行集合的选择和任务序列的更改。

1）打开起始文件【WFP-NVS2015-09-Timeliner2. nwd】。

2）在【常用】选项卡的【工具】面板中选择【TimeLiner】，并从【保存的视点】窗口中打开【View 1】视点。

3）在【选择和搜索】面板中打开【选择树】窗口。

4）单击【TimeLiner】窗口【任务】选项卡中的【添加任务】按钮，添加一个新任务，并将默认生成的【新任务】重命名为【项目】。

> 注意：不要按键盘上的 <Enter> 键，否则会创建另一个任务。

接下来将在创建任务前创建几个选择集。

1）将【选择树】窗口中的选项设置为【标准】，扩展【WFP-NVS2015-09-Timeliner2. nwd】，选择【<No level>】。

2）在【常用】选项卡【选择和搜索】面板的【集合】下拉菜单中选择【管理集合】，打开【集合】窗口，单击【保存选择】按钮。

3）将该集合命名为【综合】，如图 9-29 所示。

4）在【选择树】窗口中选择【Ground Floor】，创建一个集合，并命名为【第一层】；重复该步骤，在【选择树】窗口中选择【First Floor Room Layout】，创建名为【第二层内部构造】的集合。

5）关闭【集合】窗口。

6）在【TimeLiner】窗口【任务】选项卡的【自动添加任务】下拉菜单中选择【针对每个集合】选项，如图 9-30 所示。

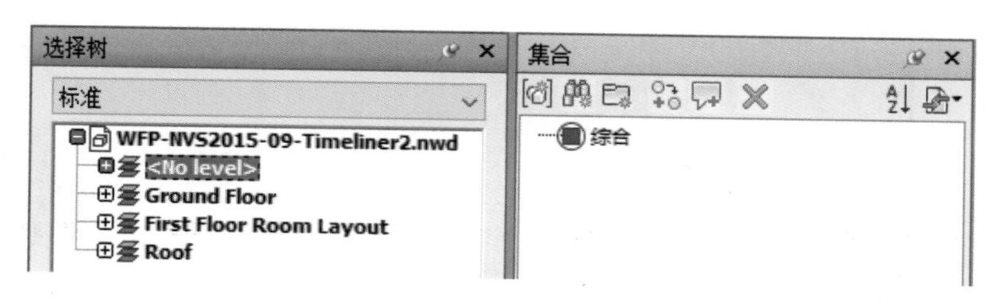

图 9-29

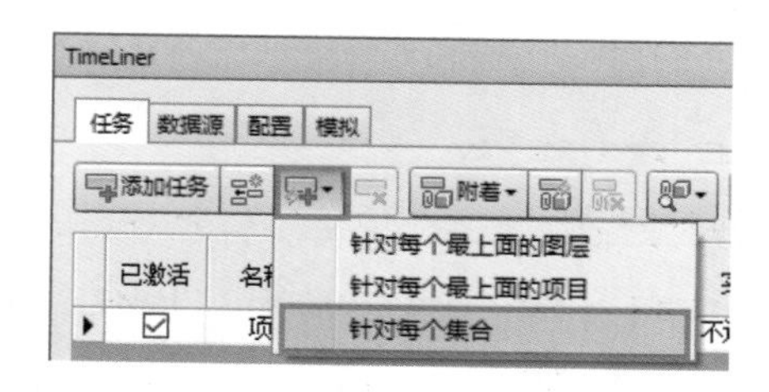

图 9-30

> 注意：这些集合已经在【任务】选项卡中添加为任务，Navisworks 将为任务添加计划开始和结束日期，以及【构造】的任务类型。

接下来将在【任务】选项卡中将屋顶手动加入到任务中，可通过多种方法达到该目的，这里直接将其拖曳至【任务】选项卡。

1）单击【任务】选项卡中的【添加任务】按钮，添加一个新任务并命名为【屋顶】。

2）在【选择树】窗口中单击选中【Roof】，将其从【选择树】窗口中拖曳至刚刚创建的【屋顶】任务中，当横条变成淡蓝色时，松开鼠标左键，如图 9-31 所示。

3）在【查找项目】下拉菜单中选择【未附着/未包含的项目】选项，如图 9-32 所示。

已激活	名称	状态	计划开始	计划结束	实际开始	实际结束	任务类型	附着的	总费用
☑	项目		不适用	不适用	不适用	不适用			
☑	综合		2017/2/27	2017/2/27	不适用	不适用	Construct	集...	
☑	第...		2017/2/28	2017/2/28	不适用	不适用	Construct	集...	
☑	第...		2017/3/1	2017/3/1	不适用	不适用	Construct	集...	
☑	屋顶		不适用	不适用	不适用	不适用		显式选...	

图 9-31

已激活	名称	状态	计划开始
☑	项目		不适用
☑	综合		2017/2/27
☑	第一层		2017/2/28
☑	第二...		2017/3/1
☑	屋顶		2017/3/2

图 9-32

4）将【任务类型】设置为【Construct】。输入一个【计划开始】日期，根据【第二层内部构造】的第二天选择日期（例如，当【第二层内部构造】日期为 2017/3/1 时，【屋顶】则使用 2017/3/2）；【计划结束】日期设置方式与【计划开始】日期一样，如图 9-33 所示。与此同时，甘特图也将更新。

接下来将改变建设顺序或任务顺序，把【综合】列为最后完成的任务。

1）在【任务】选项卡中选择【综合】。使用工具栏中的【下移】工具，将文件移至任务列表底部。

2）输入一个新的【计划开始】日期，将其设置为【屋顶】的第二天（例如，当【屋顶】日期为 2017/3/2 时，【综合】则使用 2017/3/3）；【计划结束】日期设置方式与【计划开始】日期一样，如图 9-34 所示。

已激活	名称	状态	计划开始	计划结束	实际开始	实际结束
☑	项目		不适用	不适用	不适用	不适用
☑	综合		2017/2/27	2017/2/27	不适用	不适用
☑	第一层		2017/2/28	2017/2/28	不适用	不适用
☑	第二...		2017/3/1	2017/3/1	不适用	不适用
☑	屋顶		2017/3/2	2017/3/2	不适用	不适用

图 9-33

已激活	名称	状态	计划开始	计划结束	实际开始	实际结束
☑	项目		不适用	不适用	不适用	不适用
☑	第一层		2017/2/28	2017/2/28	不适用	不适用
☑	第二...		2017/3/1	2017/3/1	不适用	不适用
☑	屋顶		2017/3/2	2017/3/2	不适用	不适用
☑	综合		2017/3/3	2017/3/3	不适用	不适用

图 9-34

3）确保所有任务都已被激活。

> 注意：也可以采用在【任务】选项卡中单击鼠标右键，在弹出的快捷菜单中选择【自动添加任务】→【针对每个集合】选项的方法添加任务。定位项目并创建一个搜索集也是一种很有效的方法，将其简单地附加为集，如选择集。

4）检查所有模型项目是否已附着到任务上。在【任务】选项卡的【查找项目】下拉菜单中选择【未附着/未包含的项目】选项，所有未附着的项目会在场景视图和选择树中高亮显示。

接下来使用该项目的快捷方式进行模拟。

1）切换至【模拟】选项卡，在工具栏中单击【播放】按钮以运行这个基本模拟。

2）将文件另存到合适的位置。

接下来使用【自动添加任务】工具来展示未使用合适的命名方式给项目命名带来的不便，此处通常是会给搜寻和选择带来麻烦。

1）在【任务】选项卡的面板中选取所有任务，在它们全部高亮显示时，单击工具栏中的【删除任务】按钮，如图9-35所示。

2）用鼠标右键单击【任务】选项卡中的灰色区域，在弹出的快捷菜单中选择【自动添加任务】→【针对每个最上面的图层】选项。

3）【任务】选项卡中布满【选择树】窗口中陈列的层级/项目，如图9-36所示。

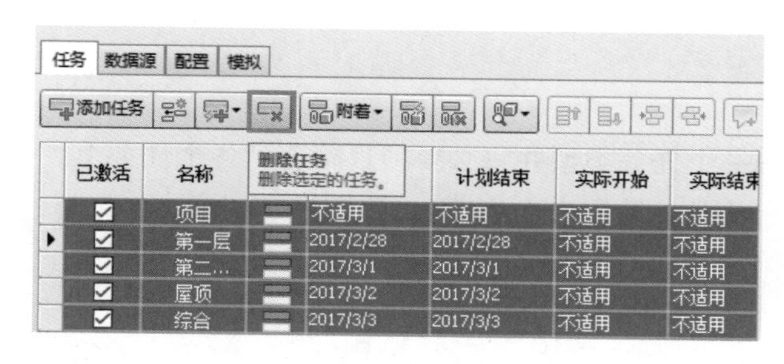

图　9-35

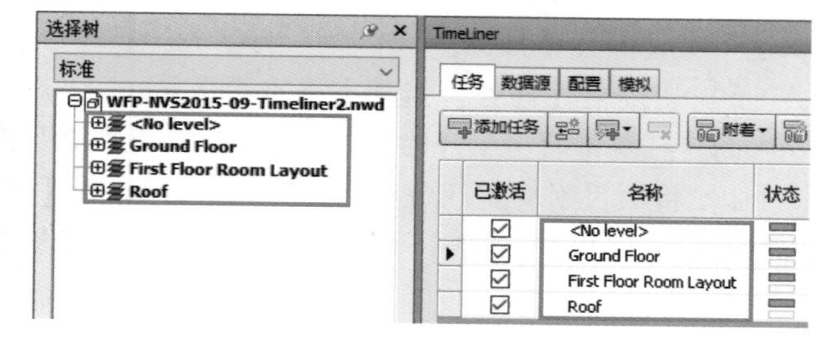

图　9-36

4）在不保存的情况下关闭文件。

9.4.3　链接外部项目文件

练习的第三部分是学习链接外部的项目软件（如MS项目）。下面将a.MPX从MS项目里复制过来，并将其用作数据源来创建任务，之后将项目附加到任务上，并给任务指派类型，然后运行模拟。并且，在将模拟输出成.xml格式之前，检查所有的项目是否都附加到任务上了。

1）打开起始文件【WFP-NVS2015-09-Timeliner3.nwd】。

2）在【常用】选项卡的【工具】面板中选择【TimeLiner】。

首先复制一个MS项目文件样本（.mpx格式）。

1）切换至【数据源】选项卡，从【添加】下拉菜单中选择【Microsoft Project MPX】选项，如图9-37所示。

2）浏览练习文件的位置并打开【WFP-NVS2015-09-Timeliner.mpx】，此时将弹出【字段选择器】对话框（见图9-38），单击【确定】按钮，关闭对话框。

> 注意：这里不需要映射任何区域，因此不需要做任何改动。

图 9-37

图 9-38

3）【新数据源】文件将在【数据源】选项卡中可见。

4）用鼠标右键单击【新数据源】文件，在弹出的快捷菜单中选择【重建任务层次】命令，以拾取这个文件的任务数据。

5）切换至【任务】选项卡来查看任务。

每个任务都有一个开始和结束日期，接下来需要指派一个任务类型并将必要项目附着到各个任务上。

1）将项目附着到任务上。在工具栏上单击【使用规则自动附着】按钮，如图 9-39 所示。此时，将打开【TimeLiner 规则】对话框，这里使用选择集来附着模型项目，如图 9-40 所示。关闭该对话框。

图 9-39

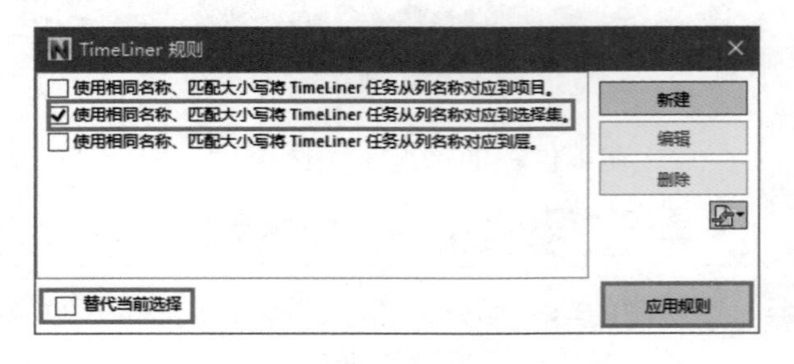

图 9-40

2）在【任务】选项卡中，查看【附着的】一栏，单独的集合现已附着到正确的任务上，如图 9-41 所示。

3）将任务【Floor GF】的【任务类型】设置为【Construct】。重复该操作，将其他任务的【任务类型】均设置为【Construct】（快捷键为 <C + Enter + ↓ >），如图 9-42 所示。

已激活	名称	状态	计划开始	计划结束	实际开始	实际结束	任务类型	附着的	总费
☑	⊟ 新数据源 (根)		2012/7/11	2012/8/10	不适用	不适用			
☑	Floor GF		2012/7/11	2012/7/15	不适用	不适用		集合->Floor GF	
☑	New External Wall 1		2012/7/13	2012/7/17	不适用	不适用		集合->New External Wall 1	
☑	New External Wall 3		2012/7/14	2012/7/18	不适用	不适用		集合->New External Wall 3	
☑	Internal Walls GF		2012/7/17	2012/7/21	不适用	不适用		集合->Internal Walls GF	
☑	First Floor		2012/7/21	2012/7/25	不适用	不适用		集合->First Floor	
☑	Curtain Walling GF		2012/7/24	2012/7/28	不适用	不适用		集合->Curtain Walling GF	
☑	Doors Windows GF		2012/7/26	2012/7/30	不适用	不适用		集合->Doors Windows GF	

图 9-41

4）检查是否所有模型项目均已附着。在工具栏的【查找项目】下拉菜单中选择【未附着/未包含的项目】选项。

此时所有的任务都有附着的模型项目和正确的任务类型。

接下来可以为从外部软件输入的任务运行模拟。切换至【模拟】选项卡，在播放控件栏中单击【播放】按钮，可以来回移动滑块（见图9-43）来观察项目状态。

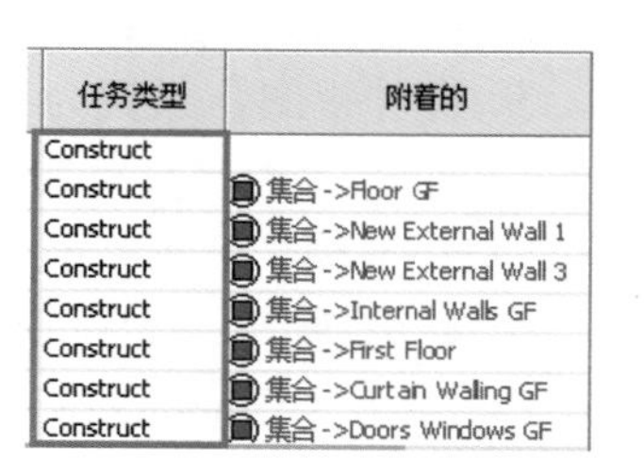

图　9-42

接着要输出一个XML文件格式的日程，为其他合作方所用。

1）切换至【任务】选项卡，在工具栏最右侧的【导出】下拉菜单中选择【导出 MS Project XML】选项，如图9-44所示。

2）可能会弹出一个警告对话框（见图9-45），忽略该警告，单击【确定】按钮。在弹出的【导出】对话框中，将XML文件命名并保存到合适的位置。

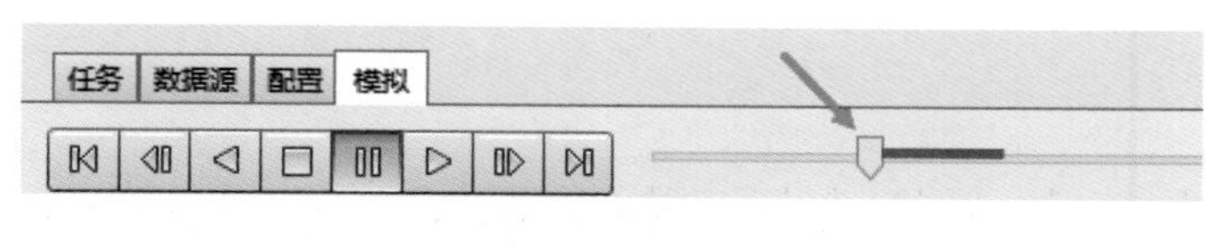

图　9-43

图　9-44

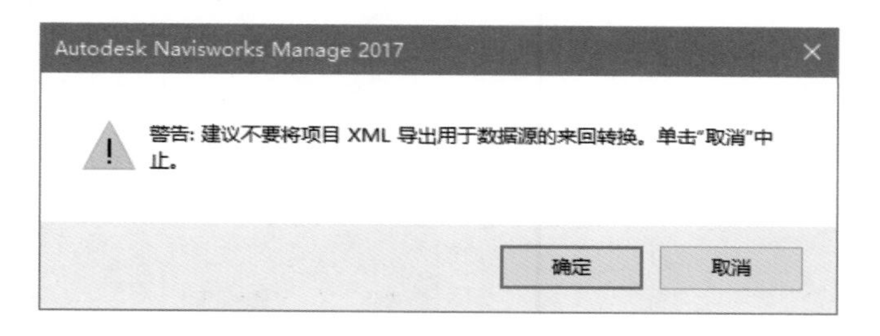

图　9-45

9.4.4　模拟设置

在第四部分的练习中，将自定义用于准备模拟的设置，然后把模拟输出为AVI文件格式的视频。

1）打开起始文件【WFP-NVS2015-09-Timeliner4. nwd】。

2）打开【TimeLiner】窗口（如果没打开），切换至【模拟】选项卡，单击【设置】按钮，弹出【模拟设置】对话框。

3）在对话框中进行如下修改（见图9-46）：

① 勾选【替代开始/结束日期】复选框，否则模拟将会在第一个任务的开始日期开始，在最后一个任务的结束日期结束。

② 将【开始日期】设置为【09:00:00】，第一个任务【Floor G】开始日期的前一天，因为【Floor G】任务开始日期是2012/7/11，故设置为【2012/7/10】。

③ 将【结束日期】设置为【17:00:00】，最后一个任务【Furniture】（家具）的后一天，因为【Furniture】任务结束日期是2012/8/10，故设置为【2012/8/11】。

④ 将【时间间隔大小】改成【1天】。

⑤ 勾选【显示时间间隔内的全部任务】复选框，以保证任务在间隔期间也可以显示。

⑥ 将【回放持续时间】改为【30】s。

⑦ 将【覆盖文本】设置为【顶端】。

⑧ 将【动画】设置为【无链接】。

⑨ 将【视图】设置为【计划】。

4）单击【确定】按钮，保存模拟设置。

5）播放模拟并观察改动后的效果。

现在将模拟输出为视频，以供其他人观看。

1）关闭【TimeLiner】窗口。在【动画】选项卡的【导出】面板中选择【导出动画】。

2）在打开的【导出动画】对话框中进行设置，具体如图 9-47 所示。

3）单击【确定】按钮，关闭对话框，对视频进行保存。

4）找到并打开 AVI 文件，查看渲染动画。

5）将文件另存到合适的位置。

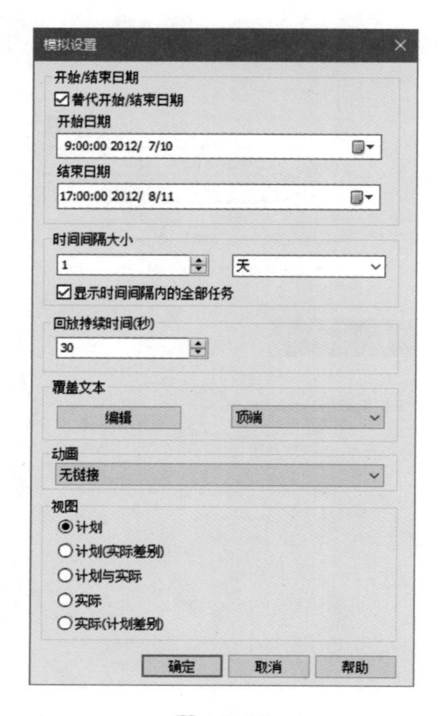

图 9-46

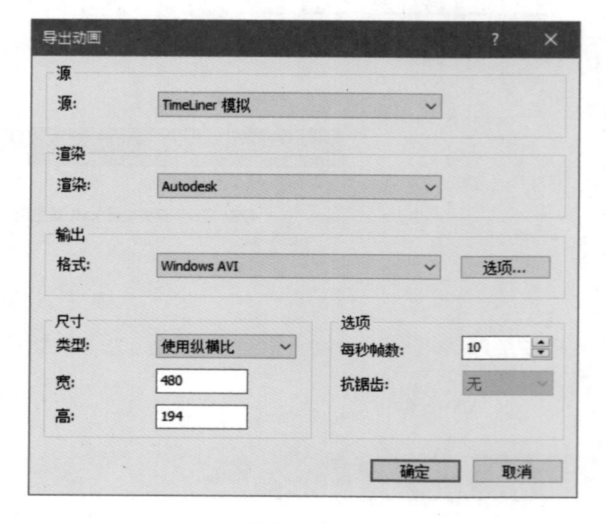

图 9-47

9.4.5 添加动画

练习的最后一部分，将动画添加到 TimeLiner 施工模拟中。以下的案例将演示如何将一个移动塔式起重机动画添加到当前 TimeLiner 施工进度模拟中。

1）打开起始文件【WFP-NVS2015-09-Timeliner5. nwd】。

2）在【常用】选项卡的【工具】面板中选择【TimeLiner】和【Animator】。

首先，为起重机的移动动画添加一个任务。

1）在【TimeLiner】窗口中单击【添加任务】按钮。

2）将新的任务命名为【起重机】，【计划开始】日期设置为【2012/7/11】，【计划结束】日期设置为【2012/8/10】，【任务类型】设置为【Tower crane】（塔式起重机），如图 9-48 所示。

3）接着将起重机附加到任务上。在【常用】选项卡的【选择和搜索】面板中选择【选择树】。

4）在【选择树】窗口中，扩展文件【WFP-NVS2015-09-Timeliner5. nwd】和【Ground Floor】，选择【Site】，此时场景视图中的起重机会高亮显示。

5）在【TimeLiner】窗口【起重机】任务对应的【附着的】一栏中单击鼠标右键，在弹出的快捷菜单中选择【附着当前选择】选项，完成起重机的附着，如图9-49所示。

接下来将【动画】选项添加到【任务】面板中。

1）在工具栏中【列】（见图9-50）的下拉菜单中选择【选择列】选项，并在弹出的对话框中勾选【动画】，此时【任务】面板中将出现【动画】的选项。

2）将【起重机】对应的动画设置为【Crane Moving】（起重机移动），如图9-51所示。

3）确认【起重机】任务已被激活。

接下来将修改设置并准备模拟。

计划开始	计划结束	实际开始	实际结束	任务类型	
2012/7/26	2012/7/30	不适用	不适用	Construct	显式选择
2012/7/27	2012/7/31	不适用	不适用	Construct	显式选择
2012/7/31	2012/8/4	不适用	不适用	Construct	显式选择
2012/8/4	2012/8/10	不适用	不适用	Construct	显式选择
2012/8/6	2012/8/10	不适用	不适用	Construct	显式选择
2012/7/11	2012/8/10	不适用	不适用	Tower crane	

图　9-48

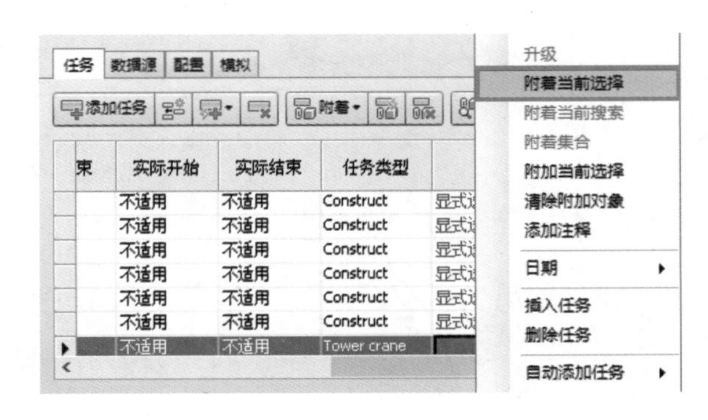

图　9-49

1）切换至【模拟】选项卡并单击【设置】按钮，在【模拟设置】对话框中进行修改，具体如图9-52所示。完成后单击【确定】按钮，关闭对话框。

2）单击播放控件中的【播放】按钮来查看施工进度的模拟。

3）将文件另存到合适的位置。

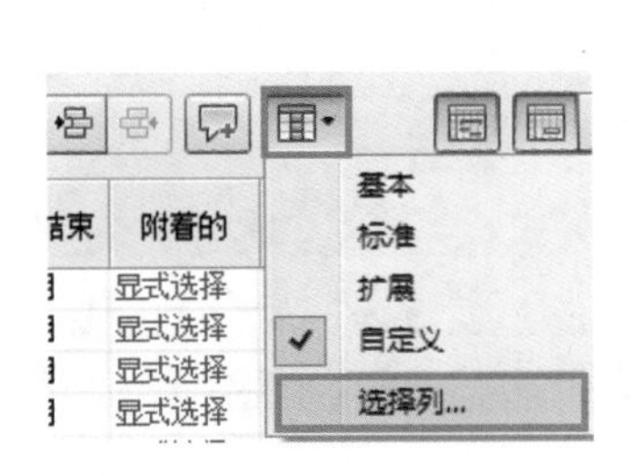

图　9-50

图　9-51

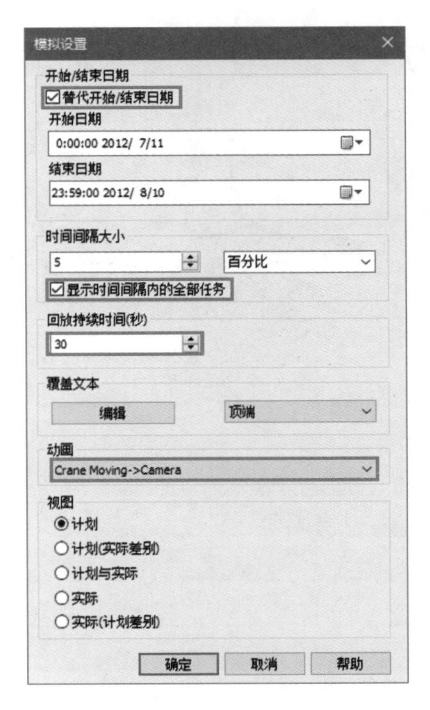

图　9-52

注意：要想在动画制作中改变动画效果，任务必须现在【TimeLiner】窗口中取消激活。

单元 10
碰撞检测

单元概述

本单元主要学习【Clash Detective】(碰撞检测) 工具的使用，并向读者介绍可用的搜索和选择选项，以便组织和进行碰撞检测，然后对碰撞检测的结果进行查看和导出。在练习中也会学习如何使用【TimeLiner】工具创建基于时间的碰撞检测，并使用【SwitchBack】(返回) 功能在Revit中进行图元更改，在Navisworks的碰撞结果中进行实时更新。

单元目标

1) 掌握【Clash Detective】窗口和工具栏中的内容。
2) 学会对项目、搜索和选择集或整个模型进行碰撞检测。
3) 了解碰撞检测规则及检测结果。
4) 学会设置碰撞的状态，添加注释且生成XML、HTML或TXT格式的碰撞检测报告。

10.1 碰撞检测概述

三维模型中的碰撞检测是Navisworks的重要功能。通过【Clash Detective】工具（见图10-1）可以有效地识别、检验和报告三维项目模型中的碰撞。碰撞检测不仅替代了传统的、耗时的手动过程，且在某种程度上降低了人为出错的风险，也可以起到强调潜在碰撞或不完整、协调性不佳的施工顺序的作用。

图 10-1

为了提高碰撞的显示效果，可在【选项编辑器】（快捷键为<F12>）→【工具】→【Clash Detective】面板中对高亮显示颜色进行自定义设置。

将碰撞检测功能与其他Navisworks工具联系起来，可以提供一个强大的碰撞解决方法和对工作的视觉报告。越来越多的项目管理人员和项目协同人员正使用此软件消除设计和施工能力效率低下的现象，提高项目合作水平和效率。

将碰撞检测与对象动画联系起来，能够自动检查移动对象之间的碰撞。例如，将碰撞检测与现有动画场景联系起来，可以在动画过程中自动高亮显示静态对象与移动对象的碰撞；例如，起重机旋转着通过建筑物的顶部。

将碰撞检测与TimeLiner联系起来，能够对项目进行基于时间的碰撞检测，也就是对项目的安装顺序进行检查。运行基于时间的碰撞时，TimeLiner中的每个步骤都会通过【Clash Detective】来检查是否发生碰撞。如果发生碰撞，则记录碰撞发生的日期以及导致碰撞的事件。

将碰撞检测和TimeLiner以及对象动画联系起来，能够对完全动画化的TimeLiner进度进行碰撞检测。

10.2 【Clash Detective】窗口

【Clash Detective】窗口（见图10-2）是一个可固定窗口，在这个窗口中可以设置碰撞检测的规则和选项、查看结果、对结果进行排序以及生成碰撞报告。碰撞检测的执行对象可以是单个项目、集合、当前所选对象或整个模型，目的可能是对整个模型进行简单检查；也可能是核对点云数据；也可以作为对已发现问题的审查跟踪。

首次打开【Clash Detective】窗口时，窗口内将呈现灰显状态，并出现如图 10-3 所示的提示。在未添加测试时，在窗口的顶部会显示【添加检测】和【导入/导出碰撞检测】按钮。单击【添加测试】按钮后，将添加一个测试，并启动窗口中的按钮。

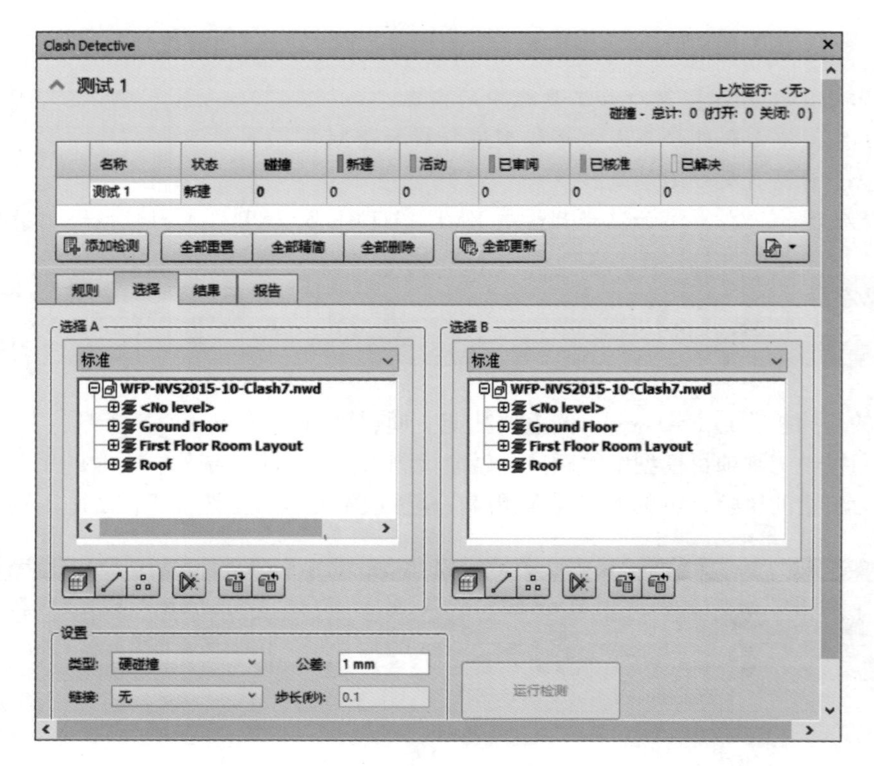

图 10-2

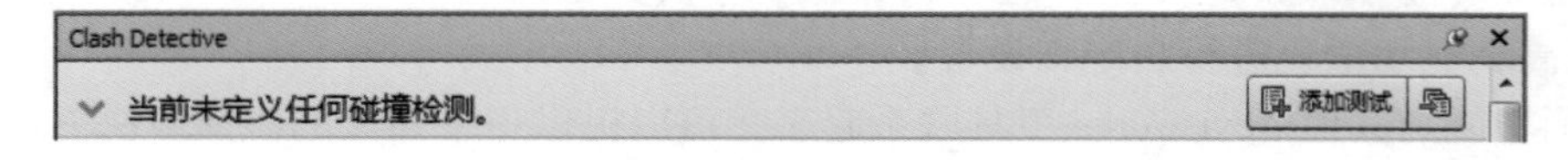

图 10-3

【Clash Detective】窗口中包含 4 个选项卡，每个选项卡中又包含了许多按钮。

10.2.1 【选择】选项卡

【选择】选项卡下包含一个含有任务按钮的工具栏、两个选择窗格（左边为【选择 A】，右边为【选择 B】），以及用于运行碰撞检测的【设置】选项区，如图 10-4 所示。

1. 工具栏（图 10-4 中的①号位置）

工具栏中的按钮可以快速访问许多工具，这些按钮见表 10-1。

表 10-1 工具栏中的按钮

图标按钮	描 述
	曲面：使项目中的曲面进行碰撞，这是默认选项
	线：使包含中心线的项目（如管道）碰撞

（续）

图标按钮	描　述
	点：使（激光）点碰撞
	自相交：对窗格中所选项目的自身进行碰撞检测
	使用当前选择：可以在场景视图或【选择树】窗口中进行选择，并将此选择应用于碰撞检测
	在场景中选择：可以在场景视图和【选择树】窗口中显示出与【选择】窗格对应的项目

以上按钮能够以组合的形式使用，碰撞检测可包含选中项目的曲面、线和点的碰撞。

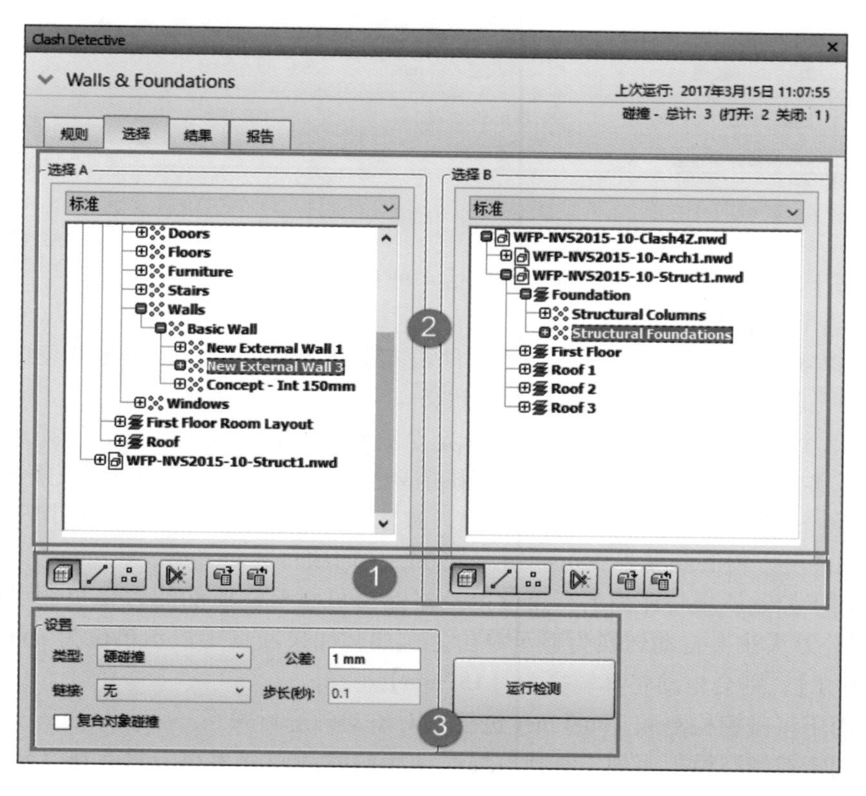

图　10-4

2. 【选择 A/B】窗格（图 10-4 中的②号位置）

此视图是主界面，在主界面中可以选择项目进行碰撞检测。【选择 A】和【选择 B】窗格中分别含有一个项目的树状层级结构，这些项目可能是某一个图元、集合和整个模型等。无论在这些窗格中选择了什么，选中的项目在碰撞检测时相互之间都将根据进行的设置来运行检测。如要进行检测，需从每个窗格中选择项目，每个【选择】窗格顶部的下拉列表框中都包含 4 种选择项目的方式（见图 10-5）：

（1）标准　此选项显示了默认的树状层级结构，并包含了所有实例。

（2）紧凑　此选项是一个树状层级结构的简化版本。

（3）特性　基于项目特性的层级结构。

（4）集合　显示与【集合】窗口中相同的项目。此选项只在模型中包含集合时才可使用。使用选择集和搜索集，可以更快、更有效和更轻松地重复碰撞检测。

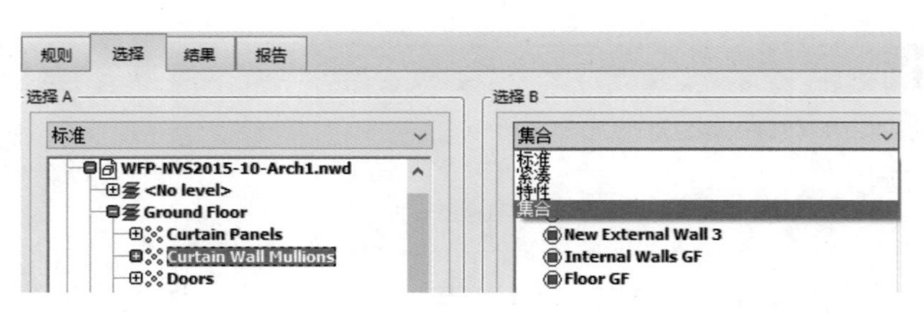

图 10-5

3.【设置】选项区（图 10-4 中的③号位置）

此选项区用于对检测参数进行定义，如图 10-6 所示。

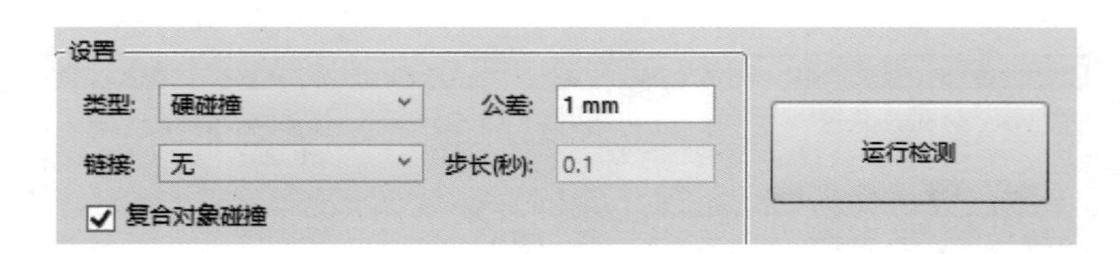

图 10-6

（1）类型　用于定义碰撞类型，碰撞类型包括 4 种：

1）硬碰撞。两个对象实际相交。

2）硬碰撞（保守）。与硬碰硬的区别在于软件内部算法的保守会找出更多的碰撞，一般不采用该碰撞类型，它对于一般项目的碰撞检查没有太大意义。

3）间隙。当两个对象相互间的距离不超过指定距离时，将它们视为相交。选择这个碰撞类型也会检测出【硬碰硬】类型的碰撞。例如，当管道周围需要有隔离空间时，可以使用此类碰撞。

4）重复项。两个物体的类型和位置必须完全一致才能相交，此类碰撞检测可用于使整个模型针对其自身碰撞。使用户可以检测到场景中可能错误复制的任何项目。

（2）公差　用于控制所报告碰撞的严重性以及过滤掉可忽略碰撞的能力（可假设就地解决这些碰撞问题）。输入的公差大小会自动转换为显示单位。例如，如果项目中显示单位为 mm，在【公差】文本框中输入【6 英寸】，则会自动将其转换为【152mm】。

（3）链接　用于将碰撞检测和 TimeLiner 进度或对象动画进行联系。

（4）步长　用于控制在模拟序列中查找碰撞时使用的时间间隔大小。只有在【链接】下拉列表框中进行选择后，此选项才可用。

（5）复合对象碰撞　勾选该复选框可包含同一复合对象或一对复合对象中可以找到的碰撞结果。复合对象是在选择树中被视为单一对象的一组几何图形。例如，一个窗口对象可以由一个框架和一个窗格组成，一个空心墙对象可以由多个图层组成。

（6）运行检测　单击此按钮，则选中的碰撞检测便会运行。测试的结果会显示在屏幕上，当重新选择检测对象时，会出现如图 10-7 所示的三角形警告标志，表示检测已过时，可能是检测自运行以来发生了某种改变（包括碰撞检测设置发生了改变或模型已被更新等），因此需要再次运行检测。

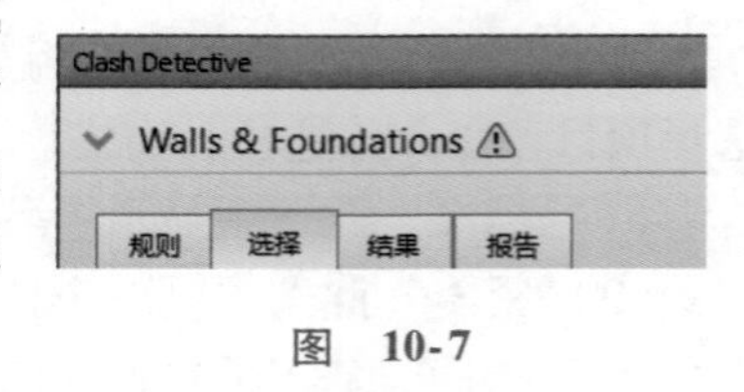

图 10-7

10.2.2 【规则】选项卡

【规则】选项卡包含所有当前可用规则。在该选项卡中可通过【新建】和【编辑】按钮编辑和添加要应用于碰撞检测的忽略规则，如图 10-8 所示。若要生成有意义的碰撞数据，选择用于检测的项目非常重要，而选择用于管理碰撞检测的规则同样重要。

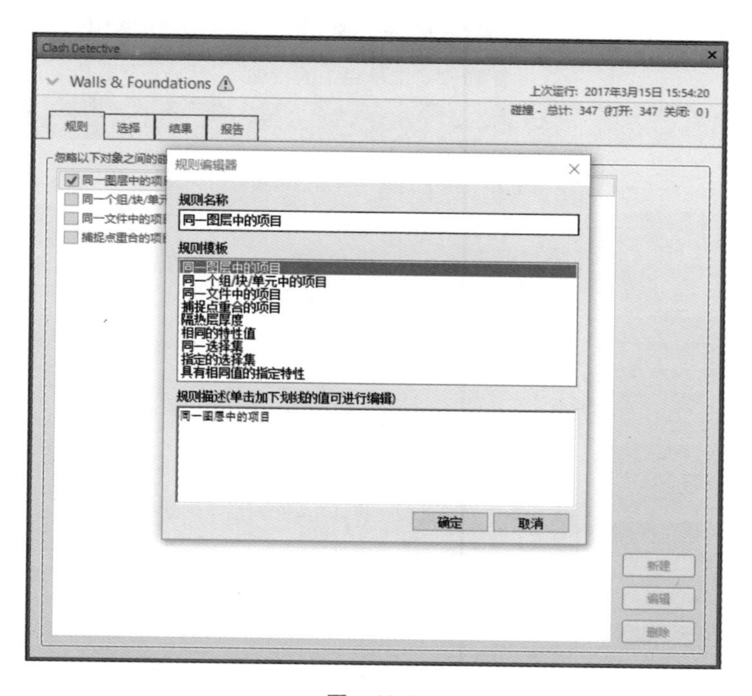

图　10-8

10.2.3【结果】选项卡

【结果】选项卡中包含一个有许多按钮的工具栏、一个【结果】窗格、一个【显示设置】可扩展面板，以及一个【项目】可扩展面板，如图 10-9 所示。

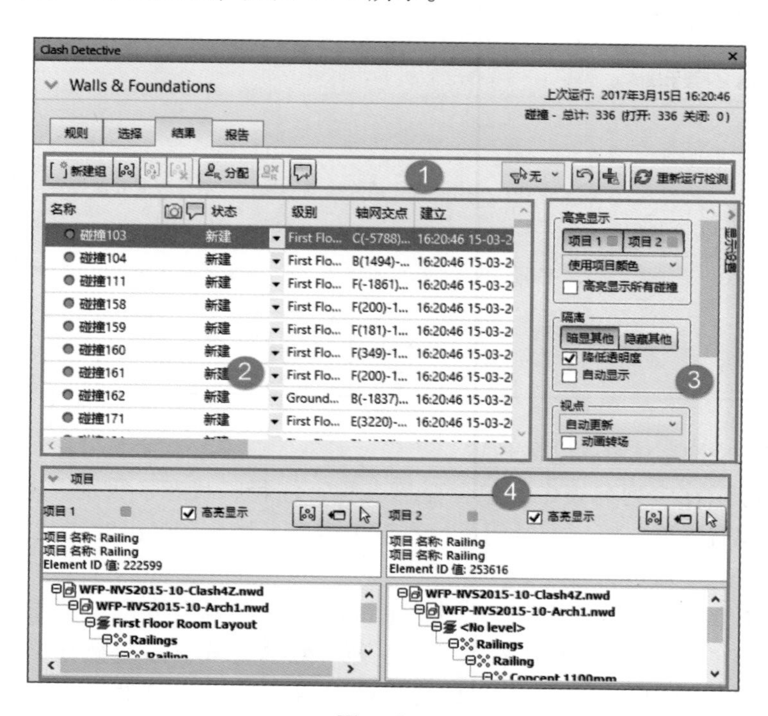

图　10-9

1. 工具栏（图 10-9 中的①号位置）

工具栏中的按钮可以对代表相同碰撞的项目进行分组和分配，也可以添加注释、进行过滤以及重新运行碰撞检测，从而快速访问许多有助于管理已知碰撞的工具。这些按钮见表 10-2。

表 10-2　工具栏中的按钮

图标按钮	描　述
新建组	新建组：用于创建一个新的碰撞群组
	对选定碰撞分组：用于对选中的碰撞进行分组
	从组中删除：用于从碰撞组中移除选中的碰撞
	分解组：用于对选中的组取消编组
分配	分配：单击此按钮将打开一个对话框，分配碰撞检测
	取消分配：单击此按钮将解除分配
	添加注释：单击此按钮可以为选中的碰撞添加注释
无　重新运行检测 无 显示所有碰撞 排除 在两个碰撞项目均被选定的情况下显示碰撞 包含 在至少一个碰撞项目被选定的情况下显示碰撞	按选择过滤：仅显示涉及当前在【结果】选项卡的场景视图或【选择树】窗口中所选项目的碰撞 1）无：此选项会显示所有的碰撞； 2）排除：当前选定的所有项目的碰撞会显示在【结果】选项卡中； 3）包含：当前选定的一个项目的碰撞会显示在【结果】选项卡中
	重置：单击此按钮清除检测结果，但不会改变其他设置
	精简：单击此按钮可以从当前的碰撞检测中清除所有已解决的碰撞
重新运行测试	重新运行测试：单击此按钮将重新运行检测，更新检测结果

2.【结果】窗格（图 10-9 中的②号位置）

此处的碰撞信息显示在多列列表中，包含碰撞名称、注释、状态、级别、轴网交点、建立日期和时间、批准信息等。如有需要，可以通过用鼠标右键单击列名称，在弹出的快捷菜单中选择【选择列】选项，选择可用字段或对字段进行排序。

一旦展示出碰撞检测中的信息，那么碰撞检测的组织在此时会变得至关重要。此时，对碰撞进行重命名并将碰撞整理进文件夹以便用作参考是一种有效的方式。多重碰撞与单一碰撞很常见。例如，一面多组合墙可能与地基相冲突，这可以代表许多单个冲突，因为每一层墙都会显示出与地基的碰撞。

3.【显示设置】可扩展面板（图 10-9 中的③号位置）

【显示设置】面板中提供了许多选项，以便查看碰撞。Navisworks 会自动调整相机以提供对于查看碰撞的合适视点，此面板中的选项将提供对冲突的有效审查，在此处简单介绍以下几项。

（1）高亮显示　选项允许依据项目颜色或状态颜色挑选两个项目或两者之一，如图 10-10 所示。

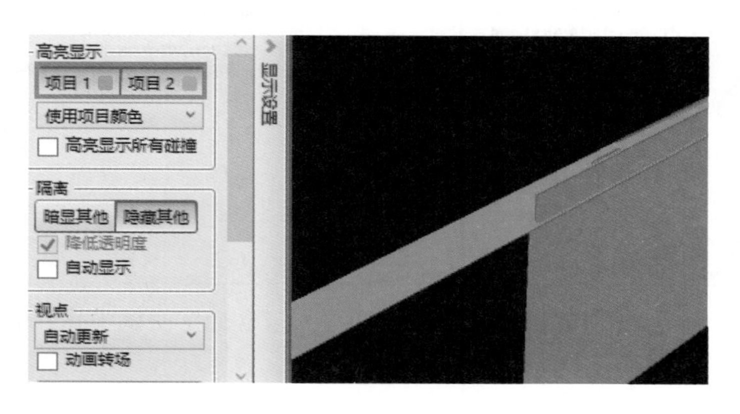

图　10-10

（2）隔离　单击【暗显其他】选项将使其他项目变得不醒目，透明的调光将把所有与碰撞无关的项目变成灰色，且变得透明，如图 10-11 所示。除此之外，勾选【自动显示】复选框将暂时隐藏妨碍碰撞的选项。

图　10-11

（3）视点　选项包括【自动更新】、【自动加载】和【手动】，如果选择【自动更新】选项，碰撞视点可被自动更新；选择【自动加载】选项将自动缩放相机，以显示选定碰撞或选定碰撞组中涉及的所有项目；选择【手动】选项后，在【结果】选择卡中选择碰撞后，模型视图不会移动到碰撞视点，需要用户手动移动视点。

（4）模拟　勾选此复选框以使用基于时间的软（动画）碰撞。

4.【项目】可扩展面板（图 10-9 中的④号位置）

在【结果】选项卡的底部【项目】可扩展面板（见图 10-12）中有两个以上的窗格，这几个窗格与之前在【选择】选项卡中看到的【选择 A】和【选择 B】窗格相似。碰撞中涉及的项目与一系列重要的数据将被列出来，以帮助准确定位碰撞发生的位置。树状视图提供了模型结构中图元的准确名称和位置，而勾选【高亮显示】复选框将会在场景视图中将所选图元显示为当前设置的颜色。

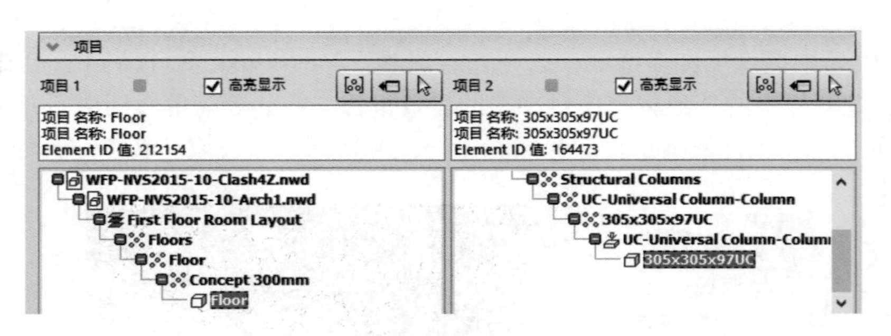

图 10-12

10.2.4 【报告】选项卡

通过【报告】选项卡（见图 10-13）可以设置和写入包含选定测试中找到的所有碰撞结果的详细信息的报告。

图 10-13

1）【内容】选项区中可以选择将包含在碰撞检测报告中的信息。

2）【包括碰撞】选项区中包含的选项用于过滤报告此时不需要的碰撞类型。若要生成报告，勾选【仅包含过滤后的结果】复选框，便会在导出的报告中仅显示勾选状态的碰撞。

3）在【输出设置】选项区中，可以对报告的类型和格式进行设置，如图 10-14 所示。报告的格式常用【HTML（表格）】或【作为视点】。

① HTML（表格）。很容易使用特定的字体和表格格式对 HTML 格式中的表格报告进行修改，或添加一个项目标签。此类文件格式的优点是它的内存一般较小，因此容易以邮件或上传的方式向局域网发送此类文档；另一个优点是它很容易在 Excel 表格中打开，如图 10-15 所示。

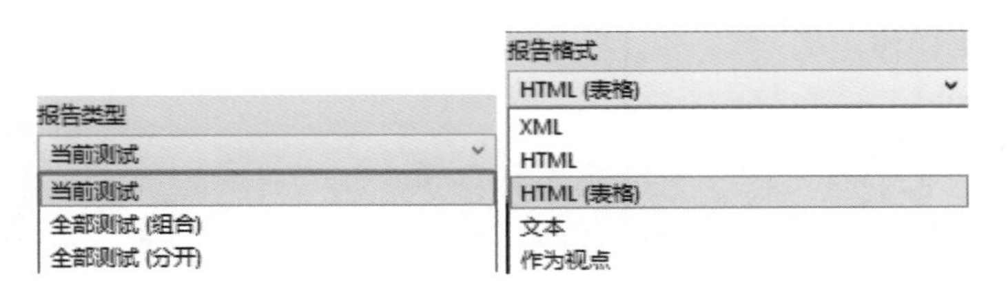

图 10-14

Autodesk® Navisworks® 碰撞报告

测试 1	公差	碰撞	新建	活动的	已审阅	已核准	已解决	类型	状态
	1mm	293	293	0	0	0	0	硬碰撞	确定

								项目 1					项目 2				
图像	碰撞名称	状态	距离	网格位置	说明	找到日期	碰撞点	项目 ID	图层	项目 名称	材质 名称	Element ID 值	项目 ID	图层	项目 名称	材质 名称	Element ID 值
	碰撞1	新建	-874	D-5 : Ground Floor	硬碰撞	2015/8/24 05:58.41	x:15992、y:-2654、 z:3700	*Element ID*: 212154	First Floor Room Layout	Floor	AEC_Concept - White	212154	*Element ID*: 160478	Foundation	305x305x97UC	Metal - Steel - 345 MPa	164473
	碰撞2	新建	-600	D-2 : Ground Floor	硬碰撞	2015/8/24 05:58.41	x:-744、 y:-2783、z:0	*Element ID*: 212102	Ground Floor	Floor	AEC_Concept - White	212102	*Element ID*: 160475	Foundation	305x305x97UC	Metal - Steel - 345 MPa	164069
	碰撞3	新建	-600	B-6 : Ground Floor	硬碰撞	2015/8/24 05:58.41	x:19663、y:-15725、 z:0	*Element ID*: 212102	Ground Floor	Floor	AEC_Concept - White	212102	*Element ID*: 160606	Foundation	305x305x97UC	Metal - Steel - 345 MPa	160513

图 10-15

② 作为视点。如果选择【作为视点】格式，则 Navisworks 将用检测名称在【保存的视点】窗口中自动创建一个文件夹，同时也为每个碰撞保存视点并按顺序编号，此处以碰撞检测【测试1】为例，发生的碰撞编号为【碰撞1-10】，如图10-16所示。

此选项对记录特殊的碰撞非常有用，常用于展示碰撞结果。向视点中添加标记和注释可提供关于碰撞的其他信息，如补救措施等，如图10-17所示。

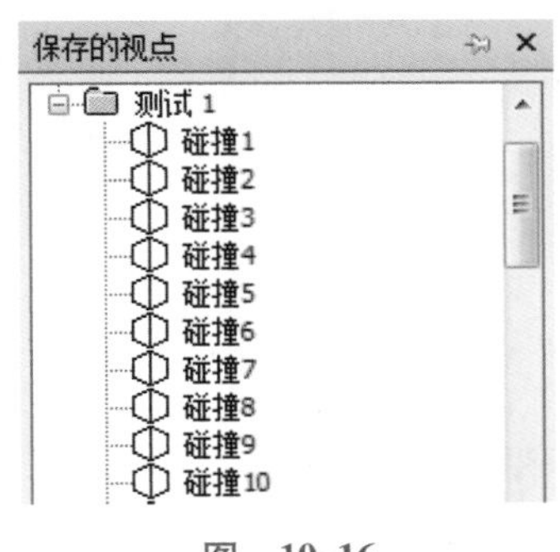

图 10-16

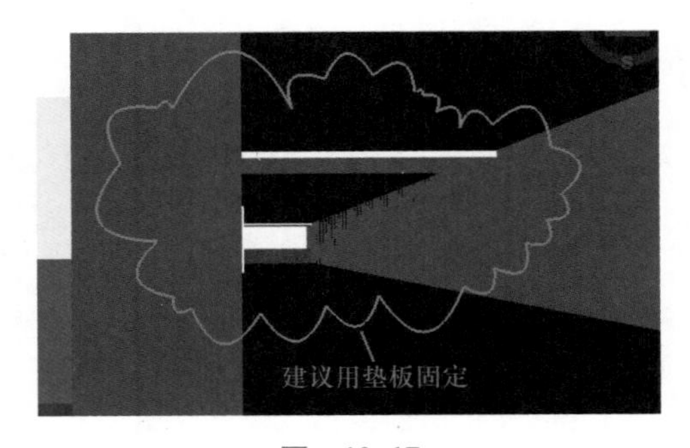

图 10-17

10.2.5 【返回】工具

如果使用的是高于2012版本的 Revit，则 Navisworks 将允许通过【返回】工具进行与 Revit 软件之间的数据交互。此功能允许用户在 Revit 中查看 Naviswork 中的冲突，因为最初的几何结构正是在此软件中创建的，然后可以将在 Revit 中做的修改同步到 Naviswork。【返回】工具的使用方法已经在单元5中进行了详细介绍。

使用【返回】功能可以在 Revit 软件中快速解决碰撞，重新保存 Revit 文件，刷新 Naviswork 模型以

更新碰撞，然后便可解决碰撞。

10.3 单元练习

本单元通过【Clash Detective】工具的实例进行练习，练习包括以下内容：

1）运行一个简单的碰撞检测并查看结果。

2）创建一个集合，并将其用于碰撞检测。

3）修改碰撞状态并为碰撞添加注释。

4）创建并导出一个碰撞检测报告。

5）创建【碰撞组】并更新碰撞检测。

6）利用【返回】功能和【Clash Detective】工具在 Revit 中解决碰撞。

7）创建基于时间的碰撞。

10.3.1 运行碰撞检测

在练习的第一部分中，将主要练习使用【Clash Detective】工具进行基本的碰撞检查。下面将打开一个建筑模型，并为其附加一个结构模型以形成进行碰撞检测的基础。

1）打开起始文件【WFP-NVS2015-10-Arch1.nwd】，并附加文件【WFP-NVS2015-10-Struct1.nwd】。

2）在【常用】选项卡的【工具】面板中选择【Clash Detective】工具，打开【Clash Detective】窗口。窗口中有两个窗格：【选择 A】和【选择 B】，这两个窗格含有可用于碰撞检测的项目。窗口当前显示为灰色，并提示【当前未定义任何碰撞检测】，如图 10-18 所示。

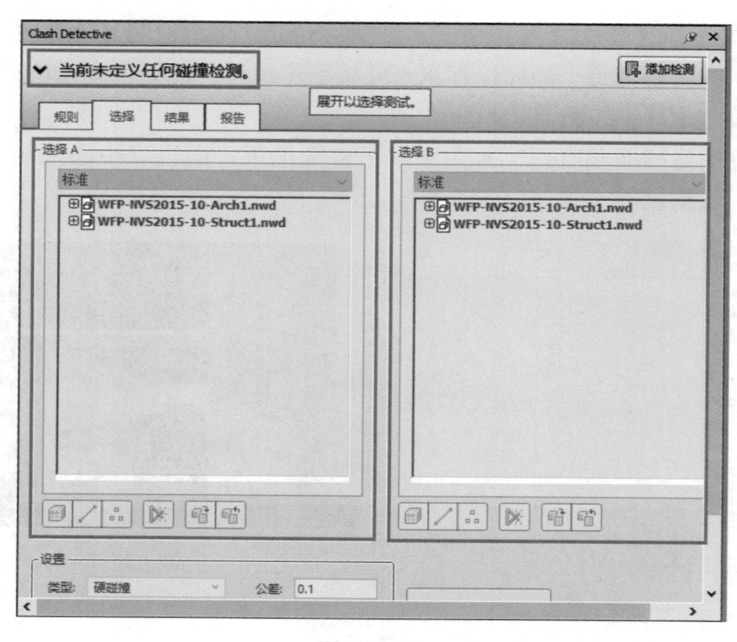

图 10-18

3）单击窗口右上方的【添加检测】按钮，添加一个测试，并接受默认的名称【测试 1】。

4）在【设置】选项区中进行设置，具体如图 10-19 所示。

接着用建筑和结构的两个模型作为运行碰撞检测的项目。

1）在【选择 A】窗格中选择【WFP-NVS2015-10-Arch1.nwd】，在【选择 B】窗格中选择【WFP-NVS2015-10-Struct1.nwd】，如图 10-20 所示。确保这两个窗格中的【曲面】按钮都已经被选中。

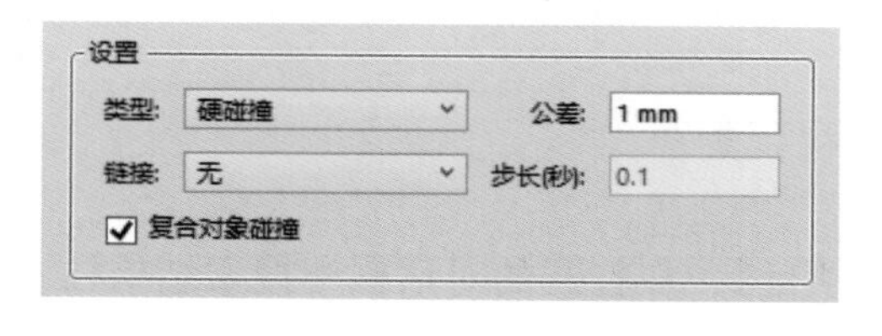

图 10-19

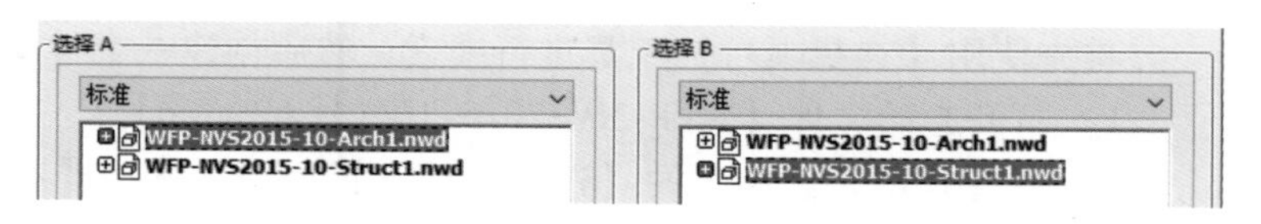

图 10-20

2）单击【运行检测】按钮。这将自动切换到【结果】选项卡，每个检测到的碰撞都包含信息。窗口右上方将显示碰撞的数量，此时发生的碰撞总计为 293 个。

3）在【结果】选项卡中选择【碰撞 1】，发生碰撞的项目在【项目】选项区的底部会被确定，如图 10-21 所示。

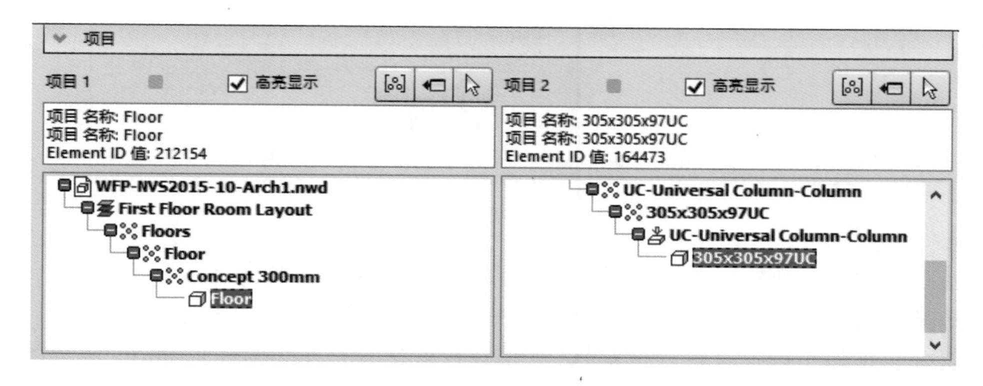

图 10-21

4）单击窗口右侧的【隐藏/显示设置】按钮，将显示碰撞位置的更多信息，如图 10-22 所示。

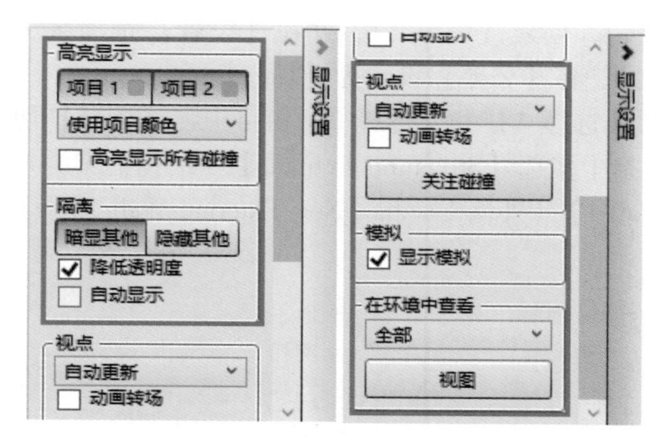

图 10-22

注意：若要实现快速有效的检测，必须考虑检测的配置以及用于碰撞检测的项目。接下来的练习会对此做出更为详细的探讨。

5）在不保存的情况下关闭文件。

10.3.2 用集合进行碰撞检测

在练习的第二部分中，将通过选择树状结构、查找功能以及选择集合生成更有效的碰撞检测。下

面将创建一个名为【结构柱】的搜索集合，然后将这个集合与结构框架一起使用，运行一项针对建筑的外墙的碰撞检查。

首先使用【查找项目】工具进行搜索，然后创建一个【结构柱】集合。

1）打开起始文件【WFP-NVS2015-10-Clash2.nwd】。

2）在【常用】选项卡的【选择和搜索】面板中选择【查找项目】，在打开的对话框中搜索结构柱（Structural Columns），如图 10-23 所示。

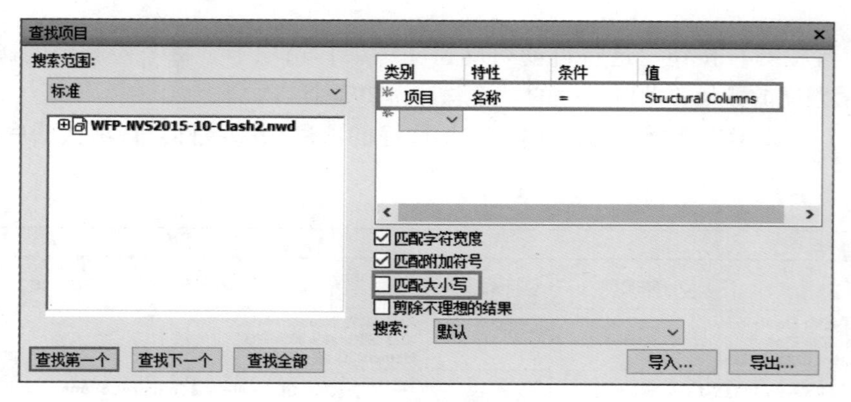

图 10-23

3）单击【查找全部】按钮，此时场景视图中的所有结构柱都会高亮显示。

4）在【选择和搜索】面板中选择【集合】下拉列表中的【管理集合】选项。

5）在【集合】窗口中选择【保存选择】，并将集合重命名为【结构柱】，并选中这个集合。

6）关闭【查找项目】对话框和【集合】窗口。

接下来将在集合与集合之间进行碰撞检测。

1）在【常用】选项卡的【工具】面板中选择【Clash Detective】工具。

2）单击【添加检测】按钮，创建【测试 1】，并在【设置】选项区中将【类型】设置为【硬碰撞】、将【链接】设置为【无】、将【公差】设置为【1mm】。

3）在【选择】选项卡的【选择 A】和【选择 B】窗格中将【标准】切换为【集合】。利用键盘上的<Ctrl>键在【选择 A】窗格中多选【Structural Framing】（结构框架）和【结构柱】；在【选择 B】窗格中多选【New External Wall 1】（外墙 1）和【New External Wall 3】（外墙 3）。单击【运行检测】按钮，如图 10-24 所示。

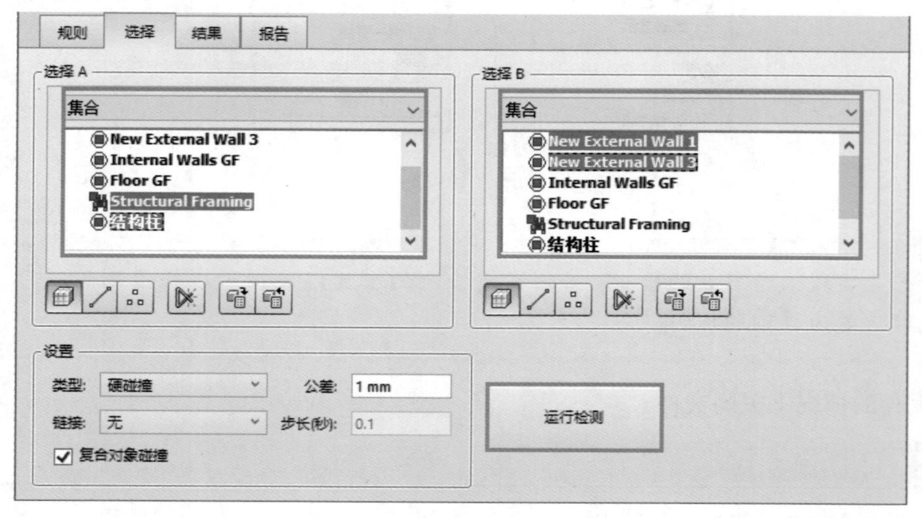

图 10-24

4）自动切换至【结果】选项卡，窗口右上方显示碰撞总数为19。

注：不要关闭文件，因为将会在第三部分的练习中更仔细地查看碰撞结果。

10.3.3 修改碰撞状态并添加注释

在练习的第三部分中，主要内容为分析碰撞检测结果，并查看和修改碰撞状态，最后向结果中添加注释。

首先查看当前碰撞检测的结果。

1）确保上一节练习中的文件处于打开状态，【Clash Detective】窗口也处于开启状态。

2）在【结果】选项卡中选择【碰撞1】，在场景视图中可以看到支架穿透了外墙（见图10-25），这是没有问题的。

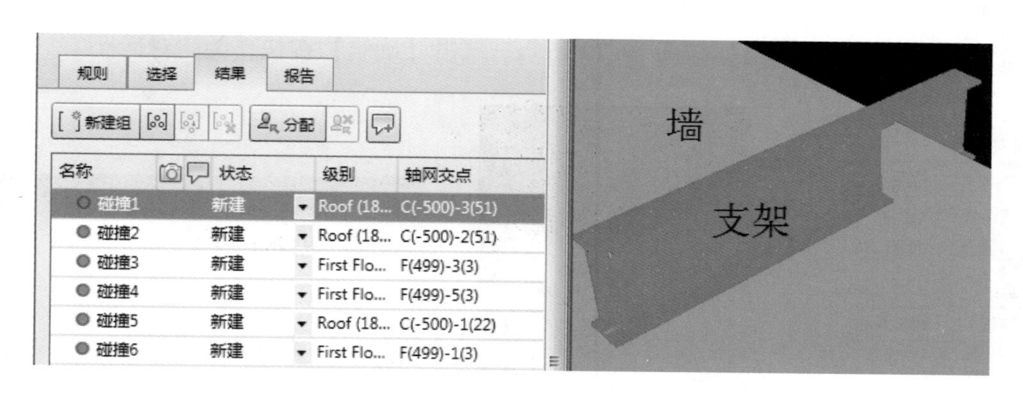

图　10-25

3）选择【碰撞2】，这是一个和【碰撞1】相似的碰撞。

4）将【碰撞1】的名称改为【支架碰撞3】，【状态】改为【已核准】；将【碰撞2】的名称改为【支架碰撞2】，【状态】改为【已解决】，如图10-26所示。

名称	状态	级别	轴网交点	建立	核准者
支架碰撞3	已核准	Roof (18...	C(-500)-...	09:58:15 10-03-2017	A
支架碰撞2	已解决	Roof (18...	C(-500)-...	09:58:15 10-03-2017	A

图　10-26

5）单击【重新运行检测】按钮。

6）窗口右上角显示碰撞总数为19个，其中18个处于打开状态，1个处于关闭状态。

7）之前检测出的所有【新建】状态的碰撞现在都已处于【活动】状态。由于并未对【支架碰撞2】进行实质上的问题解决，碰撞依旧存在，因此手动改为【已解决】状态的【支架碰撞2】又一次被检测出来，并处于【新建】状态；而手动改为【已核准】状态的【支架碰撞3】状态不会发生改变，如图10-27所示。

8）在【高亮显示】选项区中，选择【项目1】和【项目2】，以在场景视图中替代碰撞项目的颜色；在【隔离】选项区中选择【隐藏其他】选项，此时场景视图中只有两个项目可见，如图10-28所示。

9）单击【在环境中查看】选项区中的【视图】按钮，可以进行小范围的放大和缩小，有助于将项目放置于整个场景视图中。

接下来使用注释向碰撞结果中添加文本。

1）在【结果】选项卡中选择【支架碰撞3】，然后单击鼠标右键，在弹出的快捷菜单中选择【添

名称	状态	名称	状态
支架碰撞2	新建	碰撞14	活动
碰撞3	活动	碰撞15	活动
碰撞4	活动	碰撞16	活动
碰撞5	活动	碰撞17	活动
碰撞6	活动	碰撞18	活动
碰撞7	活动	碰撞19	活动
碰撞8	活动	支架碰撞3	已核准

图 10-27

加注释】选项（或直接单击工具栏上的【添加注释】），在文本框中输入【支架按预期穿过外墙，已核准】，将【状态】改为【已核准】，如图 10-29 所示。单击【确定】按钮，关闭对话框。

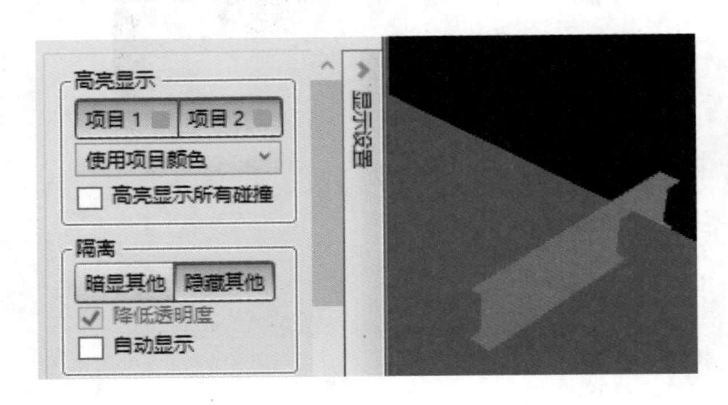

图 10-28

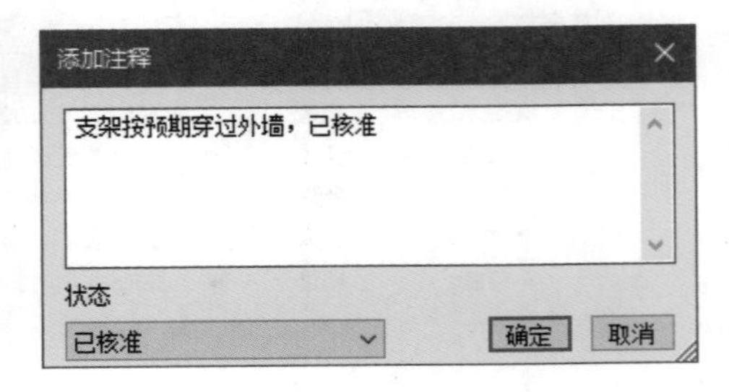

图 10-29

2）在【审阅】选项卡的【注释】面板中选择【查找注释】，在窗口中切换至【来源】选项卡，只勾选【Clash Detective】选项，单击【查找】按钮。此时【支架碰撞 3】的注释、日期、作者、注释 ID 和状态都将会显示在窗口底部，如图 10-30 所示。

名称	注释	日期	作者	注释 ID	状态
支架碰撞3	支架按预期穿过外墙，已核准	10:59:36 2017/3/10	A	1	已核准

图 10-30

3）将文档另存到合适的位置。

10.3.4 创建和导出碰撞检测报告

在练习的第四部分中，将主要练习碰撞检测报告的创建和导出。

首先查看当前碰撞检测的报告。

1）打开起始文件【WFP-NVS2015-10-Clash3.nwd】。

2）在【常用】选项卡的【工具】面板选择【Clash Detective】，并在窗口中打开【结果】选项卡，以便查看所有的碰撞。

3）切换到【报告】选项卡，在【内容】选项区和【包括碰撞】选项区中勾选字段，如图 10-31 所示。

4）在【输出设置】选项区中进行设置，具体如图 10-32 所示。

5）单击【写报告】按钮，创建 HTML 文档。将文件保存到合适位置，并查看信息是如何呈现的（见图 10-33）。在创建该文件的同时，一个包含 JPEG 图片的文件夹会在相同的位置被自动创建。

6）返回【Clash Detective】窗口的【报告】选项卡，将报告输出格式改为【HTML（表格）】，并单击【写报告】按钮，将文件保存到合适位置，并进行查看（见图 10-34）。在创建该文件的同时，一个包含 JPEG 图片的文件夹会在相同的位置被自动创建。

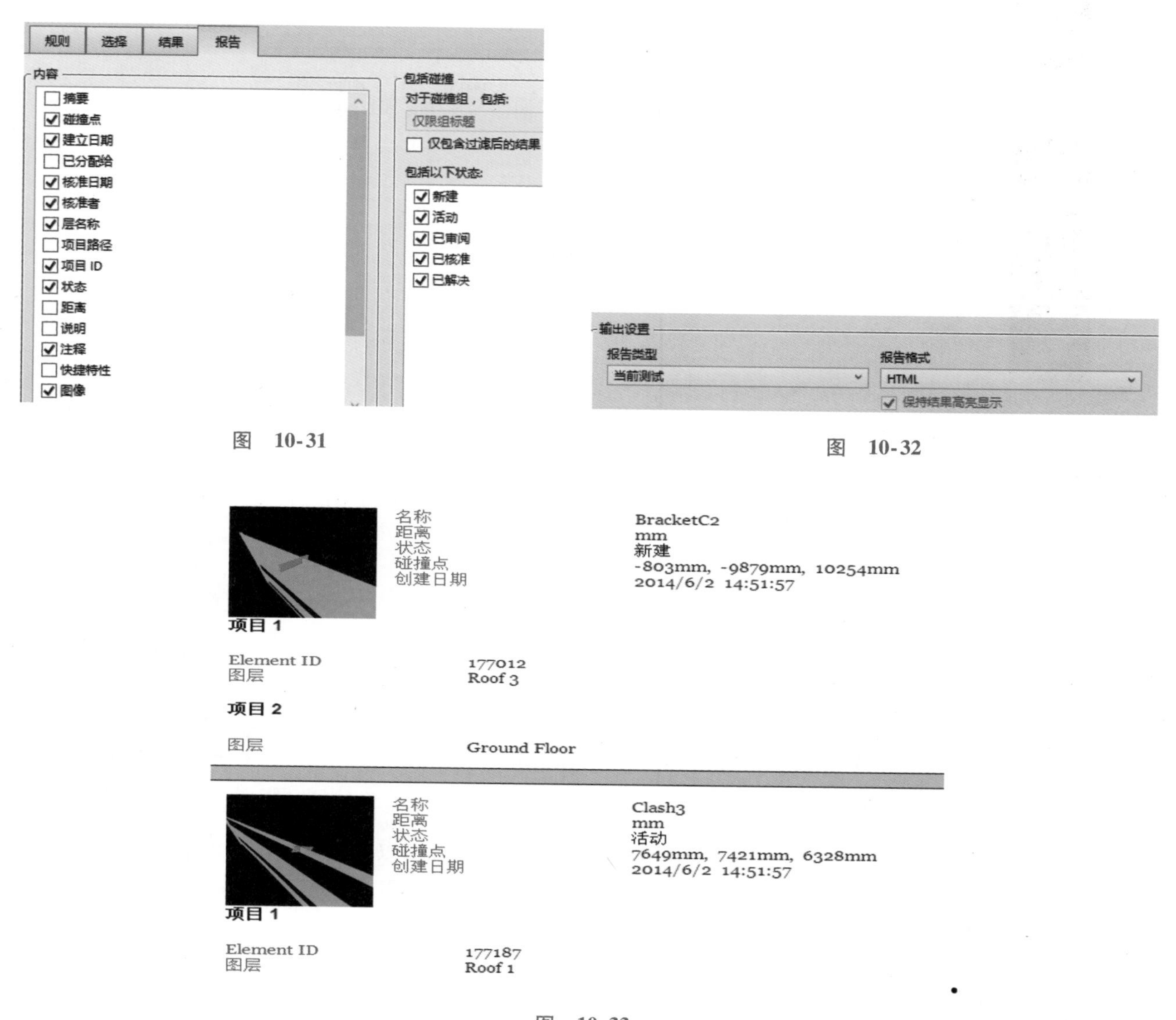

图 10-31

图 10-32

图 10-33

7）在不保存的情况下关闭文件。

10.3.5 更新碰撞检测

在练习的第五部分中，将对模型中的碰撞进行分组，并更新碰撞检测。

1）打开起始文件【WFP-NVS2015-10-Clash4. nwd】。

2）在【常用】选项卡的【工具】面板中选择【Clash Detective】。

3）在窗口中单击【添加检测】按钮，将【测试 1】重命名为【墙和基础】。

4）切换到【规则】选项卡，不勾选任何项目。

5）切换到【选择】选项卡，在【选择 A】窗格中扩展【WFP-NVS2015-10-Arch1. nwd】→【Ground Floor】→【Walls】→【Basic Wall】，选择【New External Wall 3】；在【选择 B】窗格中扩展【WFP-NVS2015-10-Struct1. nwd】→【Foundation】（基础），选择【Structural Foundations】（结构基础）。

6）在【设置】选项区中进行设置，具体如图 10-35 所示。单击【运行检测】按钮，窗口右上角显

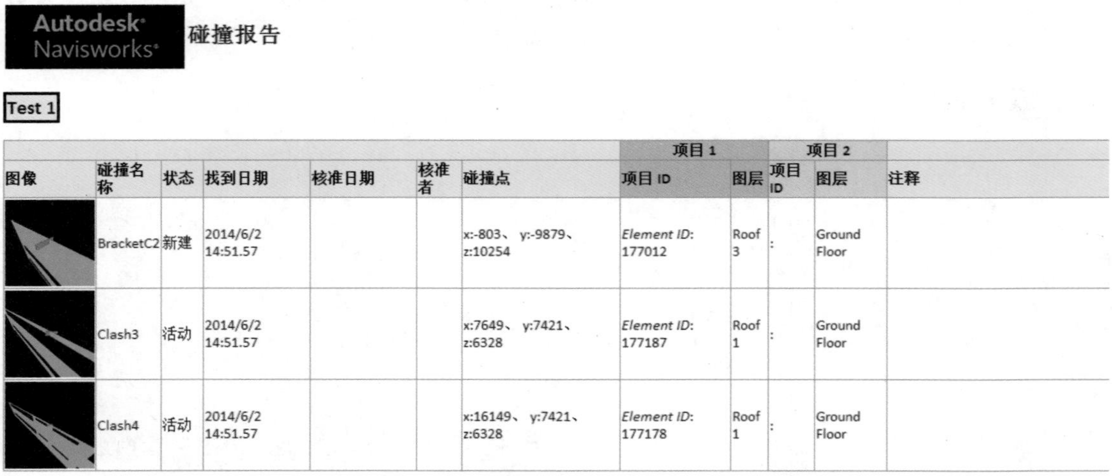

碰撞报告

Test 1

							项目 1		项目 2		
图像	碰撞名称	状态	找到日期	核准日期	核准者	碰撞点	项目 ID	图层	项目 ID	图层	注释
	BracketC2	新建	2014/6/2 14:51.57			x:-803、 y:-9879、 z:10254	*Element ID:* 177012	Roof 3	:	Ground Floor	
	Clash3	活动	2014/6/2 14:51.57			x:7649、 y:7421、 z:6328	*Element ID:* 177187	Roof 1	:	Ground Floor	
	Clash4	活动	2014/6/2 14:51.57			x:16149、 y:7421、 z:6328	*Element ID:* 177178	Roof 1	:	Ground Floor	

图 10-34

示出碰撞的总数为 8。

7）在【显示设置】面板的【高亮显示】选项区中取消选择【项目 1】，只选中【项目 2】（见图 10-36），场景视图中将只有结构基础进行高亮显示。

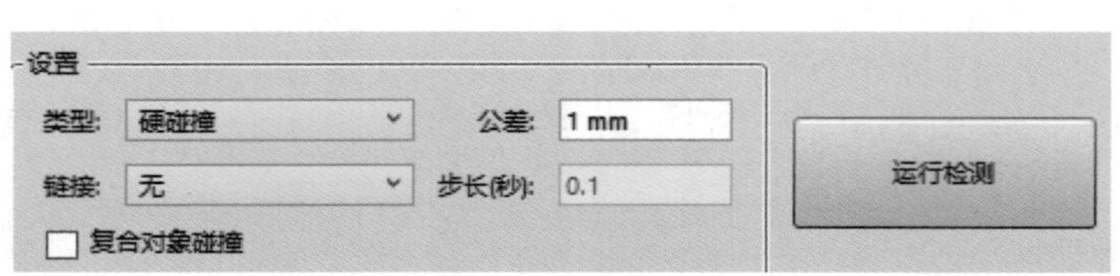

图 10-35

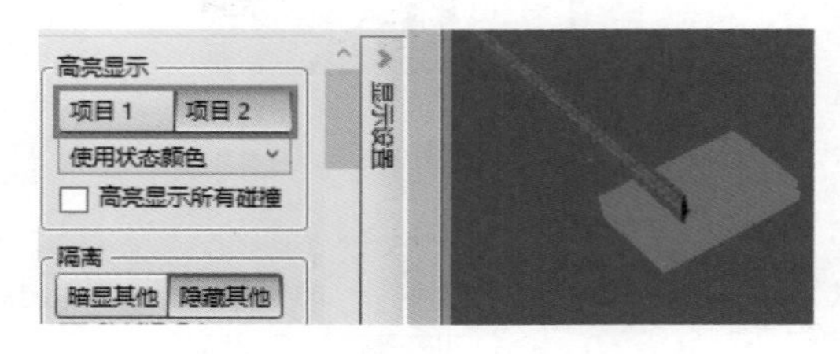

图 10-36

8）逐一查看【结果】选项卡中的 8 个碰撞。若一个地基与外墙以及两侧的墙同时存在碰撞，那么这几个碰撞都将是有效的。

接下来把这 8 个碰撞分成两组。

1）在【结果】选项卡中通过键盘上的 <Ctrl> 键多选碰撞 1、碰撞 6、碰撞 7 和碰撞 8。单击【结果】选项卡工具栏中的【对选定碰撞分组】按钮，如图 10-37 所示。创建了一个含有 4 个碰撞的【新建组】，如图 10-38 所示。

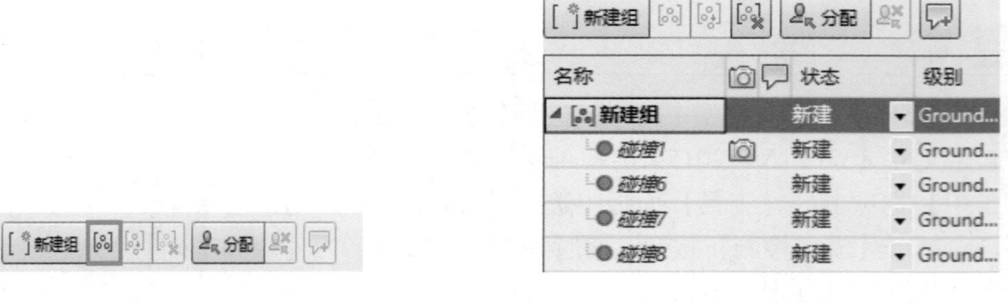

图 10-37

图 10-38

2）将【新建组】重命名为【东墙】，按键盘上的 <Enter> 键保存修改。

3）单击【新建组】按钮，将组命名为【西墙】。

4）分别选中碰撞 2、碰撞 3、碰撞 4 和碰撞 5，并逐次将其拖曳至【西墙】组中。

5）选择【东墙】组，并在场景视图中旋转视图，进行查看。

6）将文件另存至合适的位置，但是先不要关闭文件。

碰撞检测可以进行保存，并以XML的格式输出，以备用于其他项目。如果需要，XML文档可以输入项目进行再次使用，这一点对于使用频繁的碰撞检测大有益处。

1）依旧使用这个打开的文件。

2）在工具栏右侧单击【导出碰撞检测】按钮，如图10-39所示，将XML文件保存至合适的位置。

3）在不保存的情况下关闭文件。

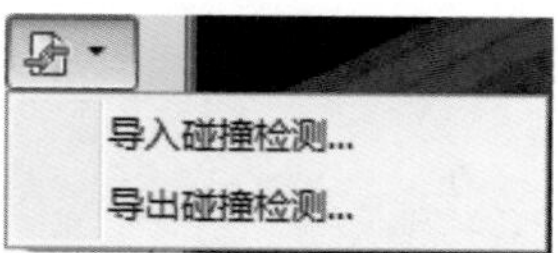

图 10-39

10.3.6 【返回】功能

在练习的第六部分中，将使用【返回】和【Clash Detective】工具解决碰撞。这需要在计算机上运行Revit，并且选择【附加模块】选项卡【外部工具】下拉列表中的【Navisworks SwitchBack 2017】（见图10-40）。如果没有安装Revit，那么可以跳过这部分练习。

1）在Navisworks中打开起始文件【WFP-NVS2015-10-Clash6. nwf】。

2）选择【常用】选项卡的【工具】面板中选择【Clash Detective】工具。

3）在【选择A】窗格中扩展【WFP-NVS-10-Struct. rvt】→【Foundation】，选择【结构基础】；在【选择B】窗格中选择【WFP-NVS-10-Arch. rvt】；在【设置】选项卡中勾选【复合对象碰撞】复选框，其他设置不做更改。单击【运行检测】按钮。

4）切换到【结果】选项卡后，可以在【项目1】的工具栏中选择【返回】（见图10-41），此步骤会在Revit中跳转到左侧窗格中的模型，即结构模型；若选择【项目2】工具栏中的【返回】，则将打开建筑模型。

图 10-40

图 10-41

5）在Revit模型中选择地基，在【属性】面板中将【偏移量】改为【0】（见图10-42），对柱进行同样的操作，然后应用并保存模型。

6）在Navisworks中的【常用】选项卡【项目】面板中单击【刷新】按钮。

7）在【Clash Detective】窗口的【测试1】上会出现一个警示标志⚠。

8）单击【重新运行测试】按钮，可以看到所有的碰撞现在都得到了解决。

9）在不保存的情况下关闭文件。

10.3.7 将TimeLiner用于基于时间的碰撞

在练习的最后一部分中，将运行一项以时间为基础的碰撞检测。

项目模型可能包含临时项目（如工作软件包、船、起重机、安装等）的静态表示，可以将此类静态对象添加到【TimeLiner】项目中，并将其安排为在特定的时间段、在特定位置出现和消失。由于这些静态软件包对象基于【TimeLiner】进度围绕项目现场进行移动，因此两个工作软件包对象可能在进度中的某个时间点占用同一空间，即发生碰撞。

1）打开起始文件【WFP-NVS2015-10-Clash7. nwd】。

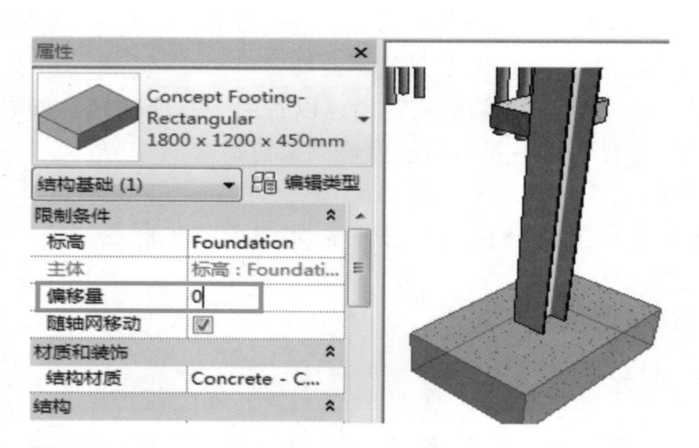

图 10-42

2）在【视点】选项卡的【保存、载入和回放】面板中打开【保存的视点】窗口，选择【WP Maintenance Schedule】（WP 维修明细表），然后关闭窗口 。

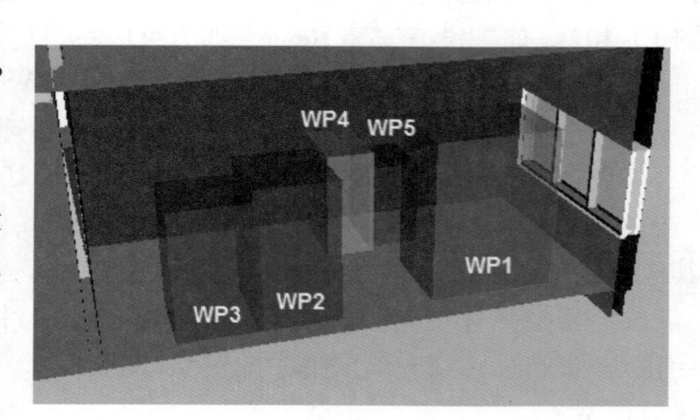

图 10-43

此时【剖分】面板中的【启用剖分】处于活跃状态，这就可以利用剖面有效地隐藏侧墙以便提供机械项目更好的视点和工作包。

在场景视图中可以看到工作包的命名和颜色，如图 10-43 所示。其中 WP2 和 WP3 是用于相同维修组的工作包。

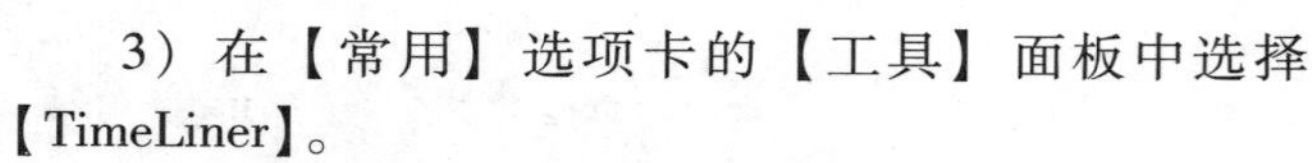

3）在【常用】选项卡的【工具】面板中选择【TimeLiner】。

4）选择【任务】选项卡，扩展【Maintenance Schedule】，将显示 WP1 ~ WP5 的工作包，工作包都有计划开始和计划结束日期，而且【任务类型】都被设置为【Temporary】（临时），如图 10-44 所示。

已激活	名称	状态	计划开始	计划结束	实际开始	实际结束	任务类型
☑	⊞ Building (Root)		2012/7/11	2012/8/10	不适用	不适用	
☑	⊟ Maintenance Schedule		2012/7/16	2012/7/30	不适用	不适用	
☑	WP1		2012/7/16	2012/7/23	不适用	不适用	Temporary
☑	WP2		2012/7/18	2012/7/25	不适用	不适用	Temporary
☑	WP3		2012/7/22	2012/7/26	不适用	不适用	Temporary
☑	WP4		2012/7/24	2012/7/25	不适用	不适用	Temporary
☑	WP5		2012/7/26	2012/7/30	不适用	不适用	Temporary

图 10-44

5）切换到【配置】选项卡，将【Temporary】对应的【开始外观】设置为【Yellow（90% Transparent）】、【结束外观】为【隐藏】。

6）切换到【模拟】选项卡，单击【播放】按钮，运行模拟。

7）在【常用】选项卡的【工具】面板中选择【Clash Detective】工具。

8）在窗口中单击【添加检测】按钮，创建【测试 1】。将【选择 A】和【选择 B】窗格中的搜索方式设置为【集合】，并选择这两个窗格中的【All Work Packages】（见图 10-45）；在【设置】选项区中不做更改，直接单击【运行检测】按钮。

9）在【结果】选项卡中显示出两个碰撞（见图 10-46）。【碰撞 1】显示 WP2 和 WP3 发生了碰撞、【碰撞 2】显示 WP4 和 WP5 发生了碰撞。

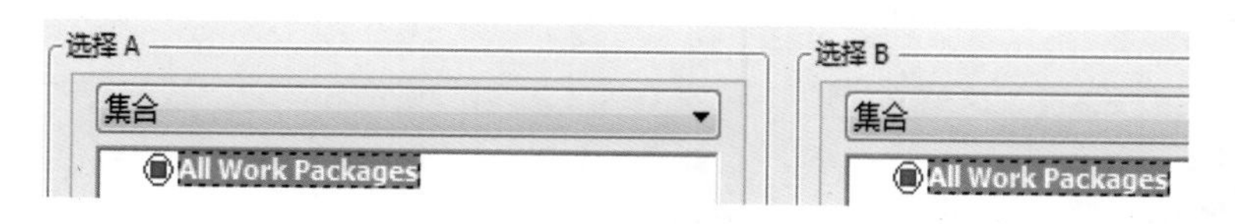

图 10-45

如果忽略任务日期，则碰撞是没有问题的，但WP4和WP5这两个工作包并不是在同一时间位于现场。

10）切换到【选择】选项卡，在【设置】选项区中将【链接】改为【TimeLiner】。单击【运行检测】按钮。此时在【结果】选项卡中显示【碰撞2】已得到解决，如图10-47所示。

图 10-46

图 10-47

现在这是一个以工作包的临时性质为基础的准确结果。【碰撞1】是一个【活动】碰撞，可以确认这两个工作包属于一个相同的小组，因此不会产生冲突。这一点不存在问题，手动就可以解决。

11）单击【碰撞1】，将【状态】修改为【已解决】。

12）在场景视图的左上角，显示碰撞的时间和日期为【09:00:00 22/07/2012】。

此时在【TimeLiner】窗口的【模拟】选项卡中，【时间轴】选项区中时间滑块的停留位置与碰撞一致。

13）单击【模拟】选项卡中的【设置】按钮，在对话框的【覆盖文本】选项区中选择【无】选项，并单击【确定】按钮。

接下来将在碰撞检测的基础之上创建一个报告，这里只选择必要的字段来传达计划要求。

1）在【Clash Detective】窗口中选择【报告】选项卡。在【内容】选项区中勾选【模拟日期】和【模拟事件】复选框；在【包括碰撞】选项区中勾选【新建】、【活动】和【已解决】复选框；在【输出设置】选项区中将【报告类型】设置为【当前测试】、【报告格式】为【HTML（表格）】，如图10-48所示。

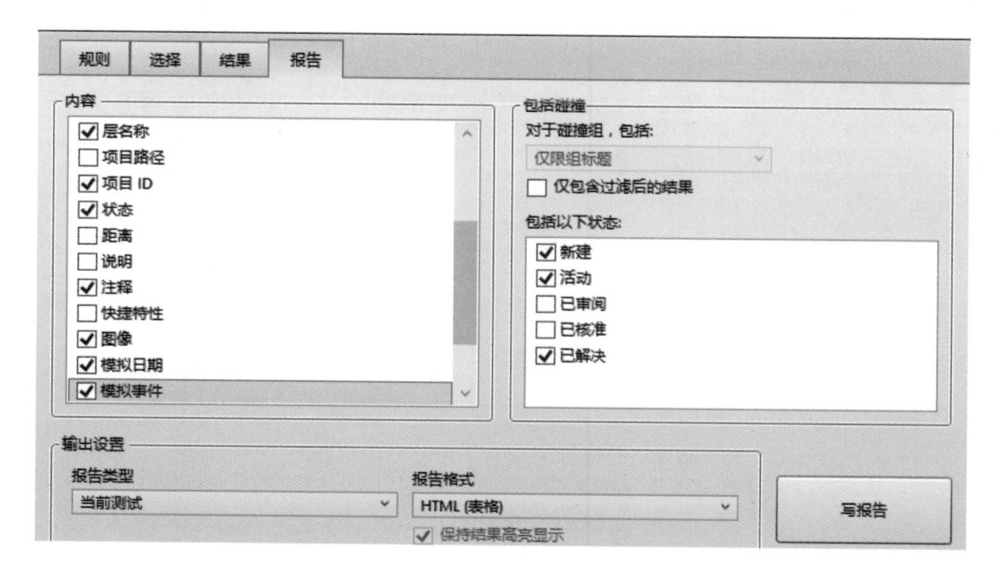

图 10-48

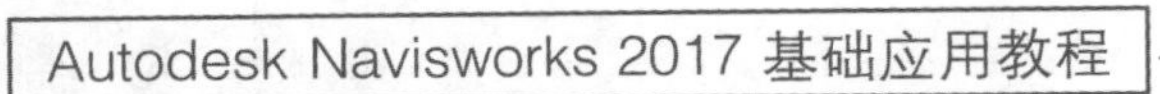

2）单击【写报告】按钮。将 HTML 文档保存至合适的位置并进行查看，如图 10-49 所示。

测试 1

					项目 1		项目 2		任务		
图像	碰撞名称	状态	找到日期	碰撞点	项目 ID	图层	项目 ID	图层	名称	开始	结束
	碰撞1	已解决	2015/8/24 08:52.27	x:23010、 y:1809、 z:1923	*Element ID*: 269113	<No level>	*Element ID*: 269073	<No level>	WP3	2012/7/22 09:0.0	2012/7/25 17:0.0
	碰撞2	已解决	2015/8/24 08:52.27	x:21827、 y:4138、 z:1370	*Element ID*: 269148	<No level>	*Element ID*: 269179	<No level>			

图 10-49

3）将文件另存至合适的位置。

单元 11
工程量计算

单元概述

Quantification 是一个功能强大的工具，它可以结合图纸（2D）和模型对象（3D）进行算量，并且易于应用公式以快速计算项目工程量。

本单元将先对 Quantification 进行概述，然后介绍【Quantification 工作簿】对话框中的工具栏包含许多按钮以协助用户进行算量，最后对工程量的计算方法进行讲解。

单元目标

1）学会创建目录的工作流程。
2）掌握使用变量和公式计算工程量的方法。
3）学会在二维图纸和三维模型上进行模型算量。
4）掌握以 XML 格式导入/导出目录以及用 Excel 表格导出结果的方法。

11.1 Quantification 概述

在 Navisworks 中，使用【Quantification 】工具（见图 11-1）能够执行算量。Quantification 可帮助用户自动估算材质、测量面积和计数建筑组件。可以针对新建和改建工程项目进行估算，因此用于计算项目数量和测量的时间将会减少，从而将更多的时间用在分析项目上。该功能适用于 Autodesk Navisworks Manage 和 Autodesk Navisworks Simulate 用户。

图 11-1

【Quantification】支持三维和二维设计数据的集成。用户可以合并多个源文件并生成数量算量。对整个建筑信息模型进行算量，然后创建同步的项目视图，这些视图会将来自软件（如 Revit 和 AutoCAD）的信息与来自其他工具的几何图形、图像和数据合并起来。也可以针对没有关联的模型几何图形或属性的项目执行虚拟算量。

之后，可以将算量数据导出到 Excel 文件中，以便进行分析，并通过 Autodesk BIM 360 在云中与其他项目团队成员共享，实现优化协作。

11.2 Quantification 工作簿及工具

【Quantification 工作簿】是一个可固定的窗口（见图 11-2），是测量与保存材质算量信息的主要工作区。计算出的数据能够分配至模型对象，以生成一项简明的材质模型算量，一旦算量完成，可将结果导出供其他用户使用。【Quantification 工作簿】窗口中包含 1 个工具栏和 3 个窗格。

1. 工具栏（图 11-2 中的①号位置）

通过工具栏中的按钮可以快速访问工具，具体见表 11-1。

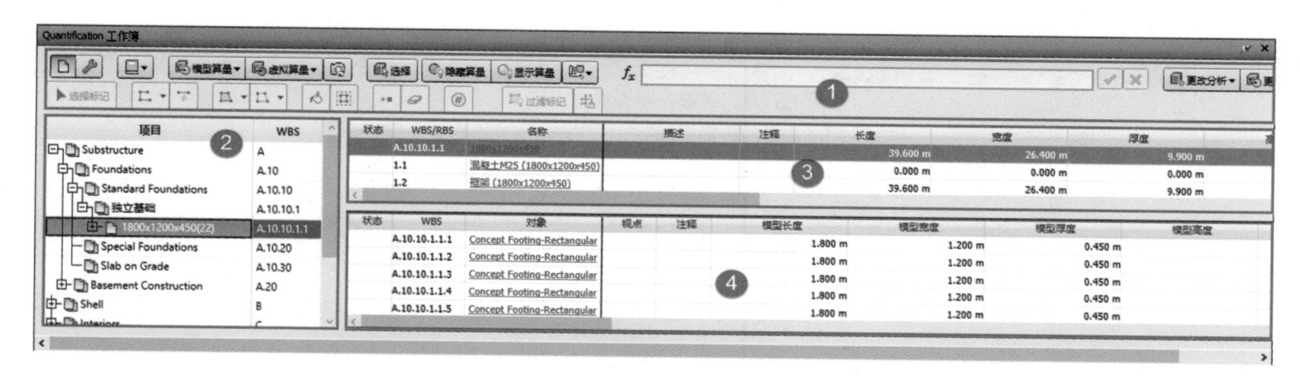

图　11-2

表 11-1　工具栏中的按钮

图标按钮	描　述
	在项目视图和资源视图间进行切换
	显示和隐藏项目目录及资源目录
模型算量	通过该按钮能够自动将所选模型对象分配至所选或新的目录中
虚拟算量	通过该按钮能够在所选或新的目录中创建一项新的空白算量
	为算量添加视点，或更新已有视点
选择	选择与选定算量相对应的模型项目
隐藏算量	能够隐藏所有已经涉及材质算量的模型项目
显示算量	能够显示所有已经涉及材质算量的模型项目
	能够控制模型项目的外观
更改分析	检查是否存在发生更改或丢失的项目
更新	更新算量以与模型相符
	导入/导出 XML 目录和导出算量
选择标记	选择：使用该按钮来选择二维图纸中一个单独的算量；要选择多个算量，按住键盘上的 < Ctrl > 键并逐一单击单个算量
	多段线：用来绘制一条线，或画出多个线段，从而组成一个线性多边形
	快速线：使用该按钮能够选择模型中的现有模型，以创建线性算量
	区域：使用该按钮通过跟踪线性几何图形记录面积测量
	去除：用于从现有区域算量中排除几何图形的多边形区域

（续）

图标按钮	描　述
	填充：单击该按钮将查找在图纸上绘制的与直线相交的闭合区域，如一个房间或封闭多边形的内部区域
	快速框：通过在现有几何图形上拖动框，创建线性或区域算量
	添加顶点：通过单击线段将顶点添加到现有几何图形中，用以分割长线段和添加多边形边数
	清除：删除线性、区域或计数估算
	计数：用于对图纸上的对象数目进行计数，如门数
过滤标记	过滤标记：单击该按钮能够在二维图纸上仅显示选定的项目及其关联的算量几何图形，隐藏所有未选定的项目和算量
	清理：单击该按钮能够删除二维图纸中的背景图像和注释

2. 【导航】窗格（图 11-2 中的②号位置）

【导航】窗格中包含【项目目录】和【资源目录】的树视图。

（1）项目目录（见图 11-3）　树视图中的各个项目能直接与模型内的对象相关联。项目可以单独存在，也可以包含资源。

（2）资源目录（见图 11-4）　【资源目录】与【项目目录】类似，这两个目录之间共享相同的结构、选择树、变量窗格和常规信息。

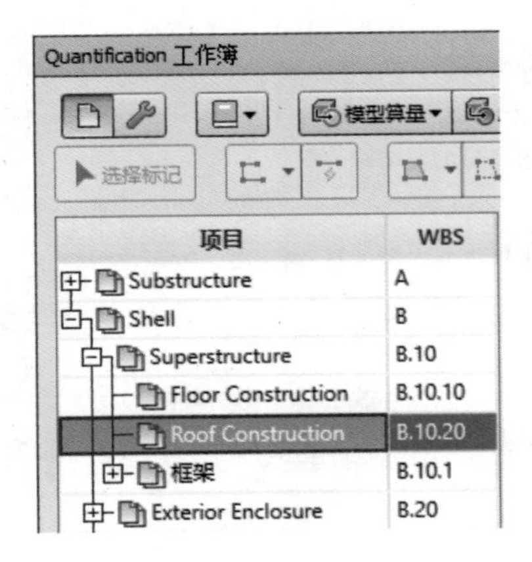

图　11-3

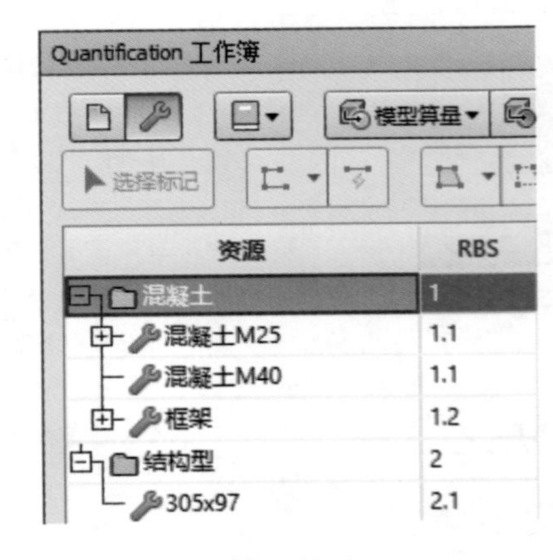

图　11-4

3. 【汇总】窗格（图 11-2 中的③号位置）

【汇总】窗格能够显示已选中项目组内的各个单独项目。如果选中的是该项目目录中的某一个组，并且该项目组以组合结构的形式出现，那么【汇总】窗格中将会显示该项目下各个子文件的名字，如图 11-5 所示。【汇总】窗格和【算量】窗格是两个独立运行的窗口，因此可对其进行各自的更改。

从窗格中删除所不需要的表格字段，只须用鼠标右键单击表头，从弹出的快捷菜单中选择【选择列】命令，在打开的对话框中勾选所需字段即可。

4. 【算量】窗格（图 11-2 中的④号位置）

此窗格用于运行材质算量，模型对象在这里可以进行添加或删除。一旦添加进来，则在此窗格中可显示单个对象和算量数据，如图 11-6 所示。与【汇总】窗格类似，【算量】窗格中也可以进行数据的独立修改。选择表格字段的方式与【汇总】窗格相同。

状态	WBS	名称	长度	宽度	厚度	面积	体积	重量	计数
	B.10.1.2	结构框架							
	B.10.1.2.1	横梁 406	24.350 m	0.000 m	0.000 m	0.000 m²	0.177 m³	0.000 kg	3.000 ea
	B.10.1.2.1	横梁 305	499.879 m	0.000 m	0.000 m	0.000 m²	2.418 m³	0.000 kg	70.000 ea
	B.10.1.2.1	横梁 254	322.916 m	0.000 m	0.000 m	0.000 m²	1.100 m³	0.000 kg	70.000 ea

图　11-5

状态	WBS	对象	视点	注释	模型长度	模型宽度	模型厚度	模型高度
	A.10.10.1.1.1	Concept Footing-Rectangular			1.800 m	1.200 m	0.450 m	
	A.10.10.1.1.2	Concept Footing-Rectangular			1.800 m	1.200 m	0.450 m	
	A.10.10.1.1.3	Concept Footing-Rectangular			1.800 m	1.200 m	0.450 m	
	A.10.10.1.1.4	Concept Footing-Rectangular			1.800 m	1.200 m	0.450 m	
	A.10.10.1.1.5	Concept Footing-Rectangular			1.800 m	1.200 m	0.450 m	

图　11-6

在此窗格中只有那些被选中的材质算量才能够显示，这是用以检验材质算量是否完善的另一有效工具。

11.3 工程量计算

在【导航】窗格的项目下可包含组，组下又可包含项目和资源，并以树状结构在窗口中显示，如图 11-7 所示。

1.【项目目录】窗口中的项目和组

项目可以通过单击工具栏中栏内的【新建组】或【新建项目】按钮创建；也可以通过鼠标右键单击现有组，在弹出的快捷菜单中选择【新建组】或【新建项目】选项进行创建，如图 11-8 所示。每个项目可以包含大量的资源。

2.【资源目录】窗口中的资源和组

可使用工具栏中的【新建资源】按钮创建新的资源，或者用鼠标右键单击已有资源，进行资源的复制与粘贴。【资源目录】树视图的组以文件夹的形式表示，如图 11-9 所示。

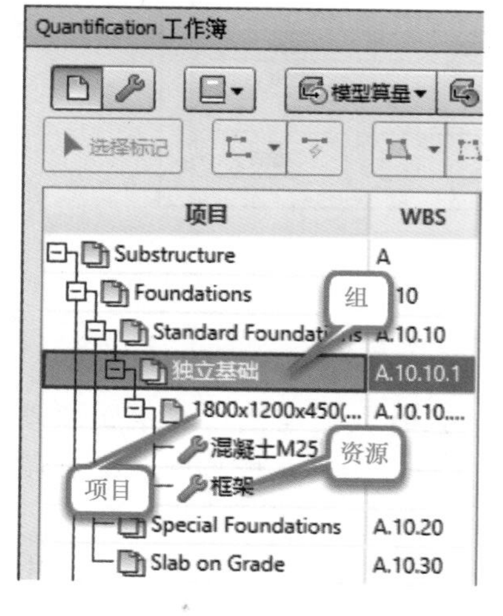

图　11-7

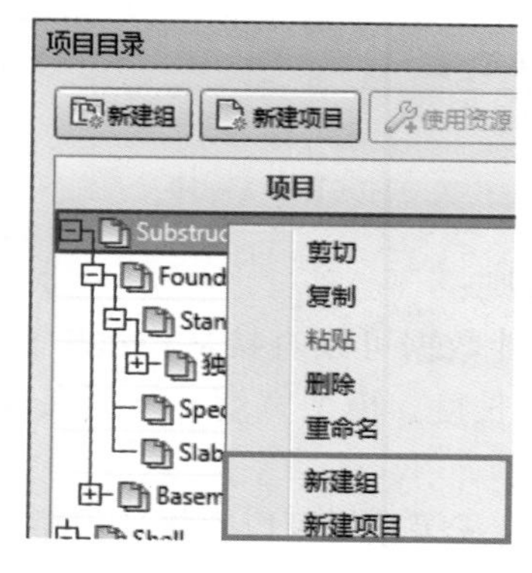

图　11-8

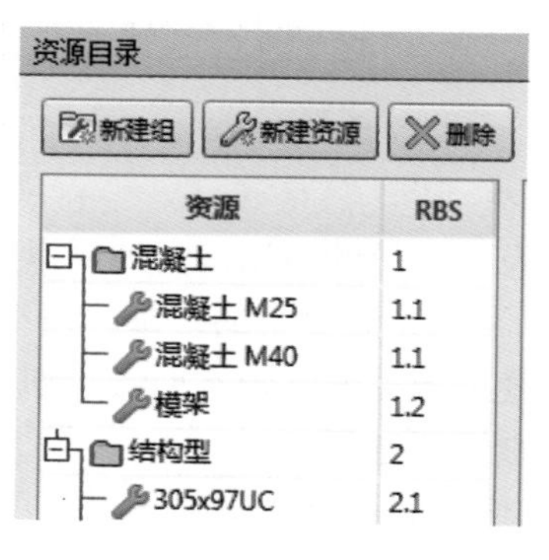

图　11-9

3. 使用公式

【项目目录】和【资源目录】窗口都需利用公式进行算量。这些公式可能具有不同的计算方式，使用不同的变量，具体取决于它们所在的目录。例如，楼板的用料在不同项目中的计算是不同的。

【特性映射】工具可为文件配置全局特性映射。图 11-10 显示了不同项目下所使用的不同公式。如果可能，公式中应尽量直接选用模型对象中的变量。一些变量可以从模型中直接获取，如面积、体积、重量等；如果不能直接从模型变量中获取，则可从包含模型数据的公式中获得，如模型长度公式、模型宽度公式、模型厚度公式等；对于有些变量，如面积，可通过公式【模型长度 × 模型宽度】计算得出。

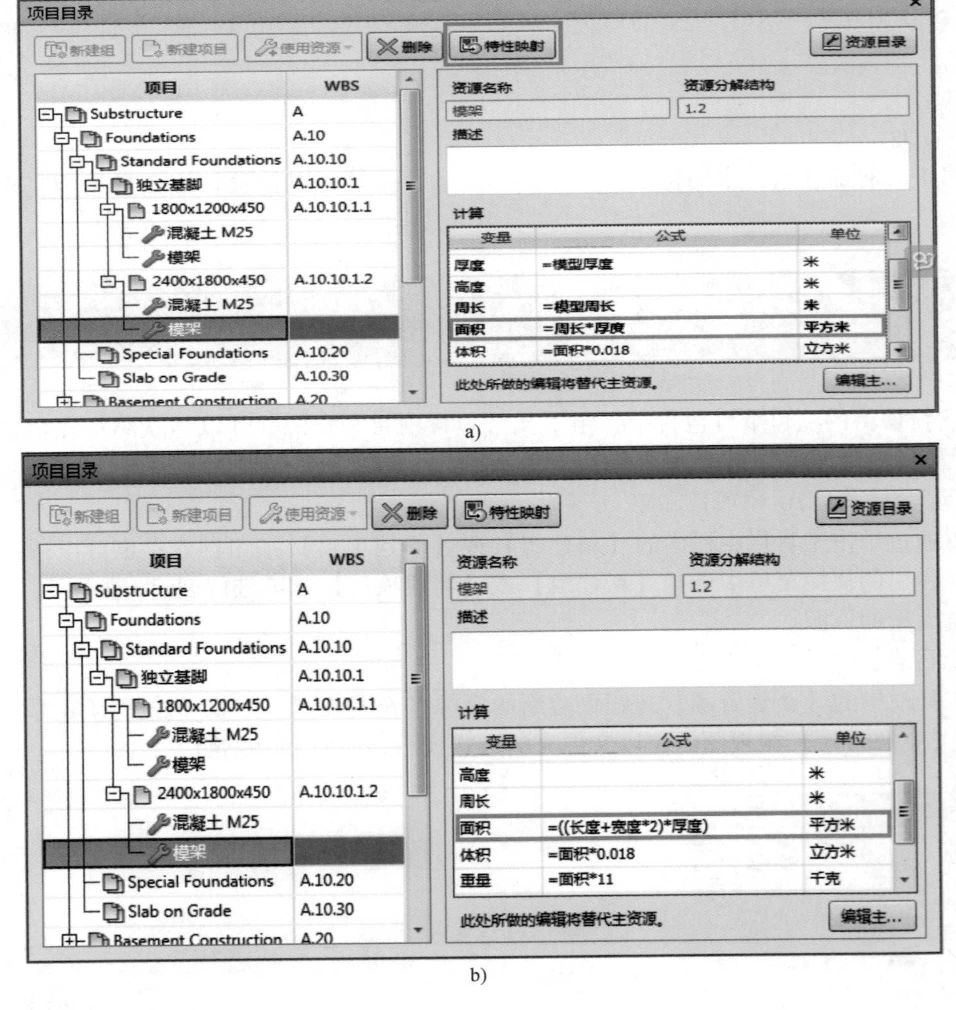

图 11-10

有些变量的使用需要遵循以下规则：

1）模型属性中的变量。模型属性数据可以直接从模型中获取，这些数据与模型对象属性紧密相关。模型数据通常带有前缀，如模型长度、模型宽度、模型高度等。当选用某一模型时，模型属性数据会被同时选用。

2）项目变量。如长度、宽度、体积等数据可以直接从模型对象中获取，也可以从计算公式中获取或者作为替代值（面积 = 100）。

3）资源变量。资源变量不同于项目变量，但是也可直接从模型对象属性中（面积 = 模型面积）获取；或者利用公式（面积 = 模型周长 × 模型厚度）获取，还可作为替代值（面积 = 100）。

注意：为了确保最大限度地利用模型对象属性数据，并减少人工录入，在此建议要尽可能地利用材质算量公式中的模型变量。

4. 修改公式

某些项目可能要求对计算公式进行改写。对公式的改写可在【项目目录】窗口中进行，双击公式，再对该公式进行更改即可。

在使用公式和变量时，模型有时并不能够提供某一特定材质算量所需的变量范围。在这种情况下，可以使用替代值进行手动更改。例如，在计算结构柱时，Revit 能够提供柱体积值，但是并不能提供其长度值。在此情况下，需要在【资源计算】面板中手动添加所需柱值，并对公式进行相应更改。通过这种方法，结构柱完成算量后便可显示算量的长度值。

5. 运行材质算量

进行材质算量时，模型对象可能有以下 3 种情况：

（1）对象具有几何图形，并有属性　具有属性的模型对象是最有效的材质算量形式。有 3 种选择方式：选择树、选择集、使用【选择】工具。

若要选择相同项目，可以在模型中选中项目，然后利用【常用】选项卡【选择和搜索】面板【选中相同对象】下拉列表中的【选择相同类型】工具进行选择。一旦所有项目都被选中后，可使用下列方法中的任意一种进行材质算量。

1）将所选对象从场景视图或【选择树】窗口中拖曳至【Quantification 工作簿】窗口或【算量】窗格进行算量。

2）用鼠标右键单击所选中的项目，从弹出的快捷菜单中选择【Quantification】→【算量】选项即可，如图 11-11 所示。

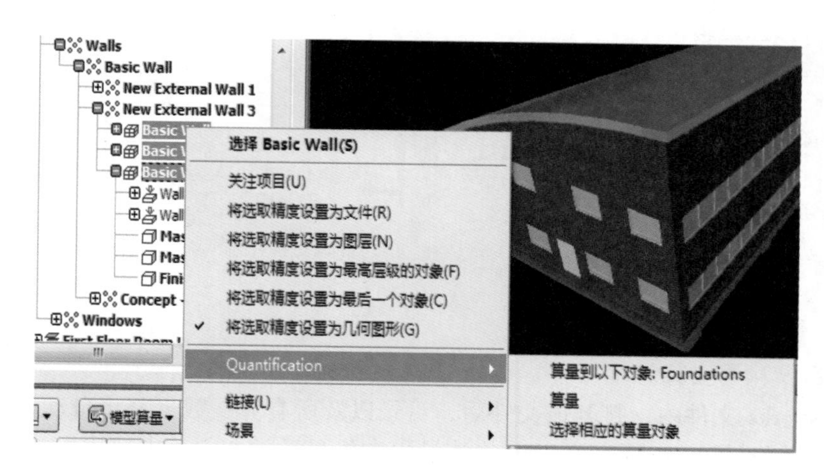

图　11-11

3）选中项目后，在【Quantification 工作簿】窗口工具栏中通过【模型算量】下拉列表中的选项进行算量，如图 11-12 所示。

（2）对象具有几何图形，但没有属性　在有些情况下，模型中包含不具属性的模型对象。如果该模型中已经存在该模型对象，那么可以利用测量工具或公式对其属性值进行计算，之后将这些数据添加到该模型对象以及材质算量中。

例如，图 11-13 展示了入口处一个表面。这个对象可以被指定一个项目名称，它的大小可以进行测量并添加到算量公式。

（3）对象不具有几何图形，也没有属性　【Quantification 工作簿】窗口中有一个【虚拟算量】功

能，可以对不能被建立模型的对象进行材质算量。导航到要包含新虚拟算量的项目中，用鼠标右键单击该项目，在弹出的快捷菜单中选择【新建虚拟算量】选项，这将创建一个虚拟算量。可以将视点与虚拟算量对象相关联，以便在算量过程中返回浏览视点。

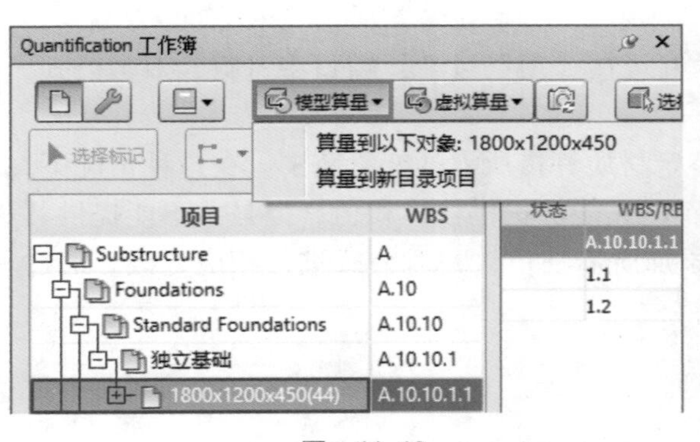

图 11-12

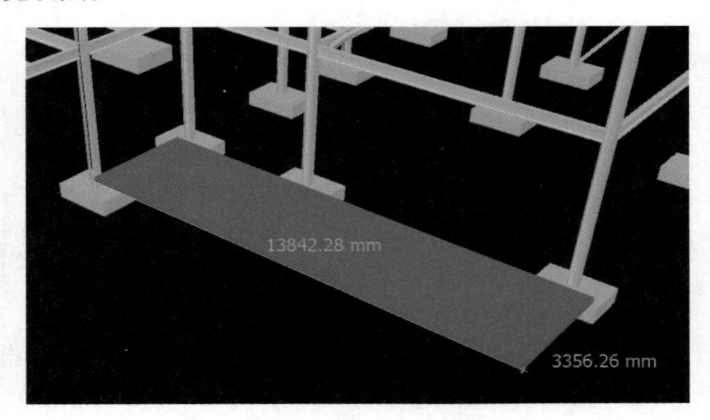

图 11-13

6. 更改分析

通过工具栏中的【更改分析】选项可以比较不同模型版本之间的属性更改，并且得出清晰的分析结果。模型中的模型对象属性都可进行对比，并且变化会在【导航】窗格中蓝色高亮显示。同时，在【汇总】窗格和【算量】窗格中都会用含有蓝点的方块标出，如图 11-14 所示。将光标放在标记上时，会显示出详细的变化信息。

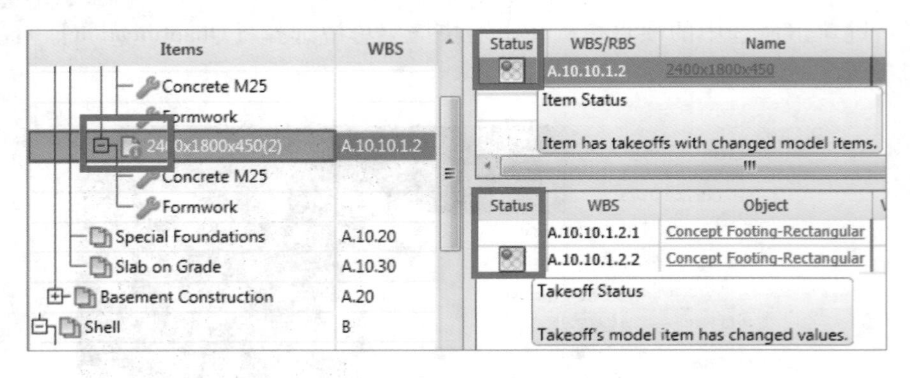

图 11-14

7. 导入/导出目录和导出算量

目录位于 Navisworks 文件内，打开该文件后，目录以及所有算量数据都将自动显示。目录会随着算量的更改而更改。任何时候目录都可以 XML 格式导出，供日后类似项目中使用。

一旦算量完成，算量结果便可以 Excel 格式导出，供后续使用。打开该表格后，表格中的数据可以按照需要进行操作和使用。

11.4 单元练习

本单元通过一些案例进行算量的练习，练习包括 4 个部分：

1）设置项目单位和目录，并创建更多的组、项目和资源。

2）运用公式和变量进行工程量计算。

3）输出 XML 格式的目录和包含算量结果的 Excel 表格。

4）对二维图纸进行材质算量。

11.4.1 项目设置和目录

练习的第一部分是进行最初的项目设置，学习如何对项目范围进行界定，输入用于项目中的现有目录。

1）打开起始文件【WFP-NVS2015-11-Quantification1. nwf】。

2）在【常用】选项卡的【工具】面板中选择【Quantification】（算量），在打开的【Quantification 工作簿】窗口中单击【项目设置】按钮，并在弹出的【Quantification 设置向导】对话框【使用列出的目录】中选择【Uniformat】（见图 11-15），单击【下一步】按钮。

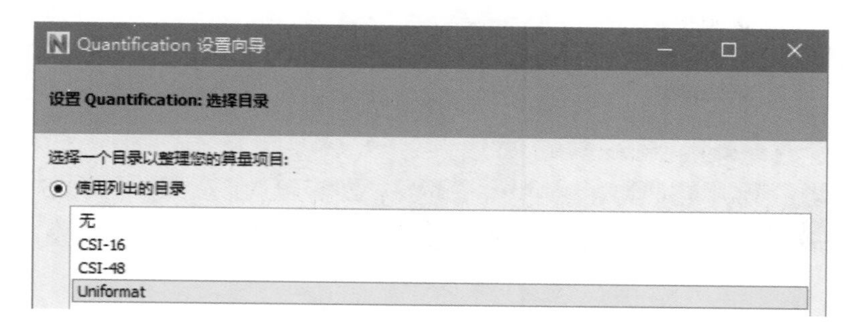

图 11-15

注意：Uniformat 等 3 个选项是英制模板，由于不符合我国的习惯，因此通常选择【无】，再进行设置。

3）将【测量单位】设置为【公制】（见图 11-16），单击【下一步】按钮。

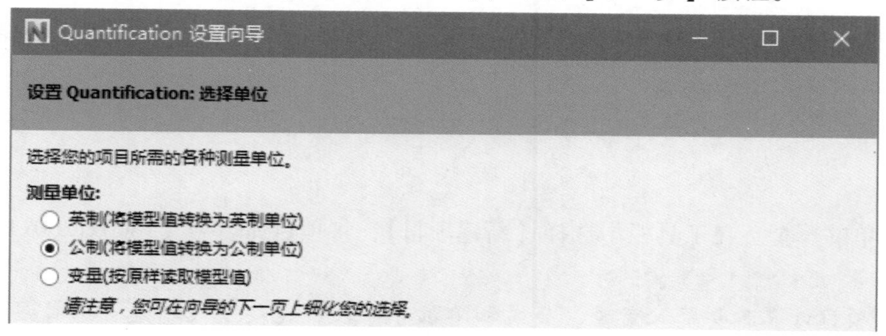

图 11-16

4）在窗口中进行单位的设置，如图 11-17 所示。单击【下一步】按钮。

5）单击【完成】按钮，确认项目设置成功。关闭窗口 。

在设置项目单位之后就要分析工作手册的结构，建立包含组、项目和资源的目录。选出的目录已经包含大量主要组标题以供我们使用。

首先要建立一个名为【独立基础】的组。

1）在【项目】窗口中扩展【Substructure】→【Foundations】，选择【Standard Foundations】。在工具栏中打开【隐藏和显示项目目录及资源目录】，勾选【项目目录】，如图 11-18 所示。

2）在工具栏中单击【新建组】按钮，将组重命名为【独立基础】。

接下来要建立一个项目，在本次练习中该项目是一个简单的独立基础。在这个组下面任何独立基础都可以作为项目，每个项目都有它们自己的资源，如混凝土和框架。它们可以作为单个项目按体积

图 11-17

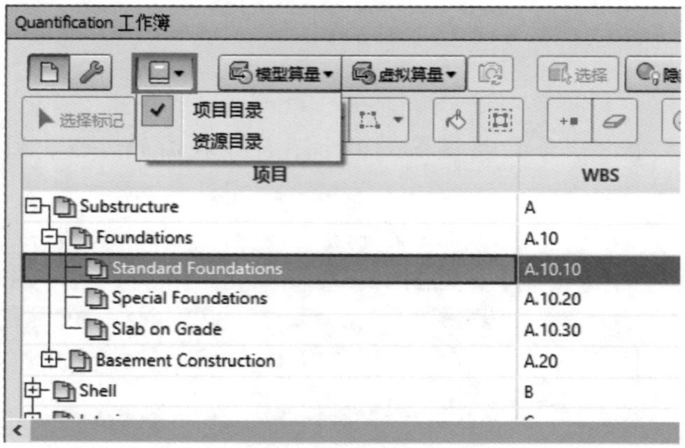

图 11-18

计算对其进行简单的算量。在工具栏中选择【新建项目】，将项目命名为【1800x1200x450】。

> 注意：在项目计算时要填入变量、公式和单位等字段，这些字段都是在项目层面上的运用。如果将资源加入到项目中，那么就要用到个体资源公式来计算资源数量。

现在就有了一个项目，可以将许多资源加入其中，如混凝土、钢筋以及模架。首先需要建立一些资源，将它们添加到资源目录中。

1）在工具栏【使用资源】下拉列表中选择【使用新的主资源】选项。

2）在打开的【新建主资源】对话框中将资源命名为【混凝土 M25】，如图 11-19 所示。

图 11-19

注意：资源计算的字段也用变量、公式和单位填充，如图 11-20 所示。多数情况下，变量使用的都是包含直接来自模型特性信息的公式。

3）单击【在项目中使用】按钮，将新资源应用于项目并关闭对话框。

混凝土资源现在被添加到【独立基础】组下面的项目中（见图 11-21），下面将公式运用到资源目录中的资源里。

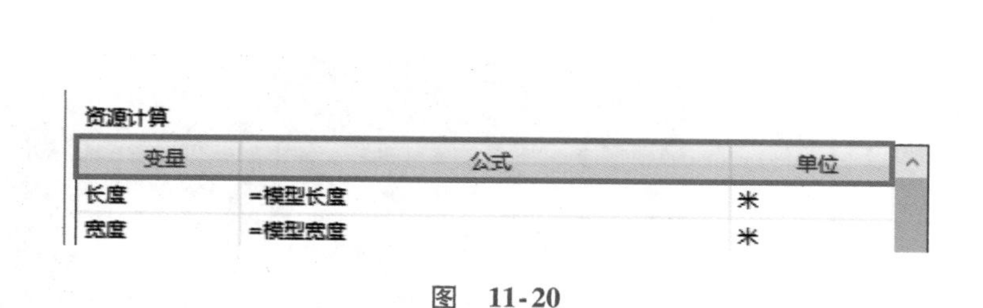

图 11-20

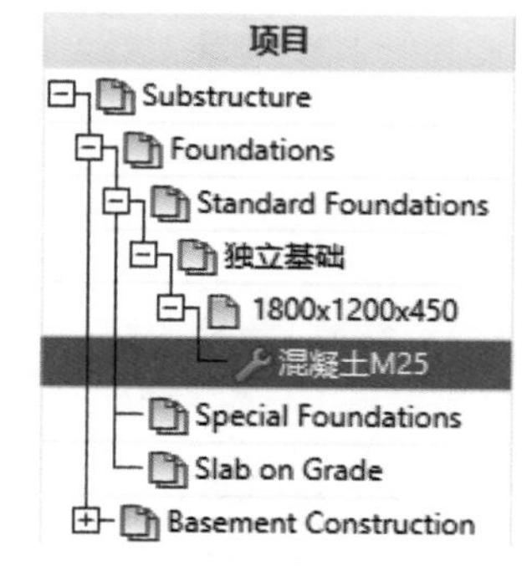

图 11-21

1）在工具栏中单击【资源目录】按钮，在窗口中将显示已有资源的目录。在资源目录中能建立资源组和个体资源。建立一个名为【混凝土】的组，然后将两种资源添加到这个文件夹中。

2）在工具栏中选择【新建组】，将其命名为【混凝土】。

3）右键单击【混凝土 M25】，在弹出的快捷菜单中选择【剪切】选项，将其粘贴至【混凝土】组中，如图 11-22 所示。

4）对文件夹编号进行更改。单击【混凝土】组，在【资源分解结构】中把数字 2 改成 1，如图 11-23 所示。【资源目录】窗口中将把【混凝土】组设成编号 1，资源【混凝土 M25】设成 1.1。

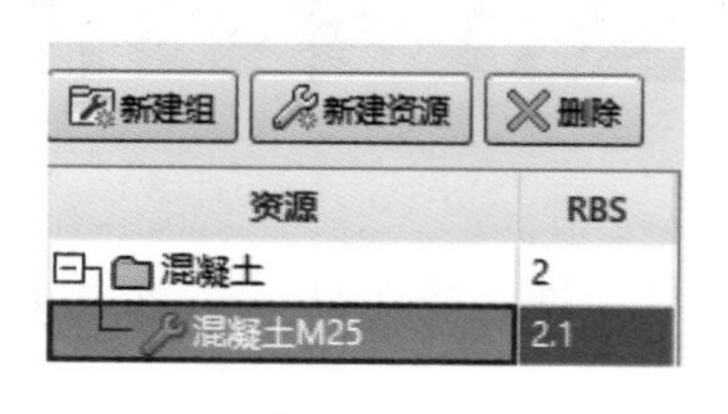

图 11-22

图 11-23

5）在【资源计算】面板中，清除从【长度】到【面积】变量的公式，不对这些变量的【单位】进行修改，如图 11-24 所示。

下面要用【模型体积】表示直接来自模型的体积特性。为了确定混凝土的重量，将对各种体积乘以 2300 来建立一个按千克（kg）计算的重量。在模型场景视图中选择墙式基础，在【常用】选项卡的【显示】面板中选择【特性】，在弹出的对话框中会看到【特性】和【值】的字段，其中包含体积、长度、宽度等字段，如图 11-25 所示。这些模型数据可以运用到模型体积、模型长度、模型宽度的公式中。

注意：有一种说法是最好尽可能保持资源公式的基本要素，如果有必要，在项目计算中可以将它们忽略。

要建立类似于现有资源的相关资源，可以复制、粘贴并修改命名和公式中的字段。在本例中，要为 Concrete M40 建立另一种资源。

资源计算

变量	公式	单位
长度		米
宽度		米
厚度		米
高度		米
周长		米
面积		平方米
体积	=模型体积	立方米
重量	=模型重量	千克
计数	=1	个
基准量		

图　11-24

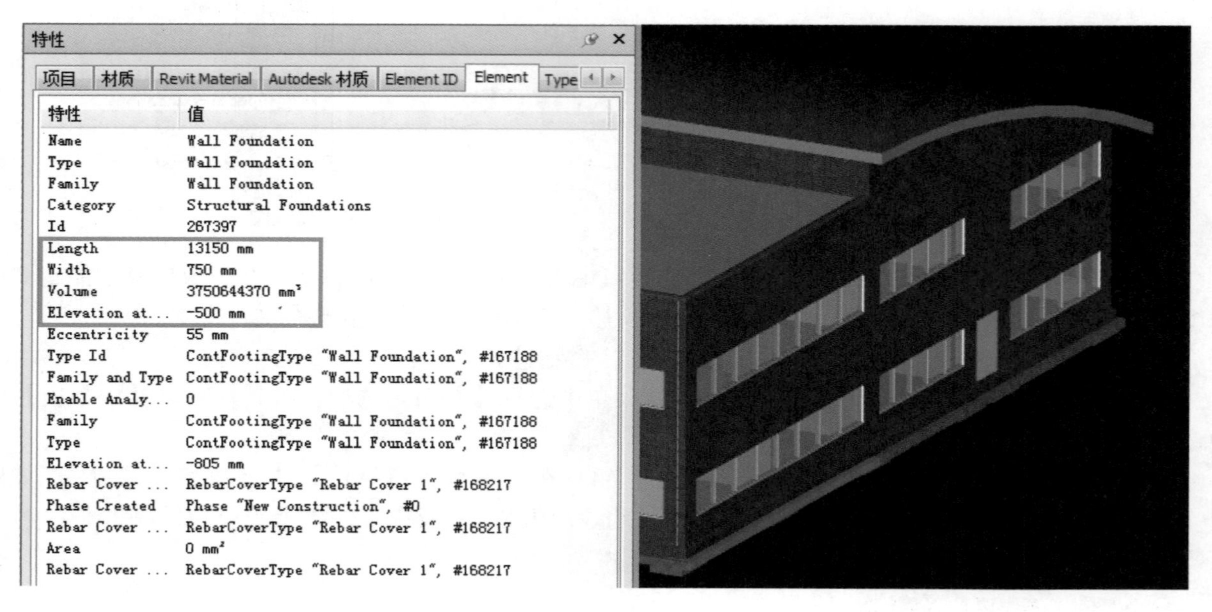

图　11-25

1）在【资源目录】窗口中，用鼠标右键单击【混凝土 M25】，复制并将其粘贴在【混凝土】组中。将新资源重命名为【混凝土 M40】。

2）将【重量】变量的公式改为【重量 = 体积 * 2300】。

接下来为框架创建一种新资源，并将这种资源添加到【独立基础】组中。

1）选择【混凝土】组，在工具栏中单击【新建资源】按钮，将资源命名为【框架】。

2）清除【高度】和【周长】变量对应的公式，并将【面积】、【体积】和【重量】公式进行改动，具体如图 11-26 所示。

3）在工具栏中单击【项目目录】。

4）在树视图中选择【独立基础】→【1800 × 1200 × 450】，如图 11-27 所示。

5）选择工具栏中【使用资源】下拉列表中的【使用现有主资源】选项。

6）在弹出的对话框中扩展【混凝土】组，选中【框架】，单击【在项目中使用】按钮，再单击【完成】按钮，关闭对话框。

使用与上述同样的步骤，建立几个结构框架项目，然后为结构钢件添加一些资源。

7）在项目树视图中，扩展【Shell】→【Superstructure】，单击工具栏中的【新建组】按钮，添加一个组，命名为【框架】。选中【框架】，再次单击工具栏中的【新建组】按钮，添加一个名为【结构柱】的组。单击【新建项目】按钮，将新项目命名为【通用柱】。

资源计算

变量	公式	单位
长度	=模型长度	米
宽度	=模型宽度	米
厚度	=模型厚度	米
高度		米
周长		米
面积	=((长度+宽度*2)*厚度)	平方米
体积	=面积*0.018	立方米
重量	=面积*11	千克
计数	=1	个

图　11-26

图　11-27

接下来要在项目目录中直接建立一个资源，可以通过单击【使用资源】下拉列表中的【使用新的主资源】来建立；或者单击工具栏中的【资源目录】，然后建立一个类似于混凝土资源组的组。

1）选择工具栏中的【资源目录】，在【资源目录】窗口中单击【新建组】按钮，将这个组命名为【结构型】，【工作分解结构】编号应为数字【2】。

2）单击【新建资源】按钮，将资源命名为【305×97】。

3）在【资源计算】面板中设置公式，具体如图 11-28 所示。下面在此处为更多的结构部件建立资源。

4）在【资源目录】窗口中，用鼠标右键单击【305×97】资源，在弹出的快捷菜单中选择【复制】命令，并将其粘贴至【结构型】组中。

5）将资源重命名为【254×102×28】，将【工作分解结构】改成 2，仅将面积公式改为【面积 = 0.0036m^2】，其余不做修改。

6）重复上述步骤，将资源建成（见图 11-29）：

305×165×40，面积 = 0.0052m^2，RBS 为 3。

406×178×60，面积 = 0.0076m^2，RBS 为 4。

资源计算

变量	公式	单位
长度	=模型长度	米
宽度	=模型宽度	米
厚度	=模型厚度	米
高度		米
周长		米
面积	=0.0123	平方米
体积	=模型体积	立方米
重量	=体积*7850	千克
计数	=1	个
基准量		

图　11-28

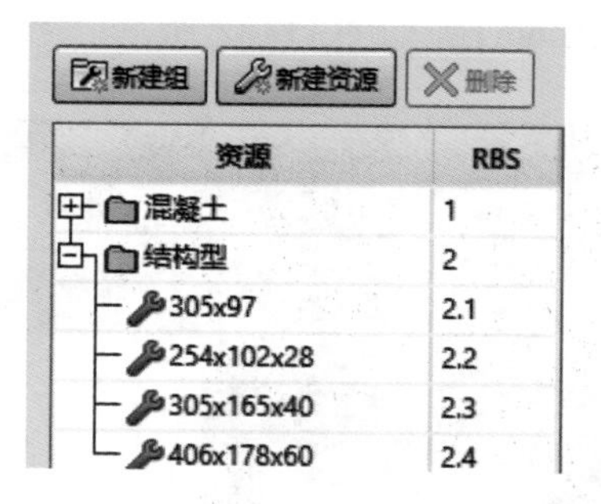

图　11-29

7）在工具栏中单击【项目目录】，切换到【资源目录】窗口。

接下来将【305×97】资源添加到项目【通用柱】中，并且要建立另一个名为【结构框架】的组，建立 3 个新建的梁资源。

1）在项目目录中，找到并选中【通用柱】，在工具栏中选择【使用资源】下拉列表中的【使用现有主资源】选项，在弹出的对话框中打开文件夹【结构型】，选择【305×97】，单击【在项目中使用】按钮，再单击【完成】按钮，关闭对话框。

2）在项目目录中选中【框架】组，单击工具栏中的【新建组】按钮，将新组命名为【结构框架】。

3）选中【结构框架】，单击工具栏中的【新建项目】按钮，将其命名为【梁 406】。

4）在工具栏【使用资源】下拉列表中选择【使用现有主资源】选项，在弹出的对话框中打开文件夹【结构型】，选择【406×178×60】，单击【在项目中使用】按钮，再单击【完成】按钮，关闭对话框。

5）在项目目录中，用鼠标右键单击项目【梁 406】，在弹出的快捷菜单中选择【复制】命令，并粘贴到【结构框架】组中。将该项目重命名为【梁 305】。在工具栏【使用资源】下拉列表中选择【使用现有主资源】选项，将【305×165×40】添加到【梁 305】中。

6）在【梁 305】中，右键单击资源【406×178×60】，将其删除。

7）重复上述步骤，将【梁 305】复制并粘贴到【结构框架】组中，将该项目重命名为【梁 254】，并添加资源【254×102×28】，删除资源【305×165×40】。

此时在【Quantification 工作簿】窗口的树视图中包括组、项目和资源，如图 11-30 所示。

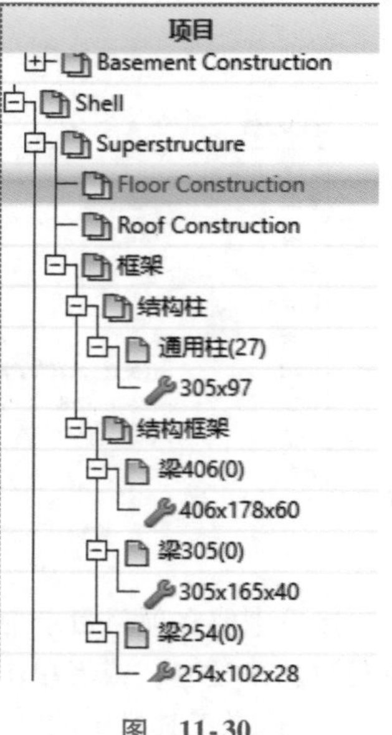

图 11-30

8）为了更方便地进行下一节练习，此处不需要关闭文件。

11.4.2 模型算量

现在已经建立了包含组、项目和资源的目录，在接下来的练习中，我们可以利用这些目录根据模型进行材质算量。为了提高结构模型的可视性，可以将建筑和机械模型隐藏起来，进而对混凝土基础和钢架进行算量。

1）打开【选择树】窗口，选中【WFP-11-Arch. nwc】和【WFP-11-Mech. nwc】两个项目，在【常用】选项卡的【可见性】面板中选择【隐藏】。

2）在场景视图中选择建筑外围的一个独立基础，在【常用】选项卡【选择和搜索】面板的【选择相同对象】下拉列表中选择【同名】选项（见图 11-31），这样就选中了所有名称相同的基础。此时，在场景视图和【选择树】对话框中，这些基础会高亮显示，它们的名称是【1800×1200×450mm】，如图 11-32 所示。

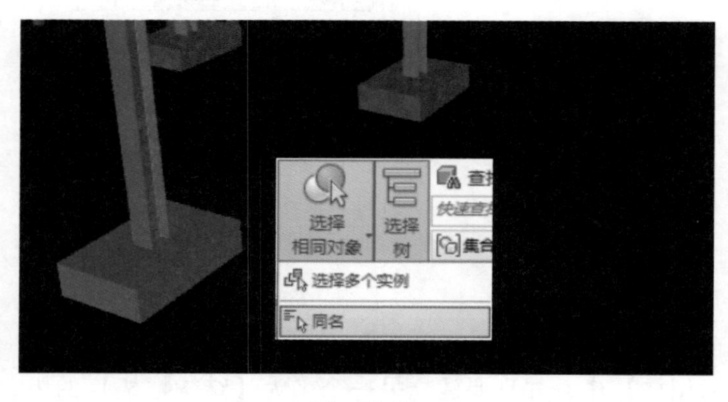

图 11-31

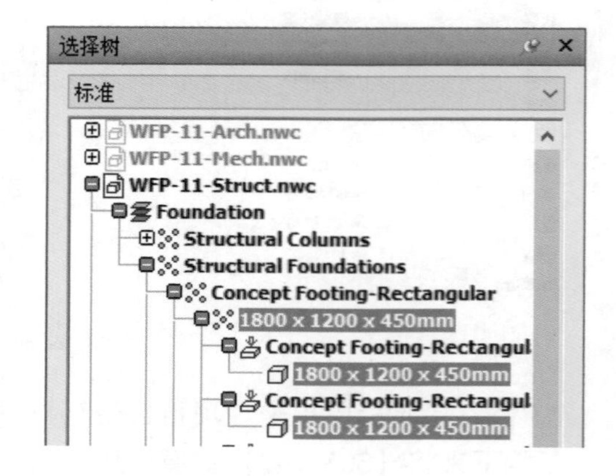

图 11-32

3）在【选择树】窗口或场景视图中拖曳所选择的部分至【算量】窗格中，单击【Quantification 工作簿】窗口工具栏中的【隐藏算量】按钮，这就隐藏了场景视图中已经算量的所有项目，如图 11-33 所示。

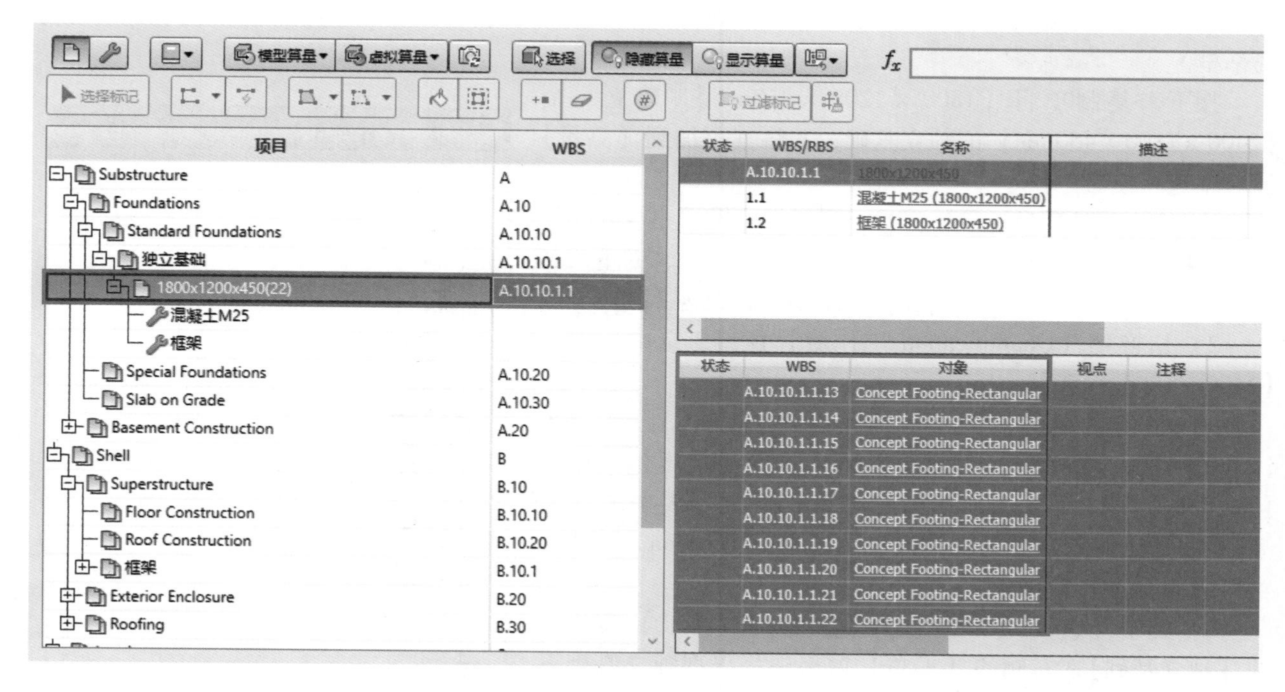

图　11-33

下面看一下信息结果，了解如何将这些信息运用到变量和公式中，从而生成工程量。

1）在【Quantification 工作簿】窗口中，选中【1800×1200×450mm】独立基础。切换到【项目目录】窗口。

2）对【项目计算】中的面积和体积进行以下修改：

面积 = 模型长度 * 模型宽度

体积 = 面积 * 厚度

3）在项目目录中，选择资源【混凝土 M25】，并设置公式，如图 11-34 所示。

4）切换至【Quantification 工作簿】选项卡，查看【汇总】窗格中的表格字段。用鼠标右键单击字段这一行，在弹出的快捷菜单中选择【选择列】选项，在弹出的【选择详细信息列】对话框中取消勾选不需要的字段，如图 11-35 所示。单击【确定】按钮，关闭对话框。

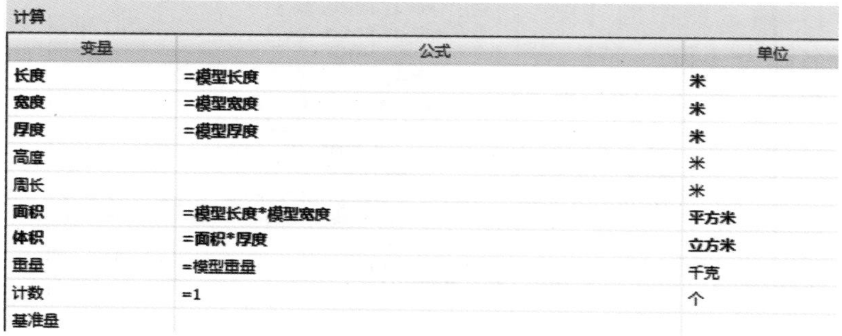

计算

变量	公式	单位
长度	=模型长度	米
宽度	=模型宽度	米
厚度	=模型厚度	米
高度		米
周长		米
面积	=模型长度*模型宽度	平方米
体积	=面积*厚度	立方米
重量	=模型重量	千克
计数	=1	个
基准量		

图　11-34

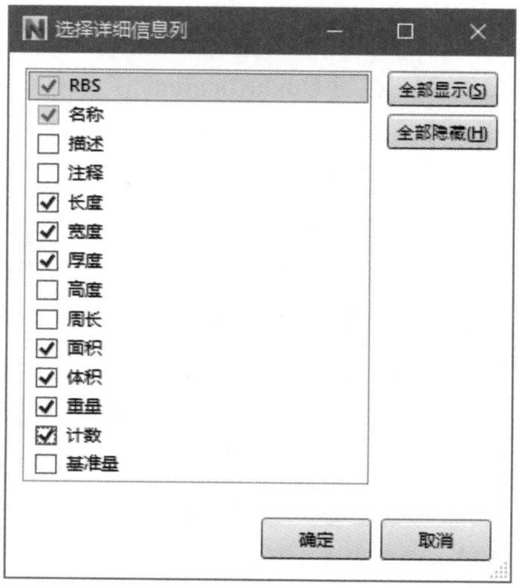

选择详细信息列

- [x] RBS
- [x] 名称
- [ ] 描述
- [ ] 注释
- [x] 长度
- [x] 宽度
- [x] 厚度
- [ ] 高度
- [ ] 周长
- [x] 面积
- [x] 体积
- [x] 重量
- [x] 计数
- [ ] 基准量

全部显示(S)　全部隐藏(H)

确定　取消

图　11-35

5）用同样的方式，整理【算量】窗格中的表格字段，如图 11-36 所示。单击【确定】按钮，关闭对话框。

接下来复制项目【1800 × 1200 × 450mm】，建立一个【2400 × 1800 × 450mm】的独立基础，并将其添加到【算量】窗格中进行汇总。

1）切换到【项目目录】窗口，用鼠标右键单击【1800 × 1200 × 450】，将其复制并粘贴到【独立基础】组中，并重命名为【2400 × 1800 × 450】，将【工作分解结构】改为 2。

2）切换到【Quantification 工作簿】窗口，选中新项目【2400 × 1800 × 450】。

3）在场景视图中选择剩下的独立基础，它是一个【2400 × 1800 × 450mm】的矩形基础。单击【常用】选项卡【选择和搜索】面板【选择相同对象】下拉列表中的【同名】，将所选对象从场景视图拖曳至【Quantification 工作簿】窗口的【算量】窗格中。

4）选中【Quantification 工作簿】窗口【导航】窗格中的【独立基础】，右侧的【汇总】窗格中将出现独立基础算量的总结，如图 11-37 所示。

接下来将进行结构框架的算量。首先进行柱的算量，其次是结构框架（梁）。

1）在场景视图中选择一个柱，单击【常用】选项卡【选择和搜索】面板【选择相同对象】下拉列表中的【同名】，这样就选中了所有名称相同的柱。此时，在场景视图和【选择树】窗口中，这些柱会高亮显示，它们的名称是【305 × 305 × 97】。

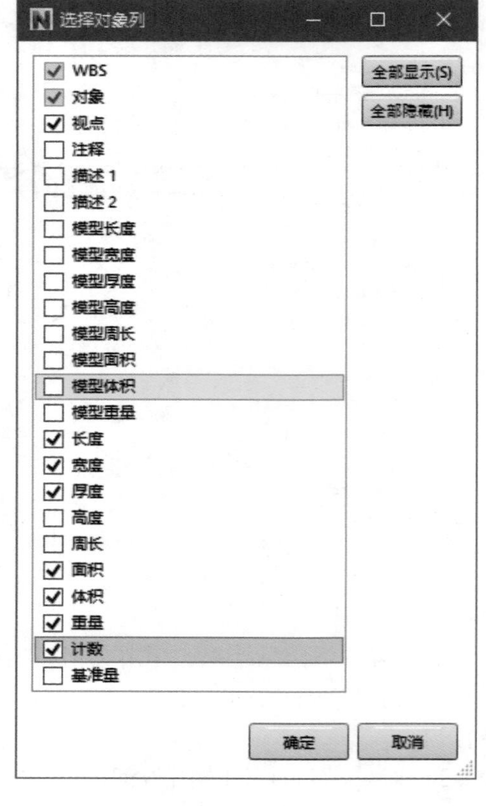

图 11-36

状态	WBS	名称	长度	宽度	厚度	面积	体积	重量	计数
	A.10.10.1	独立基础							
	A.10.10.1.1	1800x1200x450	39.600 m	26.400 m	9.900 m	47.520 m²	21.384 m³	0.000 kg	22.000 ea
	A.10.10.1.2	2400x1800x450	2.400 m	1.800 m	0.450 m	4.320 m²	1.944 m³	0.000 kg	1.000 ea

图 11-37

2）在【Quantification 工作簿】窗口的树视图中选择【通用柱】。将【选择树】窗口或场景视图中选中的部分拖曳至【算量】窗格中并进行查看。

3）选中【Quantification 工作簿】窗口树视图中的【梁 406】，在【选择树】窗口中找到并选择名称为【406 × 178 × 60UB】的梁，如图 11-38 所示。单击【常用】选项卡【选择和搜索】面板【选择相同对象】下拉列表中的【同名】，将所选对象从【选择树】窗口拖曳至【Quantification 工作簿】窗口的【算量】窗格中。

4）重复上一步的操作，算量所有名称为【305 × 165 × 40】和【254 × 102 × 28】的梁。

图 11-38

在【Quantification 工作簿】窗口树视图中选择【结构框

架】，在【汇总】和【算量】窗格中可以查看项目数量和个体特性。

11.4.3 输出目录和结果

在第三部分练习中，要输出当前的项目目录。这个目录可能重新运用到其他本质相似的项目中，或者作为一种标准。在本例中要在 Excel 表中输出算量结果。

1）在【Quantification 工作簿】窗口工具栏的【导入/导出目录和导出算量】下拉列表中选择【将目录导出为 XML】选项，如图 11-39 所示。

图　11-39

2）将文件保存到合适的位置。该 XML 文件可以在任何时候打开并再次使用。

3）在【导入/导出目录和导出算量】下拉列表中选择【将算量导出为 Excel】选项，将文件命名为【新建工料报告】，并保存至合适的位置。

4）打开 Excel 报告查看算量结果，如图 11-40 所示。

	D	E	F	G	H
1	组1	组2	组3	组4	项目
107	**Shell**	**Superstructure**	**框架**	**结构柱**	
108					
109	**Shell**	**Superstructure**	**框架**	**结构柱**	**通用柱**
110	Shell	Superstructure	框架	结构柱	通用柱
111	Shell	Superstructure	框架	结构柱	通用柱
112	Shell	Superstructure	框架	结构柱	通用柱
113	Shell	Superstructure	框架	结构柱	通用柱
114	Shell	Superstructure	框架	结构柱	通用柱
115	Shell	Superstructure	框架	结构柱	通用柱
116	Shell	Superstructure	框架	结构柱	通用柱
117	Shell	Superstructure	框架	结构柱	通用柱
118	Shell	Superstructure	框架	结构柱	通用柱
119	Shell	Superstructure	框架	结构柱	通用柱

图　11-40

11.4.4 二维材质算量

在第四部分练习中，将使用大量二维测量和算量工具进行一项小型算量。

1）继续使用上一节练习中完成的文件，或在练习文件中打开【WFP-NVS2015-11-Quantification2. nwf】。

2）关闭【选择树】窗口。

首先将一些图纸导入到项目中，对内部隔断墙进行算量。

1）从状态栏中打开【图纸浏览器】，如图 11-41 所示。在弹出的【图纸浏览器】窗口中单击【导入图纸和模型】按钮，如图 11-42 所示。将练习文件中的【WFP-11-Arch. dwfx】导入。

图　11-41

图　11-42

2）图纸现在在窗口中是可见的，如果还未准备好，可以通过单击图纸名称后的按钮（见图 11-43）来准备每一个图纸。

3）单击一个图纸名称，可以查看其相关特性和图形，如图 11-44 所示。

4）在【Quantification 工作簿】窗口【导航】窗格中找到并选中【Partitions】，如图 11-45 所示。

5）切换到【项目目录】窗口，在工具栏中单击【新建组】按钮，将组命名为【墙】。

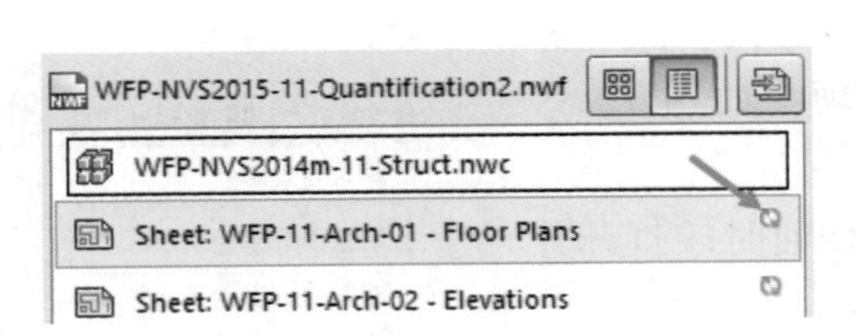

图 11-43

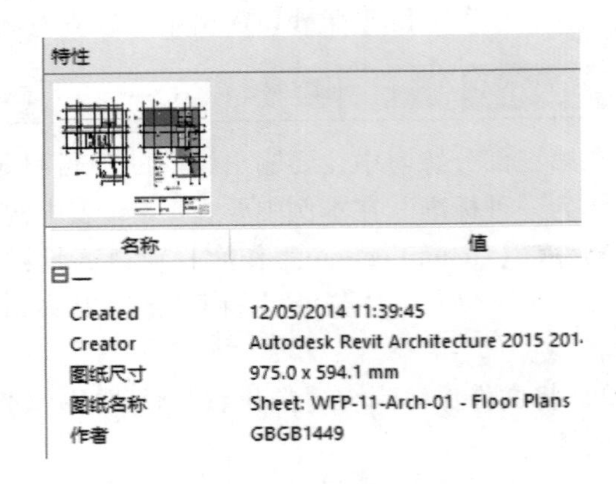

图 11-44

6）单击工具栏中的【新建项目】按钮，为【墙】组分别添加两个名为【概念 300mm】和【概念 100mm】的项目，如图 11-46 所示。

7）关闭【图纸浏览器】窗口。

8）在状态栏中单击【下一张图纸】按钮（见图 11-47），查看第二张图纸。

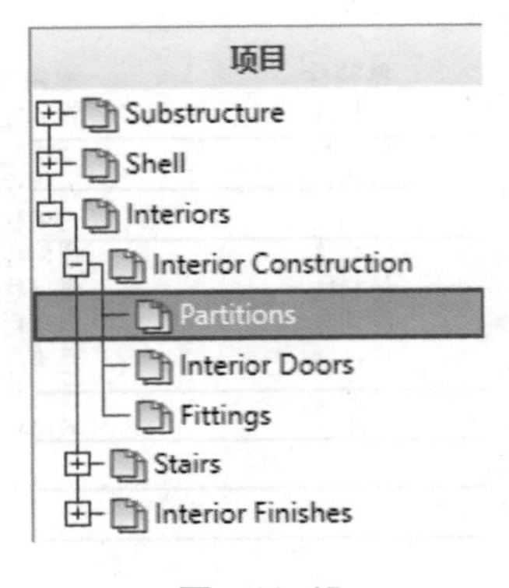

图 11-45

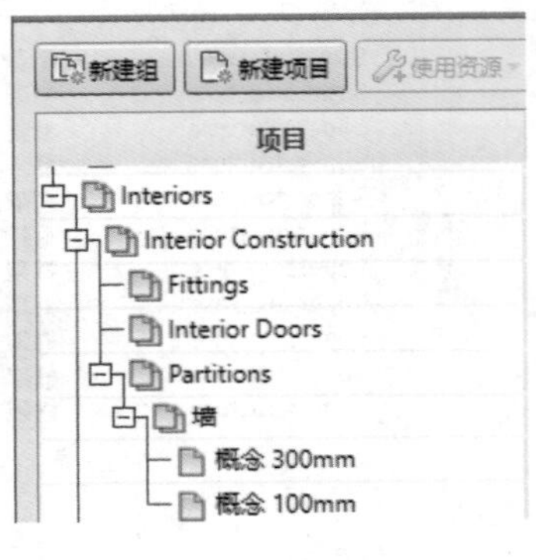

图 11-46

9）放大 F8 房间和 F13 房间之间的轴线 C 位置。在【Quantification 工作簿】窗口【导航】窗格中选中【墙】组中的【概念 300mm】，单击工具栏中的【快速线】按钮。选中 F8 房间和 F13 房间之间的轴线 C 处的外墙壁，然后单击【单个线段】按钮，如图 11-48 所示。

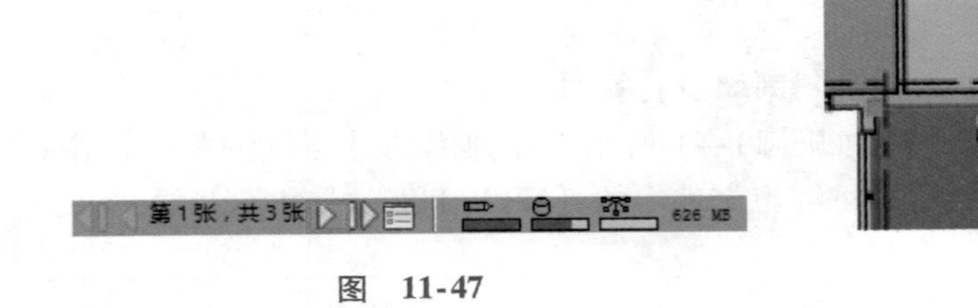

图 11-47

图 11-48

10）用同样的方式，选中 F9 房间和 F15 房间之间的轴线 C 处的外墙壁，然后单击【单个线段】按钮。

11）在【Quantification 工作簿】窗口【导航】窗格中选中【墙】组中的【概念 100mm】。

12）依次选中 F13 房间和 F15 房间的所有内墙壁。

> 注意：记得在选中墙壁后单击【单个线段】按钮。

下面将创建一个室内装修，并进行一项地毯地砖的算量。

1）切换到【项目目录】窗口，在【导航】窗格中为【Floor Finishes】创建一个新组，并命名为【地毯】，然后为该组添加一个名为【蓝色地毯块】的项目，如图 11-49 所示。

2）在【Quantification 工作簿】窗口工具栏中单击【清除】按钮，该操作能隐藏楼层平面图上的背景和注释，使选择更为容易。

3）在工具栏的【区域】下拉列表中选择【矩形区域】选项。

4）选中 F13 房间的左下角和右上角，楼层面积会自动进行计算。

5）使用相同的工具测量 F15 房间的楼层面积。

6）从【区域】下拉列表中选择【区域】选项。依次单击 F9 房间玻璃的结点和内部墙壁交叉点的结点，如图 11-50 所示。

图　11-49

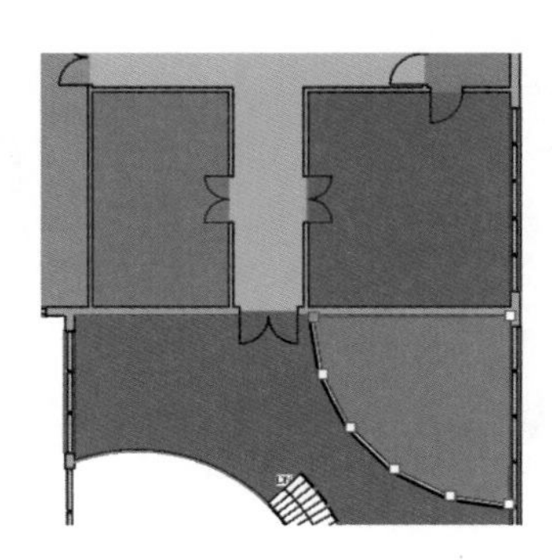

图　11-50

注意：计算面积时需要一个闭合的图形，在进行点的选取时应确保所选择的最后一点和第一点相同。

7）在【Quantification 工作簿】窗口工具栏的【导入/导出目录和导出工料】下拉列表中选择【将目录导出为 XML】选项。

8）将文件保存至合适的位置。